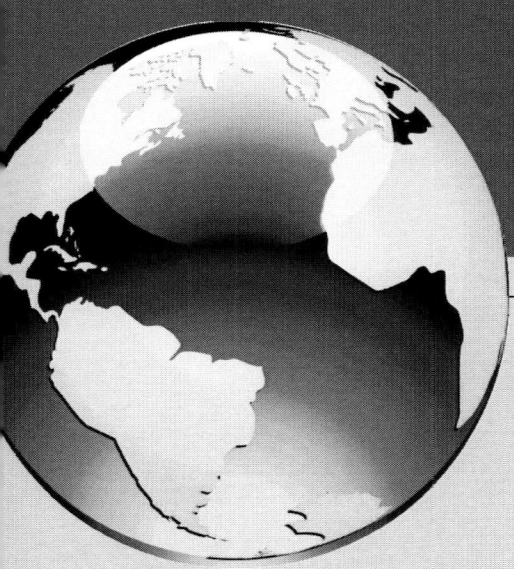

新編會計學原理

（第三版）

主編◎胡世強，楊明娜

第三版前言

　　會計學是高等學校工商管理類專業和經濟類專業的核心課程，所以會計學原理課程不僅是會計學專業的專業基礎課程，也是所有工商管理類專業和經濟類專業必須設置的專業基礎課程。為了適應會計學原理課程教學的需要，我們組織有關的會計專家學者編寫了本教材。

　　根據會計環境的變化，加之對會計教學規律的進一步認識，我們對本教材進行了修訂，主要體現在兩個方面：

　　第一，按照最新會計規範、稅收變化對相關內容進行了修訂。

　　　第二，根據對會計學原理課程的教學研究，考慮到會計教學的互動性及學生練習的重要性，在全書每章后面都增加了豐富的練習題，以便教師與學生使用。

本教材的編寫既遵循會計學課程教學的客觀規律，又符合最新《企業會計準則》

和相關金融、稅收法規的規範要求；既考慮了財務、會計專業學生的使用要求，又考慮到了非財務、會計專業學生學習會計學課程的需要。我們在結構和內容上作了一些新的嘗試。

　　本教材分為15章，較為系統和完整地介紹了會計核算的理論、方法程序和核算技能。其中：第1至3章主要介紹會計學的基本原理；第4、5章介紹會計記錄的主要手段；第6、7、8、9、10章採用企業實際經濟業務資料介紹企業會計核算的全過程；第11、12章介紹中國的會計工作組織及會計法規；第13章通過案例來模擬企業會計核算過程；第14、15章構建完整的會計模擬實驗內容，通過會計模擬實驗來培養學生的會計核算實際技能。

　　作為會計專業、財務管理專業的入門教材和非財務、會計專業的專業基礎教材，本教材立足於介紹會計的基本原理和會計核算的基本方法，又將其運用於現代企業的會計核算實踐，注重會計理論與會計實踐的結合，以企業經常發生的主要實際經濟業務為基礎，選用會計實際工作中採用的會計憑證、會計帳簿和會計報表等實物資料，先易后難、由淺入深地講解會計核算的基本內容和方法，傳授會計核算的基本技能。

　　因此，本教材既滿足非財務管理、會計專業學生通過本門課程的學習就能掌握較完整的會計學知識的要求，同時可作為財務管理、會計學專業學生的入門教材。在使用本教材時，可將其中屬於后續會計課程的部分內容留給其他課程介紹。

　　由於編者水平有限，加之國際會計理論也在不斷湧現，書中難免有疏漏和不足之處，懇請廣大讀者批評指正。

胡世強

目 錄

第一章　總論 ……………………………………………………（1）
　1.1　會計的內涵 ……………………………………………（1）
　1.2　會計的基本假設 ………………………………………（5）
　1.3　會計職能與會計基礎 …………………………………（7）
　1.4　會計信息的質量要求 …………………………………（9）
　1.5　會計方法與帳務處理程序 ……………………………（13）
　1.6　會計記錄方式 …………………………………………（17）
　復習思考題 …………………………………………………（18）
　練習題 ………………………………………………………（18）

第二章　會計要素與會計等式 …………………………………（20）
　2.1　會計對象 ………………………………………………（20）
　2.2　會計要素的含義及內容 ………………………………（21）
　2.3　會計要素的確認與計量屬性 …………………………（28）
　2.4　會計等式 ………………………………………………（32）
　復習思考題 …………………………………………………（40）
　練習題 ………………………………………………………（40）

第三章　帳戶與記帳方法 ………………………………………（42）
　3.1　會計科目與會計帳戶 …………………………………（42）
　3.2　記帳方法 ………………………………………………（49）
　3.3　借貸記帳法 ……………………………………………（51）
　3.4　帳戶分類 ………………………………………………（60）
　復習思考題 …………………………………………………（74）
　練習題 ………………………………………………………（75）

第四章　會計憑證 (76)

- 4.1　會計憑證的意義和種類 (76)
- 4.2　原始憑證 (77)
- 4.3　記帳憑證 (83)
- 4.4　會計憑證的傳遞與保管 (90)
- 復習思考題 (91)
- 練習題 (91)

第五章　會計帳簿 (93)

- 5.1　會計簿帳的意義和種類 (93)
- 5.2　會計帳簿設置原則與登記會計帳簿的基本要求 (99)
- 5.3　日記帳的設置和登記 (101)
- 5.4　分類帳簿的設置和登記 (105)
- 5.5　開帳、對帳和結帳 (109)
- 5.6　錯帳查找和錯帳更正 (112)
- 復習思考題 (115)
- 練習題 (115)

第六章　企業基本經濟業務核算 (117)

- 6.1　籌資業務的核算 (117)
- 6.2　投資業務的核算 (121)
- 6.3　採購業務的核算 (125)
- 6.4　生產業務的核算 (130)
- 6.5　銷售業務的核算 (136)
- 6.6　利潤形成與利潤分配的核算 (141)
- 復習思考題 (145)
- 練習題 (146)

第七章　期末帳項調整與結轉 (148)

- 7.1　存貨盤存制度 (148)
- 7.2　存貨計價方法 (150)
- 7.3　期末帳項調整與結轉 (155)

復習思考題 ……………………………………………………… (160)
　　練習題 …………………………………………………………… (161)

第八章　財產清查 ……………………………………………… (162)
　8.1　財產清查的意義和種類 ………………………………… (162)
　8.2　財產清查的程序、方法和內容 ………………………… (164)
　8.3　財產清查的帳務處理 …………………………………… (170)
　　復習思考題 ……………………………………………………… (173)
　　練習題 …………………………………………………………… (174)

第九章　會計核算形式 ………………………………………… (175)
　9.1　會計核算形式的意義和種類 …………………………… (175)
　9.2　記帳憑證核算形式 ……………………………………… (177)
　9.3　科目匯總表核算形式 …………………………………… (179)
　9.4　匯總記帳憑證核算形式 ………………………………… (181)
　9.5　日記帳核算形式 ………………………………………… (184)
　　復習思考題 ……………………………………………………… (189)
　　練習題 …………………………………………………………… (190)

第十章　財務報表 ……………………………………………… (191)
　10.1　財務報表的意義和報表體系 …………………………… (191)
　10.2　資產負債表 ……………………………………………… (195)
　10.3　利潤表 …………………………………………………… (203)
　10.4　現金流量表 ……………………………………………… (208)
　10.5　所有者權益變動表 ……………………………………… (216)
　10.6　附註 ……………………………………………………… (220)
　　復習思考題 ……………………………………………………… (221)
　　練習題 …………………………………………………………… (221)

第十一章　會計法律制度體系 ………………………………… (223)
　11.1　會計法規體系的內容 …………………………………… (223)
　11.2　會計法 …………………………………………………… (225)

3

11.3 企業會計準則體系 ……………………………………………（227）
11.4 其他會計法規 ……………………………………………………（230）
復習思考題 ……………………………………………………………（233）
練習題 …………………………………………………………………（234）

第十二章 會計工作管理體制 ………………………………………（235）

12.1 會計組織機構 ……………………………………………………（235）
12.2 會計人員 …………………………………………………………（238）
12.3 會計職業道德 ……………………………………………………（242）
復習思考題 ……………………………………………………………（243）
練習題 …………………………………………………………………（243）

第十三章 會計基礎模擬實驗案例 …………………………………（245）

13.1 模擬實驗案例資料 ………………………………………………（245）
13.2 記帳憑證核算形式的應用 ………………………………………（246）
13.3 科目匯總表核算形式的應用 ……………………………………（260）
13.4 匯總記帳憑證核算形式的應用 …………………………………（263）

第十四章 會計基礎模擬實驗題集 …………………………………（273）

14.1 模擬實驗題一：會計要素分類 …………………………………（273）
14.2 模擬實驗題二：開設帳戶 ………………………………………（274）
14.3 模擬實驗題三：會計要素變化對會計等式的影響 ……………（274）
14.4 模擬實驗題四：帳戶分類 ………………………………………（274）
14.5 模擬實驗題五：填制原始憑證 …………………………………（275）
14.6 模擬實驗題六：編制記帳憑證 …………………………………（279）
14.7 模擬實驗題七：登記會計帳簿 …………………………………（281）
14.8 模擬實驗題八：編制會計報表 …………………………………（281）
14.9 模擬實驗題九：總帳與明細帳平行登記 ………………………（281）
14.10 模擬實驗題十：錯帳更正 ………………………………………（283）
14.11 模擬實驗題十一：編制銀行存款餘額調節表 …………………（283）
14.12 模擬實驗題十二：財產清查結果的帳務處理 …………………（284）

第十五章　會計基礎模擬實驗題集——解答 ……………………………(285)

  15.1　模擬實驗題一解答：會計要素分類 ………………………………(285)
  15.2　模擬實驗題二解答：開設帳戶並結轉期初餘額 ……………………(286)
  15.3　模擬實驗題三解答：會計要素變化對會計等式的影響 ……………(288)
  15.4　模擬實驗題四解答：帳戶分類 ………………………………………(289)
  15.5　模擬實驗題五解答：填制原始憑證 …………………………………(291)
  15.6　模擬實驗題六解答：編制記帳憑證 …………………………………(294)
  15.7　模擬實驗題七解答：登記會計帳簿 …………………………………(300)
  15.8　模擬實驗題八解答：編制會計報表 …………………………………(306)
  15.9　模擬實驗題九解答：總帳與明細帳平行登記 ………………………(309)
  15.10　模擬實驗題十解答：錯帳更正 ……………………………………(313)
  15.11　模擬實驗題十一解答：編制銀行存款餘額調節表 ………………(314)
  15.12　模擬實驗題十二解答：財產清查結果的帳務處理 ………………(314)

第一章　總論

1.1　會計的內涵

1.1.1　會計的產生和發展

會計是適應人類社會生產的發展和經濟管理的要求而產生和發展起來的。

物質資料是人類社會存在和發展的基礎，人們通過生產實踐活動認識到，為了達到以盡可能少的勞動耗費生產出盡可能多的物質財富的目的，就有必要對生產活動過程中的勞動耗費和所取得的勞動成果進行準確的計量、計算、記錄和登記，這便產生了最初的會計。

隨著人類社會的進步、生產活動的發展和經濟管理水平的不斷提高，會計也經歷了一個由低級到高級、由簡單到複雜的漫長發展過程。

在人類社會歷史發展初期，會計只是生產職能的附帶組成部分，會計還沒有成為一項獨立的工作，從事會計活動的人都是生產者本人——在生產活動之餘，對自己的勞動成果進行簡單的計算和記錄。這是因為，當時生產力水平很低，沒有必要將十分簡單的計量、計算和記錄交由專門的人進行。隨著生產力水平的逐步發展，生產規模的日益擴大，勞動生產率的不斷提高，剩餘產品大量出現，需要記錄、計量和計算的事項越來越多，經濟管理對會計信息的要求也越來越複雜，因而對會計的要求也就越來越高——要求會計不僅僅是簡單的計量和記錄工具，而應當成為經濟管理的重要組成內容。所以會計從生產職能的附屬物獨立成為經濟管理的基本職能就成其必然，隨著會計從生產職能的附屬物獨立成為經濟管理的基本職能，會計工作就成其為一項專門的經濟管理工作。

中國在西周時代，「會計」一詞已經出現，當時已經設置了專門核算周王朝財賦收支的官員——司會；在原始的印度公社裡，也已經有了一個記帳員，登記和記錄與農業有關的一切事項，這些都是早期的會計的表現。早期的會計，核算範圍是很廣泛的，幾乎包括經濟活動的所有數量方面；其主要內容是計算和登記財物的收支；主要採用實物計量單位，也不排除貨幣計量單位。隨著商品經濟的發展，會計核算和會計監督的內容才逐漸發展成為經濟活動過程的價值運動，貨幣計量單位也才成為主要的計量單位，而實物和勞動量計量單位則成為輔助計量單位。

會計核算的方法也經歷了從簡單到複雜、從不完善到完善的過程。從單式簿記過渡到復式簿記，是會計發展史上的一次革命性變革，是一次歷史的飛躍，具有劃時代

的意義。1494 年，義大利數學家盧卡・巴其阿勒在他的著作──《算術、幾何與比例概要》中第一次系統地闡述了復式記帳法，為推動復式記帳法在整個歐洲以及全世界的普及奠定了基礎。盧卡・巴其阿勒被公認為「現代會計之父」。

中國會計從單式記帳向復式記帳的過渡發生在明代，15 世紀以後出現的「三腳帳」是這個過渡時期的產物；17 世紀中葉以後出現的「四腳帳」等則是中國有代表性的收付復式記帳法。目前廣泛使用的借貸記帳法是在 20 世紀初傳入中國的。

20 世紀 20 年代以後，世界經濟的快速發展，促進了會計的深刻變革。會計不僅為企業主服務，而且應當考慮到企業外部有關利益集團的需要，傳統會計的服務職能和內部管理職能逐步分離，形成了財務會計和管理會計兩大相互依存又相對獨立的會計分支。這是會計發生歷史上的又一次飛躍，標誌著現代會計走向成熟，實現了傳統會計向現代會計的轉變。

1.1.2 現代會計的定義

1. 會計概念

會計（Accounting）是以貨幣作為統一的計量尺度，運用一整套專門的方法，遵循會計準則，對會計主體的經濟活動進行全面、系統、連續、綜合的核算和監督，為各種會計信息使用者提供有用的經濟信息，並參與相關經濟決策的一種經濟管理活動。

2. 現代會計分為財務會計和管理會計兩大分支

（1）財務會計（Financial Accounting）是以公認的會計準則為準繩，運用會計核算的基本原理，主要是對會計主體已經發生的經濟業務，採用一套公認、規範的確認、計量、記錄和報告的會計處理程序和方法，通過一套通用的、標準的財務報表，定期為財務會計信息使用者，特別是企業的外部使用者提供真實、公正、客觀的財務會計信息的會計信息系統。所以，財務會計又稱為對外報告會計（外部會計）。

（2）管理會計（Management Accounting）是以現代管理科學為理論基礎，從傳統會計中分離出來並具有會計特徵，採用一系列特定的技術和專門方法，利用財務會計提供的資料及其他信息，對會計主體的經濟活動進行規劃和控製的會計信息系統。

1.1.3 會計的特點

1. 會計以貨幣為統一計量單位

會計是一種價值管理活動，它以貨幣為統一計量單位，對會計主體的經濟活動從價值量方面進行核算和監督。人們可以用實物量、勞動量和貨幣量三種量度對會計主體的經濟活動加以反映，但是企業及其他會計主體的經濟活動過程實質上都是其資金運動過程，勞動量度和實物量度都無法綜合反映該會計主體的經濟活動總的情況，最終都必須換算成貨幣單位予以計量。所以，會計是利用貨幣作為統一的量度單位，從價值量上對會計主體的經濟活動進行核算和監督。

2. 會計核算的全面性、連續性、系統性和綜合性

全面性是指會計對所有的交易或者事項都要進行確認、計量、記錄和報告，完整地、充分地揭示出經濟業務的來龍去脈，不允許任意取捨，不能遺漏；連續性是指會

計核算中不能發生中斷,即要求對經濟活動過程中發生的具體事項按照發生的時間順序,從始至終如實地加以反映,不允許有任何間斷;系統性是指會計信息的取得、加工、整理、匯總和提供是科學有序的一個整體;貨幣計量則保證了會計信息的綜合性。

3. 會計方法的科學性和特殊性

會計有一整套科學的專門的方法,這些方法組成了一個有機的、科學的方法體系。這是從長期會計實踐中總結出來的,特別是會計核算的方法具有特殊性,是其他經濟管理方法不能替代的,也是其他經濟管理方式所不用或者極少使用的。會計方法將在本章第五節中介紹。

1.1.4 企業會計的目標

1. 會計目標的含義

會計目標也就是會計的目的,屬於會計概念中的較高層次,是指會計活動應當達到的境界或想要得到的最終結果。有了會計目標,就意味著向會計管理工作提出了它應達到的具體要求,從而為會計活動指明了方向。會計的目標主要解決向誰提供信息、為何提供信息和提供何種信息這三個問題。關於會計目標的觀點主要有兩種:決策有用觀和受託責任觀。這兩種觀點並不相互排斥,只是強調的側重點不同,所以許多國家會計目標是二者的結合。中國2006年發布的《企業會計準則——基本準則》將二者有機結合起來,形成了具體的會計目標。

2. 會計目標的內容

在市場經濟條件下,企業會計的最終目標是促進會計主體(企業)的經濟效益不斷提高,具體的會計目標就是向會計信息使用者提供與企業財務狀況、經營成果和現金流量等有關的會計信息,反映企業管理層受託責任的履行情況,有助於會計信息使用者做出經濟決策。這具體表現在四個方面:

(1) 為國家進行宏觀調控提供會計信息。在現代市場經濟條件下,國家仍然是社會經濟生活的組織者和管理者,具有宏觀調控的職能。國家通過政府有關部門運用經濟手段對國民經濟實行宏觀調控。這種調控所需經濟信息的一個主要來源就是各會計主體所提供的會計信息。所以,會計提供符合國家宏觀管理要求的會計信息,是會計的目標之一。

(2) 為企業外部信息使用者提供會計信息。在市場經濟條件下,企業是一個獨立的利益實體,在從事生產經營活動時,必然與外界發生各種經濟往來,從而形成企業外部的各種利益集團,比如企業的投資者、各種債權人、企業的材料供應商和產品經銷商等。尤其在現代企業制度建立和發展的今天,股份公司的大量湧現,這種外部利益集團與個人更趨於複雜化、明確化。如持有公司股票的股東,準備進入股票市場的潛在投資者、國家的有關部門(財政、稅收、審計、國資等部門)、商業銀行和其他金融機構、證券交易所、註冊會計師等,他們出於對各自利益的考慮,都非常關心公司的經營狀況和財務情況,他們是會計信息的主要使用者。所以,會計目標之二就是向他們提供可靠的會計信息,幫助其瞭解企業的經營成果、財務狀況及其變動,以便做出正確的經濟決策。

（3）為企業內部管理者提供會計信息。在市場經濟條件下，企業是法人，是自主經營、自我約束、自我發展、自負盈虧的生產者和經營者。為了保證資本的保值與增值，增強市場競爭能力，實現價值最大化，企業必須加強內部管理，進行科學決策。這樣企業的管理當局和各級責任人、公司股東大會或職工代表大會與工會組織、廣大的職工等，都需要利用會計信息進行各種經營決策、理財決策和投資決策；利用會計信息來加強企業內部各部門、各環節的管理與控製；利用會計信息來維護廣大職工的利益。所以，會計目標之三就是向企業內部信息使用者提供可靠的會計信息。

　　（4）反映企業管理層受託責任的履行情況。在經營權和所有權分離的現代企業制度中，企業管理層是接受委托人（投資者和債權人）的委托經營管理企業及其各項資產，負有受託責任，即企業管理層所經營管理的企業各項資產基本上均為投資者投入，是資本（留存收益作為再投資）或者向債權人借入的資金所形成的，企業管理層不僅有責任確保這些資產的安全、完整，而且還有責任高效運用這些資產，使其不斷產生增值，為委托人創造新的價值。所以企業的投資者和債權人等委托人也需要及時或者經常性地瞭解企業管理層保管和使用資產的情況，以便客觀地評價企業管理層的履行責任和經營業績情況，並決定是否需要調整投資或者信貸政策，是否需要加強企業內部控製和其他制度建設，是否需要更換管理層等。因此會計目標之四就是反映企業管理層受託責任的履行情況，以便外部投資者和債權人等評價企業的經營管理責任和資源使用的有效性。

1.1.5　會計學科體系

　　會計學是人們對會計實踐進行科學總結而形成的知識體系。會計學對會計諸方面的研究，主要採用歸納演繹的方式，是人們在長期的會計工作的實踐中，經過不斷的總結，逐步形成的專門研究會計理論、會計方法和會計技能的一門應用型的技術經濟管理學科。它本質上是一門經濟管理學科，但就其方法體系而言，有極強的技術、技能和技巧性質。會計學要獲取有關會計的全面知識，揭示會計發展的規律，預測會計未來發展的趨勢，就需要研究會計環境、會計對象、會計目標、會計假設、會計信息質量特徵以及會計確認、計量、記錄和報告的技術方法等諸多方面，以便更好地組織和指導會計實踐，發揮會計的職能作用，滿足社會經濟發展對會計信息的需要。

　　會計學通過對會計實踐的深入考察和研究，在會計實踐的基礎上，進行歸納和總結，從而產生了一系列的概念、特徵、方法和技術，形成了一個有關會計的完整知識體系。

　　會計學科一般分為理論會計學和應用會計學兩大部分。理論會計學包括會計史和純會計理論，而應用會計學又分為企業會計和非營利組織會計兩類學科。本教材主要介紹企業會計的基本知識。企業會計學科體系是由各個分學科組成，基本上是按國際上通行的劃分標準，形成了會計學原理、中級財務會計、成本會計、高級財務會計、管理會計、財務分析、電算化會計等分支學科。

　　會計學原理是會計學的入門學科，也是經濟管理類專業的公共專業基礎課。它所闡述的是會計的一些原理性的知識即會計的基本理論、基本知識和基本方法。會計的

基本理論主要闡述會計基本概念與理論問題，如會計的定義、會計的產生與發展、會計與社會環境、會計的對象與內容、會計的職能和目標、會計的基本假設和會計信息質量特徵等；會計的基本知識所包括的內容較多，比如會計工作的組織，會計人員的職責與權利，各種會計法律、法令及規章制度；會計的基本方法將在本章第五節中綜合介紹，以后的各章內容就是這些會計方法的具體應用。會計的基本理論、基本知識和基本方法是不能截然分開的，它們是相互聯繫、相互滲透的有機整體。

1.2　會計的基本假設

　　會計的基本假設是指會計存在、運行和發展的基本假定，是進行會計工作的基本前提條件，故又稱為會計的基本前提。它是對會計核算的合理設定，是人們對會計實踐進行長期認識和分析后所作出的合乎理性的判斷和推論。會計要在一定的假設條件下才能確認、計量、記錄和報告會計信息，所以會計假設也稱為會計核算的基本前提。中國的「企業會計準則——基本準則」明確了四個基本假設，即會計主體、持續經營、會計分期和貨幣計量。

1.2.1　會計主體假設

　1. 會計主體

　　會計主體是指會計為之服務的特定單位，它不一定是法人，只要具有相對獨立的經濟業務的單位都可以成為會計主體。一般而言，企業、事業、機關、社會團體都是會計主體，但典型的會計主體仍然是公司企業。

　　《企業會計準則——基本準則》第五條規定：「企業應當對其本身發生的交易或者事項進行會計確認、計量和報告。」這是中國對會計主體假設的制度規範。

　2. 會計主體假設

　　（1）會計主體假設是指每個企業的經濟業務必須同它的所有者及其他組織和企業（其他主體）分開。換句話講，會計所反映的是一個特定主體的經濟業務，而不是所有者個人或其他主體的經濟活動。

　　（2）會計主體假設的設定，明確了會計服務的對象和會計核算的範圍，即會計核算必須嚴格限定在經濟相對獨立的特定單位，會計核算應當以會計主體發生的各項交易或事項為對象，記錄和反映會計主體本身的各項經營活動，這為會計人員在日常的會計核算中對各項交易或事項作出正確判斷、對會計處理方法和會計處理程序作出正確選擇提供了依據。只有這樣，會計主體的財務狀況和經營成果才能獨立地反映出來，並區別於其他特定的單位，從而為該會計主體有關的單位和個人提供有價值的會計信息，滿足其需要。本書主要是以企業為會計主體編寫的，所以，下面的內容將主要介紹企業會計核算的基本原理和方法。

1.2.2 持續經營假設

《企業會計準則——基本準則》第六條規定：「企業會計確認、計量和報告應當以持續經營為前提。」這是中國對持續經營假設的制度規範。

持續經營假設是指會計主體在可預見的未來時期將按照它既定的目標持續不斷地經營下去，企業不會面臨破產清算；會計核算應當以企業持續、正常的生產經營活動為前提。該假設對企業會計方法的選擇奠定了基礎，主要表現在：

一是企業對資產以其取得時的歷史成本計價，而不是按其破產清算的現行市價計價；

二是企業對固定資產折舊、無形資產攤銷問題，均是按假定的折舊年限或者攤銷年限合理地處理；

三是企業償債能力的評價與分析也是基於企業在會計報告期后能夠持續經營為前提；

四是由於考慮了持續經營假設，企業會計核算中才選擇了權責發生制為基礎進行會計確認、計量、記錄和報告。

如果說會計主體假設為會計活動規定了空間範圍，那麼持續經營假設則為會計的正常活動作出了時間上的規定。

1.2.3 會計分期假設

會計分期是指在會計主體持續經營的基礎上，人為地將持續經營活動時間劃分為若干階段，每個階段作為一個會計期間。《企業會計準則——基本準則》第七條明確規定：「企業的會計核算應當劃分會計期間，分期結算帳目和編制財務會計報告。」會計期間分為年度和中期。中期是指短於一個完整的會計年度的報告期間，包括半年度、季度和月度。年度、半年度、季度和月度均按公歷起訖日期確定，比如從1月1日起至12月31日，稱為一個會計年度。半年度、季度和月度均稱為會計中期。通常意義上所稱的期末，是指月末、季末、半年末和年末。

會計分期使得企業每一個會計期間的收入、成本費用和利潤都得到了確認，並形成各個會計期間的各種財務報表，從而及時、定期地向企業內部和外部的相關單位及個人提供有效的會計信息。

由於有了會計分期假設，為了分清各個會計期間的經營業績和經營責任，在會計上就需要運用「應計」「遞延」「分配」「預計」「計提」「攤銷」等特殊程序來處理一些應付費用、預收收入、預付費用、折舊、攤銷等事項。這樣就把企業的會計核算建立在權責發生制的基礎上了。

1.2.4 貨幣計量假設

《企業會計準則——基本準則》第八條規定：「企業會計應當以貨幣計量。」這是中國對貨幣計量假設的制度規範。

貨幣計量假設是指對所有會計核算的對象都採用同一種貨幣作為共同的計量尺度，

把企業的經營活動和財務成果的數據轉化為按統一貨幣單位反映的信息。之所以在會計的確認、計量、記錄和報告中選擇貨幣作為統一的計量尺度，是由貨幣本身屬性決定的。

貨幣是商品的一般等價物，是衡量一般商品價值的共同尺度，具有價值尺度、流通手段、貯藏手段和支付手段等特點。其他計量單位，如重量、長度、容積、臺、件、個等，只能從一個側面反映企業的生產經營情況，無法在量上面進行匯總和比較，不便於會計計量和經營管理。只有選擇貨幣尺度進行計量，才能充分反映企業的生產經營情況。

貨幣計量假設包含了四層含義：

第一，會計所計量和反映的，只能是企業能夠用貨幣計量的方面，而不能記錄和傳遞其他的非貨幣信息。

第二，不同形態的資產都需要用貨幣作為統一的計量單位，才能據以進行會計處理，揭示企業的財務狀況。

第三，在存在多種貨幣間的交易或者存在境內外會計報表間的合併時，應當確定某一種貨幣作為記帳本位幣。記帳本位幣是指企業經營所處的主要經濟環境中的貨幣並在會計核算中所採用的基本貨幣單位。

第四，貨幣計量單位在市場經濟條件下，是借助於價格來完成的，在會計處理中使用的價格，可以是市場交易中的價格，也可以是評估價格、協商價格以及內部價格。

貨幣計量假設也有一個限制因素，即貨幣自身作為計量單位的局限性。因為貨幣本身的「量度」是受貨幣購買力影響的，而貨幣的購買力是隨時變化的，因此，貨幣計量假設必須還有一個附帶假設，即幣值穩定假設。只有假設貨幣本身或它的購買力穩定，才能保證貨幣計量的適用性。當出現持續的通貨膨脹情況下，這一假設也就失去了真實性和可比性。

上述四個會計核算的基本假設的作用各不相同，但它們相互聯繫，相互影響，結合起來共同對企業的會計核算起規範作用。會計主體確定了會計核算的範圍，持續經營解決了資產的計價和費用的分配，會計分期把會計記錄定期總結為會計報表，以人民幣作為統一的計量尺度，確定了記帳本位幣，為會計核算的整體結構奠定了基礎。

1.3　會計職能與會計基礎

1.3.1　會計基礎

會計核算是建立在一定的會計基礎之上，在具體的會計實務中，有兩個會計基礎，一是權責發生制，二是收付實現制。前者是企業的會計基礎，後者是非營利單位的會計基礎。

1. 權責發生制

《企業會計準則——基本準則》第九條規定：「企業應當以權責發生制為基礎進行

會計確認、計量和報告。」這是中國對企業會計基礎的制度規範。

　　權責發生制又稱應收應付制，它是以收入和費用是否已經發生為標準來確認本期收入和費用的一種會計基礎。權責發生制要求：凡是當期已經實現的收入和已經發生或應當負擔的費用，不論款項是否收付，都應當作為當期的收入和費用計入利潤表；凡是不屬於當期的收入和費用，即使款項已在當期收付，也不應當作為當期的收入和費用。

　　權責發生制是與收付實現制相對的一種確認和記帳基礎，是從時間選擇上確定的基礎，其核心是根據權責關係的實際發生和影響期間來確認企業的收入和費用。建立在該基礎上的會計模式可以正確地將收入與費用相配比，正確地計算企業的經營成果。

　　企業交易或者事項的發生時間與相關貨幣收支時間有時並不完全一致。例如，款項已經收到，但銷售並未實現；或者款項已經支付，但並不為本期生產經營活動而發生的。為了更加真實、公允地反映特定會計期間的財務狀況和經營成果，會計準則明確規定，企業在會計確認、計量、記錄和報告中應當以權責發生制為基礎。

　　2. 收付實現制

　　收付實現制是與權責發生制相對應的一種確認和記帳基礎，也稱現金制或現收現付制，它是以收到或支付現金作為確認收入和費用的依據的一種方法。其主要內容是：凡是在本期收到的收入和支付的費用，不論是否屬於本期，都應當作為本期的收入和費用處理，而對於應收、應付、預收、預付等款項均不予以確認。目前，中國的行政單位會計採用收付實現制；事業單位除經營業務採用權責發生制外，其他業務都採用收付實現制。

　　企業會計核算應當以權責發生制為基礎，要求企業日常的會計帳務處理必須以權責發生制為基礎進行，因而主要會計報表如資產負債表、利潤表、所有者權益變動表等都必須以權責發生制為基礎來編制和披露；但是現金流量表的編制基礎卻是收付實現制，必須按照收付實現制來確認現金要素和現金流量。

1.3.2　會計的職能

　　會計的職能是會計在經濟管理中所具有的內在功能，主要包括基本職能和拓展職能。

　　1. 會計的基本職能

　　《中華人民共和國會計法》（以下簡稱《會計法》）第五條明確規定「會計機構、會計人員依照本法規定進行會計核算，實行會計監督」。這是對會計基本職能的高度概括，也就從法律層次上規範了會計的基本職能。

　　（1）會計的核算職能。會計核算貫穿於企業經濟活動的全過程，是會計最基本的職能，也稱為會計的反映職能。會計核算的基本內涵是以貨幣為主要計量單位，運用一系列的專門方法和程序對企業經濟活動進行確認、計量、記錄，最後以財務會計報告的形式對企業的經濟活動進行全面、連續、系統、綜合的反映，以滿足各有關利益方面對會計信息的需求。

　　（2）會計的監督職能。會計監督是指會計按照一定的目的和要求，利用會計核算

所提供的信息，對企業經濟活動的全過程進行分析、控製和指導，促進各企業改善經營管理，維護國家的財經制度，保護各單位的財產安全，不斷提高經濟效益。

上述兩項會計的基本職能，是相輔相成、辯證統一的關係。會計核算是會計監督的基礎，沒有核算所提供的各種信息，監督就失去了依據；而監督又是會計核算質量的保證，只有會計核算而沒有會計監督，就難以保證核算所提供信息的真實性和可靠性。所以，會計核算職能是基礎，會計監督職能是指導，在核算的基礎上進行監督，在監督的指導下進行核算。

2. 會計的拓展職能

隨著社會生產力的日益提高、社會經濟關係的日益複雜和管理理論的不斷深化，特別是管理會計的出現，會計所發揮的作用日益重要，其職能也就不斷拓展。所以，在上述兩個基本職能的基礎上，會計還拓展出了預測和決策的職能。

決策是決策者從各種備選方案中選出最優方案的過程。管理的重心在經營，經營的重心在決策。決策對每一個經濟單位的生存和發展都至關重要。科學的決策是建立在大量的經濟信息之上的，利用經濟信息進行科學的預測，並根據預測結果進行科學決策。以企業為例，企業進行經濟預測和決策所必需的經濟信息有 70% 以上來自於會計信息。會計利用貨幣作為統一的計量單位的特點，把企業生產經營活動方方面面的問題都用價值的形式綜合反映到會計信息上來。因此，利用會計信息進行經濟預測並直接參與經營決策是會計預測和決策職能的一個方面。該職能的另外一個方面表現為擁有大量會計信息的高級會計管理人員，如財務總監、會計部門負責人和會計主管等人本身就是企業決策集團的組成人員或者是經濟預測和經營決策的直接參與者，從另一個角度反映了會計的預測和決策職能。

1.4　會計信息的質量要求

會計信息質量要求是對企業財務會計報告所提供的會計信息質量的基本要求，也是這些會計信息對投資者等會計信息使用者決策有用而應當具備的基本質量特徵。根據會計基本準則的規定，企業會計信息質量要求包括可靠性、相關性、可理解性、可比性、實質重於形式、重要性、謹慎性和及時性八個方面。

1.4.1　可靠性

可靠性是指企業應當以實際發生的交易或者事項為依據進行會計確認、計量和報告，如實反映符合確認和計量要求的各項會計要素及其他相關信息，保證會計信息真實可靠，內容完整。企業的會計核算應當以實際發生的交易或事項為依據，如實反映其財務狀況、經營成果和現金流量。該原則包括真實性、中立性和可驗證性三個方面，是對企業會計核算工作的會計信息的基本質量要求。

1. 真實性

真實性是指會計確認、計量、記錄必須以企業實際發生的交易或事項即客觀事實

為依據，有真憑實據，並將符合會計要素定義及其確認條件的資產、負債、所有者權益、收入、費用、利潤等如實地反映到財務報表之中，不得根據虛構的、沒有發生的或者尚未發生的交易或事項進行確認、計量、記錄和報告。

真實性的保證首先依賴於會計人員實事求是的工作態度，企業的所有會計記錄和會計報表的編制都不能弄虛作假、歪曲事實；其次會計資料要有可靠的、反映實際情況的原始憑證；最后，選用正確的計量方法也是保證會計信息真實性的重要條件。

2. 中立性

中立性又稱「超然性」，是指會計人員在處理會計事項時應持公正立場，客觀、公正、不偏不倚。會計人員在會計方法和會計程序的選擇上應當不偏不倚，不帶主觀傾向性，因而在會計計量和會計報告時不受主觀意志左右而偏向於個別使用者的需要，特別是不能根據管理當局或者其他利益集團的意願行事，避免使其他會計信息使用者產生誤解。

3. 可驗證性

可驗證性是指會計數據和會計記錄具有可驗證的證據，從填制記帳憑證、登記帳簿到編制會計報表等過程都要有可靠的原始依據，從而保證會計核算中的帳證、帳帳、帳表與帳實之間的一致性。

1.4.2 相關性

相關性是指企業提供的會計信息應當與會計信息使用者的經濟決策需要相關，有助於會計信息使用者對企業過去、現在或者未來的情況作出評價或者預測。

相關性是會計信息的生命力所在。因為，會計信息的價值在於是否有用，是否有助於使用者進行決策。任何一個會計信息使用者，都希望通過對有關會計信息的使用和分析作出相應的正確決策。如果企業提供的會計信息不能幫助他們進行正確的決策，就不具有相關性，會計信息乃至整個會計工作就失去了意義。

所以，企業提供的會計信息應當能夠滿足各種會計信息使用者瞭解企業財務狀況、經營成果和現金流量的需要，滿足企業加強內部經營管理的需要；有助於會計信息使用者瞭解和評價企業過去的決策，證實或者修正過去的有關預測；有助於會計信息使用者根據這些有用的會計信息預測企業的財務情況、經營成果和現金流量情況。

在會計核算中堅持該相關性，就是要求企業在確認、計量、記錄和報告會計信息過程中，充分考慮會計信息使用者的決策模式和信息需求。但是，相關性以可靠性為基礎，即在會計信息可靠的基礎上，盡可能做到相關性，以滿足各類會計信息使用者的決策需要。

1.4.3 可理解性

可理解性又稱明晰性，是指企業提供的會計信息應當清晰明了，便於會計信息使用者理解和使用。

會計的目的就是向有關各方提供有用的會計信息。要實現該目標，就要求企業的會計信息清晰、完整地反映企業經濟活動的來龍去脈，並且要簡明扼要、通俗易懂，

便於使用者正確地理解和加以利用。

在會計核算中堅持清晰性原則，就要求企業的會計記錄準確、清晰，填制會計憑證、登記會計帳簿必須做到依據合法、帳戶對應關係清楚、文字摘要完整；在編製會計報表時做到項目鈎稽關係清楚完整、數據準確。

1.4.4 可比性

可比性是指企業提供的會計信息應當具有可比性。這具體體現在以下兩個方面：

1. 同一企業不同時期可比

為了便於會計信息使用者瞭解企業的財務狀況、經營成果和現金流量的變化趨勢，比較企業在不同時期的財務會計信息，全面客觀地評價過去、預測未來，從而做出正確的決策，要求同一企業不同時期發生的相同或者相似的交易或者事項，應當採用一致的會計政策，不得隨意變更。

需要說明的是，並非為了滿足可比性要求就一定不得變更會計政策，如果按照規定或者在會計政策變更后能夠提供更為可靠、更為相關的會計信息，那麼可以變更會計政策，但應當在附註中說明。

2. 不同企業相同會計期間可比

為了便於會計信息使用者評價不同企業的財務狀況、經營成果和現金流量的變動情況，要求不同企業發生的相同或者相似的交易或者事項，應當採用規定的會計政策，確保會計信息口徑一致、相互可比，以使得不同企業按照一致的確認、計量、記錄和報告要求提供有關的會計信息。

1.4.5 實質重於形式

實質重於形式是指企業應當按照交易或者事項的經濟實質進行會計確認、計量和報告，不應僅以交易或者事項的法律形式為依據。

企業發生的交易或事項在多數情況下其經濟實質和法律形式是一致的，但在有些情況下也會不一致。例如，為了準確反映企業集團的會計信息，使得投資者等報表使用者瞭解企業集團的財務狀況、經營成果和現金流量情況，母公司將其子公司合起來編制的合併報表，該合併報表反映的是企業集團的經濟實質內容，而沒有反映被合併公司的法律形式。母公司和子公司在法律上是兩個或多個獨立的法人實體，但母公司在編制合併報表時，並非按其法律形式（兩個或多個獨立法人）而按其母、子公司的經濟實質，將母、子公司的個別報表合二為一（當然不是簡單相加，而是按照會計準則的規範進行）。

1.4.6 重要性

重要性是指企業提供的會計信息應當反映與企業財務狀況、經營成果和現金流量等有關的所有重要交易或者事項。

會計信息質量重要性要求企業在會計核算過程中對交易或事項應當區別其重要程度，採用不同的核算方式，以及企業的財務會計報告在全面反映企業的財務狀況、經

營成果的同時，對於足以影響會計信息做出正確決策的重要經濟業務，分別核算，單獨反映，並在財務會計報告中進行重點說明。

企業在會計核算中，對資產、負債、損益等有較大影響，進而影響財務會計報告使用者據以作出合理判斷的重要會計事項，必須按照規定的會計方法和程序進行處理，並在財務會計報告中予以充分的披露；對於次要的會計事項，在不影響會計信息真實性和不至於誤導會計信息使用者作出正確判斷的前提下，可適當簡化處理。

重要性原則與會計信息成本效益直接聯繫。在會計核算中堅持重要性，就能夠使提供會計信息的收益大於成本；反之，就會使提供會計信息的成本大於收益。評價某些項目的重要性，在很大程度上取決於會計人員的職業判斷。

1.4.7 謹慎性

謹慎性又稱穩健性，是指企業對交易或者事項進行會計確認、計量和報告應當保持應有的謹慎，不應高估資產或者收益，低估負債或者費用。

在市場經濟條件下，採用謹慎性原則，有利於增強企業的競爭能力和應變能力，減少經營者的風險負擔。因為在市場經濟環境下，企業的生產經營活動面臨著許多風險和不確定因素，如應收帳款的可回收性、固定資產的使用年限、無形資產的使用年限、售出存貨可能發生的退貨或返修等。面對這些不確定性因素，企業在做出職業判斷時，應當保持應有的謹慎，充分估計到各種風險和損失，既不高估資產或者收入，也不低估負債或者費用。

再比如，當某項經濟業務存在多種不同處理方法時，應當選擇不會導致企業虛增資產或盈利的方法，即對收入、費用和損失的確認持謹慎和穩健的態度。企業在會計核算中，應當遵循謹慎性的要求，對於可能發生的損失和費用，應當加以合理估計，不得壓低負債或費用，也不得抬高資產或收益，更不得計提秘密準備。具體地講，就是凡是可以預見的損失和費用均應予以確認，而對不確定的收入則不予以確認。

會計實務中計提資產減值準備，採用加速折舊法計提固定資產折舊，確認預計負債等都是謹慎性要求的具體體現。

但謹慎性的應用，絕不允許企業計提秘密準備，如果企業故意低估資產或者收入，或高估負債或者費用，將不符合會計信息的可靠性和相關性要求，將會損害會計信息質量，扭曲企業實際的財務狀況和經營成果，從而對會計信息使用者的決策產生誤導，這是會計準則不允許的。

1.4.8 及時性

及時性是指企業對於已經發生的交易或者事項，應當及時進行會計確認、計量和報告，不得提前或者延後。

會計信息的價值在於有助於會計信息使用者能夠及時做出正確的決策，因此會計信息必須具有時效性。即使是可靠的、相關的、重要的會計信息，如果不能夠及時提供和傳遞到使用者，就失去了時效性，以後再獲得該信息，對使用者的效用將大大降低，甚至不再具有實際意義。

及時性要求企業在會計核算中應當在經濟業務發生時及時進行，不得提前或延后，並按規定的時間提供會計信息，以便會計信息得到及時利用。及時性要求有三層含義：

一是要求及時收集會計信息，即在經濟交易或事項發生后，會計及相關人員應當及時收集、整理各種原始單據和憑證。

二是要求及時處理會計信息，即按會計準則的規定，會計及相關人員及時對經濟交易或事項進行確認、計量、記錄，及時編制財務會計報告，不得拖延。

三是要求及時傳遞會計信息，即在國家規定的期限內，會計及相關人員及時對外披露財務會計報告及其他應該披露的會計信息，使得各方面的信息使用者能夠及時瞭解企業的情況，以利他們做出正確決策。

1.5　會計方法與帳務處理程序

1.5.1　會計方法

會計方法是用來核算和監督會計對象、發揮會計職能、實現會計目標的手段。會計由會計核算、會計分析和會計檢查三個部分組成，這三個部分既密切聯繫，又相對獨立，所使用的方法也不盡相同。因此，會計方法也可以分為會計核算的方法、會計分析的方法和會計檢查的方汯。

1. 會計核算的方法

會計核算的方法就是對企業的經濟交易或者事項進行確認、計量、記錄和報告，以核算和監督企業經濟活動的方法，包括設置帳戶、復式記帳、填制和審核憑證、登記帳簿、成本計算、財產清查和編制會計報表七種專門方法。

（1）設置帳戶。設置帳戶是對會計對象的具體內容進行確認、歸類和監督的一種專門方法，其實質是對會計要素進一步地科學分類。會計要素是對會計對象具體內容的基本分類，是第一個層次的類別。由於企業的經濟活動是複雜多樣的，各項經濟業務所涉及的會計對象基本要素的具體存在形式各有不同，這就需要對會計要素作進一步的合理分類，並賦予一定的結構形式，才能使複雜多樣的經濟業務得以分門別類地予以登記和歸集，產生各種類別的財務會計指標。所以設置帳戶是會計記錄和匯總的前提。

（2）復式記帳。復式記帳是記錄經濟業務的一種方法。這種方法的特點是對每一項經濟業務都要以相等的金額，同時在兩個或兩個以上的相關帳戶中進行登記。採用復式記帳，既可以通過帳戶的對應關係瞭解有關經濟業務的全貌，又可以通過帳戶的平衡關係檢查有關經濟業務的記錄是否正確。因此，復式記帳是一種比較完善、科學的記帳方法，為世界各國所普遍採用。目前中國企業會計核算採用的借貸記帳法就是一種復式記帳方法。

（3）填制和審核會計憑證。會計憑證是記錄經濟業務、明確經濟責任的書面證明，是會計信息資料的最初載體，是登記帳簿的依據。填制和審核會計憑證是為了保證會

計資料完整、可靠，審查經濟業務是否真實、合理、合法而採用的一種專門方法。對於任何一項經濟業務都要按照實際情況填制會計憑證，而且必須有專門的部門和人員對這些憑證進行審核，只有經過審核無誤的憑證，才能作為登記帳簿的依據。通過對會計憑證的填制和審核，才能保證會計資料的真實、完整，保證會計信息的質量。

（4）登記帳簿。會計帳簿是用來記錄各項經濟業務的簿籍，是加工和保存會計資料的重要工具。登記帳簿就是在帳簿上全面、系統、連續地記錄和反映企業經濟活動的一種專門方法。登記帳簿把復式記帳和設置帳戶融為一體，它以會計憑證為依據，利用帳戶和復式記帳的方法，把所有經濟業務分門別類而又相互連續地加以全面反映，以便提供完整而系統的會計信息資料。在帳簿上，相關會計人員既要將所有經濟業務按照帳戶加以歸類記錄，進行分類核算，又要將全部或部分經濟業務按其發生時間的先後，序時記錄，進行序時核算；登記帳簿既要提供總括的核算指標，又要提供明細核算指標，為編制會計報表提供必要的資料。登記帳簿是會計核算工作的主體部分。

（5）成本計算。成本計算是對企業在生產經營活動中發生的全部費用，按照一定的對象和標準進行歸集和分配，借以計算確定各個對象的總成本、單位成本以及企業的總成本費用的一種專門方法。通過成本計算，企業可以正確地對會計核算對象進行計價，核算和監督生產經營活動中所發生的各項費用是否符合節約原則，以便挖掘潛力、減少消耗、節約費用，不斷降低成本、提高經濟效益。

（6）財產清查。財產清查是通過盤點實物、核對帳目來查明各項財產物資、債權債務、貨幣資金實有數額，並進行帳實核對，檢查帳實是否相符的一種專門方法。為了加強會計記錄的準確性，保證帳實相符，必須定期或不定期地對各項財產物資、往來款項進行清查、盤點和核對。會計人員在清查中如果發現帳實不符，應當分清原因，明確責任，並調整帳簿記錄，使其帳實完全一致。通過財產清查，會計人員還可以查明物資儲備是否能夠保證生產經營活動的需要，有無超儲、積壓和呆滯的情況；物資保管和使用是否妥善合理，有無損失、浪費、霉爛、丟失的情況；各項人欠、欠人款項是否及時結算，有無長期拖欠不清的情況。所以，財產清查既對於保證會計信息的客觀真實性有積極作用，又具有監督財產物資安全完整與合理使用的重要作用。

（7）編制財務報表。編制財務報表是定期總括反映企業的財務狀況、經營成果和現金流量情況以及所有者權益變動情況，提供系統的會計信息的一種專門方法。會計報表是以一定格式的表格，對一定會計期間內帳簿記錄內容的總括反映，它是會計數據加工的最終成果，是企業輸出會計信息的主要載體。平時，有關的會計數據是分散在各個會計帳戶中記錄的，為了滿足會計信息用戶的需要，就要求會計人員定期將帳戶資料加工成為規範化的會計信息，通過會計報表輸送出去。企業對外的會計報表主要包括資產負債表、利潤表、現金流量表和所有者權益變動表。

2. 會計分析的方法

會計分析的方法主要是利用會計核算的資料以及其他信息資料對會計主體的經濟活動及其效果進行分析，通過計算和分析一系列財務指標來評價企業的財務狀況、經營成果、現金流量情況以及企業的盈利能力、償債能力和發展能力，從而為會計信息使用者的預測、決策以及進行考核評價提供科學依據的專門方法。它包括事前預測分

析方法、事中控制分析方法和事后總結分析方法。會計分析的方法有很多，比如，會計預測分析的方法有迴歸分析法、高低點法、量本利分析法等；會計決策分析的方法有差量分析法、無差別點法、邊際分析法、淨現值法、內含報酬率法、現值指數法等；財務報表分析的方法有會計報表結構分析法、比例分析法、平衡分析法、比率分析法、杜邦分析法等。

3. 會計檢查的方法

會計檢查的方法是運用會計資料檢查會計主體的經濟活動及其結果是否合理、合法，是否有效以及會計資料是否正確使用的專門方法，如核對法、復核法、查詢法、盤點法等。

上述的會計方法本不是各自獨立存在的，而是相互聯繫、相互依存，形成一個完整的、有機的會計方法體系。會計核算是會計分析和會計檢查的基礎，而會計分析是會計核算的繼續和發展，會計檢查則是會計核算和會計分析的保證和必不可少的補充。

1.5.2 會計帳務處理程序

企業向內外部信息使用者傳輸會計信息的主要工具是財務報表。因此，會計人員必須運用前述的會計核算專門方法，通過科學的帳務處理程序，對企業日常生產經營活動中發生的大量繁雜的經濟業務所形成的會計資料進行記錄、分類、整理，最後編制出財務報表並向各方面提供反映企業財務狀況、經營成果和現金流量情況的總括會計信息。這種對會計數據的記錄、歸類、匯總和形成會計報表的步驟和方法就稱為會計帳務處理程序，又稱為記帳程序。

就一個會計期間來看，會計帳務處理程序包括日常帳務處理和期末帳務處理兩個階段，每個階段又包含若干步驟。

1. 日常帳務處理程序

日常帳務處理中主要運用設置帳戶、復式記帳、填制會計憑證、登記帳簿、成本計算五種專門的會計核算方法。該階段主要包括以下步驟：

（1）設置各種帳戶。按照《企業會計準則——應用指南》對會計科目的規範，在不違反會計準則中確認、計量和報告規定的前提下，企業可根據自身生產經營的實際情況，設置有關的帳戶，要體現規範性和靈活性相結合，既要符合會計準則的規定，又要適用於本企業的特殊經濟業務的核算。

（2）分析經濟業務，編制會計分錄。日常發生的各項經濟業務，都必須及時取得並審核原始憑證，再由會計人員編制會計分錄，形成記帳憑證，作為登記帳簿的依據。

（3）登記帳簿，俗稱過帳，就是把記帳憑證中的會計分錄的內容過入有關帳簿的帳戶上，包括登記日記帳、登記總帳和明細帳。

（4）成本計算。需要進行成本計算的企業，要根據帳簿記錄資料，進行成本計算；再將成本計算的結果，編制記帳憑證後登記有關帳簿。

2. 期末帳務處理程序

期末帳務處理主要運用財產清查、編制會計報表等會計核算專門方法，同時也涉及其他的五種方法。具體步驟是：

（1）試算平衡。試算平衡是為了檢查和驗證帳戶記錄，保證一定時期內企業的經濟業務在帳戶中記錄的正確和完整的方法。它是通過編制試算平衡表進行的，具體內容將在第四章中介紹。

（2）期末帳項調整。期末帳項調整是按照權責發生制的原則，在會計期末對帳簿日常記錄中的有關預收收入和預付費用以及尚未登記入帳的應收收入和應付費用進行必要的調整，編制調整會計分錄，並據以登記入帳。

（3）期末帳項結轉。期末帳項結轉是在會計期末按照配比原則，將本期收入與費用進行配比，結清本期的收入和費用帳戶，確定本期的經營成果即利潤或者虧損。有關期末帳項調整與結轉的內容將在第七章中介紹。

（4）財產清查。企業在編制年度財務會計報告前，應當全面清查資產，核實債務，查明財產物資的實存數量與帳面數量的一致性，以及各項結算款項的真實性和拖欠原因。財產清查的結果，都要編制會計憑證，並登記入帳，做到帳實相符。財產清查的具體內容將在第十章中介紹。

（5）對帳和結帳。對帳就是核對帳目，具體內容是進行帳簿與憑證的核對，做到帳證相符；帳與帳之間的核對，做到帳帳相符；帳與實物的核對，做到帳實相符。在對帳之後，企業就要按照會計制度的規定，進行畫線結帳工作，結出各帳戶的本期發生額和期末餘額，為編制會計報表準備好資料。有關對帳和結帳的方法將在第七章中介紹。

（6）編制和披露財務報表。編制和披露財務報表是企業會計核算工作的最後一個程序。企業根據帳簿記錄提供的資料，進行適當的加工整理，就可以編制出財務報表，該期間的會計核算工作暫時畫上句號。但是，企業還必須按照規定的程序和時間，對外公開披露財務報表，只有財務報表對外披露後，本期的會計核算工作才能最終結束。有關財務報表編制的內容將在第十章中介紹。

1.5.3　會計循環

按照「持續經營」和「會計分期」這兩個會計假設的要求，企業在持續經營期內，必須分期連續地提供每一個會計期間的財務狀況、經營成果和現金流量情況等會計信息。這樣，會計帳務處理程序的幾個步驟不僅在每一個會計期間內依序繼起，而且在各個會計期間周而復始地進行，以便連續不斷地提供各會計期間的會計信息。我們把這種周而復始、循環往復的會計帳務處理程序，稱為會計循環。所以，上述會計帳務處理程序的基本步驟也就是會計循環的基本步驟。在會計核算實務中，企業不僅要正確運用上述各種專門的方法，而且還必須遵循會計循環的客觀規律，將各種方法有機結合起來，形成合理的會計帳務處理程序，並按科學的核算程序開展會計工作。會計循環的具體內容將在以後的章節中詳細介紹。

1.6　會計記錄方式

1.6.1　記帳本位幣

1. 記帳本位幣的基本規定

記帳本位幣，是指企業經營所處的主要經濟環境中的貨幣。

企業通常應選擇人民幣作為記帳本位幣。業務收支以人民幣以外的貨幣為主的企業，可以選定其中一種貨幣作為記帳本位幣，但是編報的財務報表應當折算為人民幣。

企業對於發生的外幣交易，應當將外幣金額折算為記帳本位幣金額。

企業記帳本位幣一經確定，不得隨意變更，除非企業經營所處的主要經濟環境發生重大變化。

企業因經營所處的主要經濟環境發生重大變化，確需變更記帳本位幣的，應當採用變更當日的即期匯率將所有項目折算為變更後的記帳本位幣。

2. 企業選擇記帳本位幣考慮的因素

（1）一般企業選定記帳本位幣應當考慮的因素

① 該貨幣主要影響商品和勞務的銷售價格，通常以該貨幣進行商品和勞務的計價和結算；

② 該貨幣主要影響商品和勞務所需人工、材料和其他費用，通常以該貨幣進行上述費用的計價和結算；

③ 融資活動獲得的貨幣以及保存從經營活動中收取款項所使用的貨幣。

（2）企業選定境外經營的記帳本位幣考慮的因素

境外經營，是指企業在境外的子公司、合營企業、聯營企業、分支機構。在境內的子公司、合營企業、聯營企業、分支機構，採用不同於企業記帳本位幣的，也視同境外經營。

① 境外經營對其所從事的活動是否擁有很強的自主性；

② 境外經營活動中與企業的交易是否在境外經營活動中佔有較大比重；

③ 境外經營活動產生的現金流量是否足以償還其現有債務和可預期的債務。

1.6.2　會計記錄的文字與記帳方法

1. 會計記錄的文字

一般情況下，企業應當以中文為會計記錄的文字。在民族自治地區的企業，會計記錄可以同時使用當地通用的一種民族文字。

2. 記帳方法

《企業會計準則——基本準則》確認規定「企業應當採用借貸記帳法記帳」。

有關借貸記帳法的內容將在第四章中詳細介紹。

1.6.3 會計記錄手段

企業主要通過填制會計憑證和登記會計帳簿進行會計記錄。有關會計憑證和會計帳簿的內容將在第四章和第五章中作詳細介紹。

復習思考題

1. 什麼是會計？你是怎樣理解會計的？
2. 會計的特點表現在哪些方面？
3. 會計學基礎課程在會計學科體系中的地位是什麼？其意義為何？
4. 何謂會計目標？企業會計的目標是什麼？
5. 會計的基本職能是什麼？在基本職能外，會計為什麼派生出了其他的職能？
6. 會計的基本假設有哪些？各種假設對會計工作有何意義？
7. 有哪兩種會計基礎？它們的基本內容是什麼？企業會計應當採用什麼會計基礎？
8. 滿足哪些質量要求的會計信息才是高質量的會計信息？這些會計信息質量對企業會計核算提出了哪些要求？
9. 什麼是會計方法？各種會計方法之間的關係如何？
10. 會計核算方法主要有哪幾種？
11. 會計帳務處理程序與會計循環的關係是什麼？
12. 什麼是記帳本位幣？企業選擇記帳本位幣應當考慮哪些因素？

練習題

一、單項選擇題

1. 會計的基本職能是（　　）。
   A. 記錄和計算　　　　　　B. 考核收支
   C. 核算和監督　　　　　　D. 分析和考核
2. 會計所使用的主要計量單位是（　　）。
   A. 實物量度　　　　　　　B. 勞動量度
   C. 貨幣量度　　　　　　　D. 工作量度
3. 會計的一般對象按大類劃分在企業中具體表現為（　　）。
   A. 會計科目　　　　　　　B. 會計要素
   C. 帳戶　　　　　　　　　D. 各種經濟業務
4. 持續經營為（　　）提供了理論依據。
   A. 會計確認　　　　　　　B. 會計計量
   C. 會計記錄　　　　　　　D. 會計報告
5. 現代會計形成的標誌是（　　）。

A. 帳簿的產生　　　　　　　　B. 管理會計的產生
C. 單式記帳法過渡到復式記帳法　　D. 成本會計的產生

6.（　　）信息質量必須符合國家的統一規定，保證不同空間主體之間核算方法、計算口徑等基本一致。

A. 一致性特徵　　　　　　　　B. 實質重於形式
C. 真實性特徵　　　　　　　　D. 可比性特徵

二、多項選擇題

1. 下列屬於會計核算前提條件的是（　　）。

   A. 會計主體　　　　　　　　B. 會計分期
   C. 持續經營　　　　　　　　D. 貨幣計量
   E. 權責發生制

2. 會計的方法主要有（　　）。

   A. 會計核算的方法　　　　　B. 會計分析的方法
   C. 會計預測的方法　　　　　D. 會計決策的方法
   E. 試算平衡的方法

3. 會計核算主要包括會計（　　）環節。

   A. 確認　　　　　　　　　　B. 記錄
   C. 計量　　　　　　　　　　D. 報告
   E. 監督

4. 在會計核算方法體系中，就實際會計工作程序和工作過程而言，你認為起核心作用的會計核算方法是指（　　）。

   A. 設置帳戶　　　　　　　　B. 填制和審核憑證
   C. 復式記帳　　　　　　　　D. 登記帳簿
   E. 編制會計報表

5. 會計的基本職能是（　　）。

   A. 核算　　　　　　　　　　B. 決策
   C. 分析　　　　　　　　　　D. 監督

6. 下列內容中，（　　）是反映企業會計信息質量要求的。

   A. 公允價值　　　　　　　　B. 歷史成本
   C. 實質重於形式　　　　　　D. 真實性

第二章 會計要素與會計等式

2.1 會計對象

2.1.1 會計的一般對象

1. 會計的一般對象的含義

會計對象是會計管理的客體，是會計核算和監督的內容，是社會經濟中能以貨幣表現的數量方面。前面已述，會計以貨幣為主要計量單位，對一定會計主體的經濟活動進行核算與監督。因此，凡是特定會計主體的能夠以貨幣表現的經濟活動都是會計的對象。所以，會計的一般對象就是社會再生產過程中能夠用貨幣表現的經濟活動即資金運動，這是會計對象的共性；會計對象的個性表現為因各會計主體的經濟活動相異而形成的具體資金運動的差異。比如，工業企業的會計對象是工業企業在供產銷過程中的資金運動；而商品流通企業的會計對象是商品流通企業在購、存、銷過程中的資金運動；行政事業單位的會計對象則是這些單位的預算資金和其他資金的運動。

2. 企業的資金運動

企業的資金運動包括資金的投入、資金的循環與週轉和資金的退出等過程。

（1）資金的投入。企業資金的投入包括所有者投入資金和債權人投入資金兩部分。前者屬於企業的所有者權益，形成權益資本，后者屬於企業的債權人權益，形成負債資本。所有者和債權人投入企業的資金可以是實物財產，也可以是貨幣資金；可以是有形的財產物資，也可以是無形財產。

（2）資金的循環與週轉。無論是所有者投入的資金，還是債權人投入的資金，一旦進入企業，就構成了企業的法人資金，這些法人資金總是處於不斷的運動中。在企業再生產過程中，企業的資金從貨幣資金形態開始，順次通過購買、生產、銷售等環節，分別表現為固定資產、原材料、在產品、產成品等實物形態，然后又回到貨幣資金形態。這種從貨幣資金形態開始，經過若干階段又回到貨幣資金形態的運動過程，就是企業的資金循環，周而復始的循環就是資金的週轉。它們不僅是會計核算的對象，而且是形成企業利潤的源泉。

企業資金運動是企業生產經營過程中的財產物資的不斷運動，其價值形態發生不斷的變化。

① 購買過程中的資金運動。企業用貨幣資金購買勞動對象，發生材料買價、運輸費用、裝卸費等材料採購費用，貨幣資金轉化為存貨儲存資金；企業也要購買機器設

備等勞動手段，由貨幣資金轉化為固定資產；企業還可以購買股票、債券等有價證券，將貨幣資金轉化為投資資產。

②生產過程中的資金運動。企業在生產過程中，投入原材料、勞動力和機器設備，生產出產品，在這個過程中，發生了材料耗費、固定資產折舊費、工人的工資以及各種生產和管理費用，使得企業的資金從儲備資金形態轉化為生產資金和產成品資金。

③銷售過程中的資金運動。企業在銷售環節中將其產品銷售出去，發生有關銷售費用並收回貨款、繳納稅金等，完成了實物資金向貨幣資金的轉化。企業取得的銷售收入扣除各項成本費用後就形成利潤，並進行利潤的分配。

銷售過程的完結標誌著本次資金運動的結束，下次資金運動的開始。

（3）資金的退出。企業資金的退出是指一部分資金離開本企業，退出了企業的資金循環與週轉。它包括償還各種債務、上繳各項稅金、向投資者分配利潤等。

2.1.2 會計的具體對象——會計要素

會計要素是對會計對象進行的基本分類，是構成會計客體的必要因素，是會計對象的具體化。會計必須對資金運動過程中所確認的會計事項按不同的經濟特徵進行歸類，並為每一個類別取一個相應的名稱，這就是會計要素，它是會計核算的具體內容，也是會計報表的基本項目。中國的《企業會計準則——基本準則》列示了六類會計要素，即資產、負債、所有者權益、收入、成本費用和利潤。按照它們各自反映的內容可分為兩類：第一類是從靜態方面反映企業財務狀況的會計要素——資產、負債和所有者權益，它們構成資產負債表的基本框架，所以又稱為資產負債表要素；第二類是從動態方面反映企業經營成果的會計要素——收入、成本費用和利潤，它們是構成利潤表的基本框架，因此又稱為利潤表要素。

2.2 會計要素的含義及內容

2.2.1 資產

1. 資產的含義及特徵

資產是企業過去的交易或者事項形成的、由企業擁有或控制的、預期會給企業帶來經濟利益的資源。資產具有以下幾個特徵：

（1）資產的本質特徵是能夠預期給企業帶來經濟利益的資源。預期會給企業帶來經濟利益，是指直接或者間接導致現金和現金等價物流入企業的潛力，這種潛力在某些情況下可以單獨產生淨現金流入，而某些情況則需要與其他資產結合起來才能在將來直接或間接地產生淨現金流入。按照這一基本特徵判斷，不具備可望給企業帶來未來經濟利益流入的資源，便不能確認為資產。

（2）作為企業資產的資源必須為企業現在所擁有或控制。這是指企業享有某項資源的所有權，或者雖然不享有某項資源的所有權，但該資源能被企業所控制。擁有，

即所有權歸企業；控製則是由企業支配使用，但不等於企業取得所有權。資產儘管有不同的來源渠道，但是一旦進入企業並成為企業擁有或控製的財產，便置於企業的控製之下而失去了原來歸屬於不同所有者的屬性，成為企業可以自主經營、運用、處置的法人財產。

（3）作為企業資產的資源必須是由過去交易或事項形成。企業過去的交易或者事項包括購買、生產、企業的建造行為或其他交易或者事項。預期在未來發生的交易或者事項不形成資產。

（4）作為資產的資源必須能夠用貨幣計量其價值，從而表現為一定的貨幣額。

（5）資產包括各項財產、債權和其他權利，並不限於有形資產。也就是說，一項企業的資產，可以是貨幣形態，也可以是非貨幣形態；可以是有形的，也可以是無形的。只要是企業現在擁有或控製，並通過有效使用，能夠為企業帶來未來經濟利益的一切資源，均屬於企業的資產。

2. 資產的分類

企業的資產按流動性可分為流動資產和非流動資產兩大類。

（1）流動資產，是指滿足下列條件之一的資產：

① 預計在一個正常營業週期中變現、出售或耗用。

② 主要為交易目的而持有。

③ 預計在資產負債表日起一年內（含一年，下同）變現。

④ 在資產負債表日起一年內，交換其他資產或清償負債的能力不受限制的現金或現金等價物。

以上條件中的正常營業週期通常是指企業從購買用於加工的資產起至實現現金或現金等價物的期間。正常營業週期通常短於一年，在一年內有幾個營業週期。但是，也存在正常營業週期長於一年的情況，比如房地產開發企業開發用於出售的房地產開發產品，造船企業製造用於出售的大型船只等，往往超過一年才能變現、出售或耗用，仍應劃分為流動資產。

流動資產按其性質劃分為庫存現金、銀行存款、交易性金融資產、應收及預付款項、存貨等。

庫存現金，是指存放於企業財會部門，由出納人員經管的貨幣性資產，是企業流動性最強的資產。

銀行存款，是指企業存放在銀行或其他金融機構中的貨幣性資產，與庫存現金一樣是企業流動性最強的資產。

交易性金融資產主要是指企業為了近期內出售而持有的金融資產。比如，企業以賺取差價為目的從二級市場購入的股票、債券、基金等，它屬於現金等價物。

應收及預付款項，是指企業日常生產經營過程中發生的各種債權性資產，也屬於貨幣性資產的範疇，包括各項應收款項和預付款項。

存貨，是指企業在日常活動中持有以備出售的產成品或商品、處在生產過程中的在產品、在生產過程或提供勞務過程中耗用的材料和物料等。

（2）非流動資產，是指流動資產以外的所有資產。非流動資產按其性質劃分為持

有至到期投資、可供出售金融資產、長期應收款、長期股權投資、投資性房地產、固定資產、無形資產、長期待攤費用等。

持有至到期投資，是指到期日固定、回收金額固定或可確定，且企業有明確意圖和能力持有至到期的非衍生金融資產。比如企業從二級市場上購入的固定利率國債、浮動利率公司債券等，符合持有至到期投資條件的，可以劃分為持有至到期投資。

可供出售金融資產，通常是指企業沒有劃分為以公允價值計量且其變動計入當期損益的金融資產、持有至到期投資、貸款和應收款項的金融資產。比如，企業購入的在活躍市場上有報價的股票、債券和基金等，沒有劃分為以公允價值計量且其變動計入當期損益的金融資產或持有至到期投資等金融資產的，可歸為此類。

長期應收款，是指企業超過一年應當收回而尚未收回的款項，包括融資租賃產生的應收款項、採用遞延方式具有融資性質的銷售商品和提供勞務等產生的應收款項。

長期股權投資，是指企業持有的對子公司、合營企業及聯營企業的權益性投資以及企業持有的對被投資單位不具有控制、共同控制或重大影響，且在活躍市場中沒有報價、公允價值不能可靠計量的權益性投資。

投資性房地產，是指企業為賺取租金或資本增值，或二者兼有而持有的房地產。

固定資產，是指為生產商品、提供勞務、出租或經營管理而持有的使用壽命超過一個會計期間的有形資產。

無形資產，是指企業擁有或者控制的沒有實物形態的可辨認的非貨幣性資產。無形資產包括專利權、非專利技術、商標權、著作權、土地使用權等。

長期待攤費用，是指企業已經發生但應由本期或以後各期負擔的分攤期限在一年以上的各項費用，如以經營租賃方式租入固定資產發生的改良支出等。

2.2.2 負債

1. 負債的含義及特徵

負債，是指企業過去的交易或者事項形成的、預期會導致經濟利益流出企業的現時義務。負債具有三個基本特徵：

（1）負債是企業承擔的現時義務。現時義務是指企業在現行條件下已承擔的義務。未來發生的交易或者事項形成的義務，不屬於現時義務，不應當確認為負債。

（2）負債由過去的交易或者事項形成。只有過去的交易或者事項才能形成負債，企業在未來發生的承諾、簽訂的合同等交易或者事項不形成負債。

（3）負債預期會導致經濟利益流出企業，這是負債的本質特徵。企業在履行現時義務清償負債時，導致經濟利益流出企業的形式多種多樣，比如用現金償還或以實物償還，以提高勞務形式償還，以部分轉移資產、部分提供勞務形式償還等。

2. 負債的分類

負債按其流動性，分為流動負債和非流動負債兩大類。

（1）流動負債。流動負債是指滿足下列條件之一的負債：

① 預計在一個正常營業週期中清償。

② 主要為交易目的而持有。

③ 在資產負債表日起一年內到期應予以清償。
④ 企業無權自主地將清償推遲至資產負債表日后一年以上。
以上條件中的正常營業週期同流動資產中的解釋內容。
流動資產按其性質分為短期借款、應付票據、應付帳款、預收帳款、應付職工薪酬、應付股利、應交稅費、應付利息、應付股利、其他應付款以及一年內到期的非流動負債等。

（2）非流動負債。流動負債以外的負債應當歸類為非流動負債，按其性質分為長期借款、應付債券、長期應付款、專項應付款、預計負債等。

2.2.3 所有者權益

所有者權益是指企業資產扣除負債后由所有者享有的剩餘權益。所有者權益又稱為股東權益。

所有者權益的來源包括所有者投入的資本、直接計入所有者權益的利得和損失、留存收益等。

1. 所有者投入的資本

所有者投入的資本是指企業的股東按照企業章程或合同、協議，實際投入企業的資本。其中，小於或等於註冊資本部分作為企業的實收資本（股份公司為股本），超過註冊資本部分的投入額計入資本公積。

2. 直接計入所有者權益的利得和損失

直接計入所有者權益的利得和損失，是指不應計入當期損益、會導致所有者權益發生增減變動的、與所有者投入資本或者向所有者分配利潤無關的利得或者損失。

利得，是指由企業非日常活動所形成的、會導致所有者權益增加的、與所有者投入資本無關的經濟利益的流入。

損失，是指由企業非日常活動所發生的、會導致所有者權益減少的、與向所有者分配利潤無關的經濟利益的流出。

3. 留存收益

留存收益，是指由企業利潤轉化而形成、歸所有者共有的所有者權益，主要包括盈餘公積和未分配利潤。

盈餘公積，是企業按規定一定的比例從淨利潤中提取的各種累積資金。盈餘公積一般又分為法定盈餘公積金和任意盈餘公積金。

未分配利潤，是指企業進行各種分配以後，留在企業的未指定用途的那部分淨利潤。

上述三個反映企業財務狀況的會計要素的數量關係構成了會計恒等式：

$$資產 = 負債 + 所有者權益$$

2.2.4 收入

1. 收入的定義及特徵

收入是指企業在日常活動中形成的、會導致所有者權益增加的、與所有者投入資本無關的經濟利益的總流入。根據收入的定義，收入具有以下三個特徵：

（1）收入是企業在日常活動中形成的。日常活動是指企業為完成其經營目標所從事的經常性活動以及與之相關的活動。例如，工業企業製造並銷售產品、商品流通企業銷售商品、保險公司簽發保單、安裝公司提供安裝業務、軟件公司為客戶開發軟件、租賃公司出租資產、諮詢公司提供諮詢服務等都屬於企業的日常活動。確定日常活動是為了將收入與利得區分開來。企業非日常活動形成的經濟利益流入不能確認為收入，而應當確認為利得。

（2）收入會導致所有者權益增加。與收入相關的經濟利益應當導致企業所有者權益的增加，但又不是所有者的投入。不會導致企業所有者權益增加的經濟利益流入不符合收入的定義，不能確認為收入。例如，企業向銀行借入款項，儘管也導致了經濟利益流入企業，但該流入並不導致所有者權益的增加，不應當確認為收入，應當確認為一項負債。

（3）收入是與所有者投入資本無關的經濟利益的總流入。收入應當導致經濟利益流入企業，從而導致企業資產的增加。但是，並非所有的經濟利益流入都是收入所至，比如投資者投入資本也會導致經濟利益流入企業，但它只會增加所有者權益，而不能確認為收入。

2. 收入的分類

（1）企業的收入按內容分為銷售商品收入、提供勞務收入、讓渡資產使用權收入和建造合同收入

① 銷售商品收入，是指企業銷售產品或商品導致的經濟利益流入企業所形成的收入，如工業企業製造並銷售產品的收入，商品流通企業銷售商品的收入。工業企業出售多餘原材料、包裝物等日常活動帶來的經濟利益流入也屬於該類收入。

② 提供勞務收入，是指企業提供各類勞務導致的經濟利益流入企業所形成的收入，如安裝公司提供安裝服務等日常活動導致的經濟利益流入企業而形成的收入。

③ 讓渡資產使用權收入，是指企業通過讓渡資產使用權導致的經濟利益流入企業所形成的收入。它包括利息收入、轉讓無形資產使用權形成的使用費收入、出租固定資產的租金收入；進行債權投資收取的利息、進行股權投資取得的現金股利等都屬於讓渡資產使用權收入。

④ 建造合同收入，是指為建造一項或數項在設計、技術、功能、最終用途等方面密切相關的資產而訂立的合同形成的收入。它包括兩個部分：一是合同規定的初始收入，二是因合同變更、索賠、獎勵等形成的收入。

（2）企業的收入按經營業務的主次不同分為主營業務收入和其他業務收入

① 主營業務收入，是指企業為完成其經營目標所從事的主營業務活動實現的收入，一般應當占企業收入的絕大部分，對企業的經濟效益產生較大的影響。由於各類企業的主營業務不同，因此各自的主營業務收入的內容也不盡相同。比如工業企業生產電梯並安裝電梯，那麼銷售電梯的收入為主營業務收入，安裝電梯業務不屬於他們的主業，所以帶來的收入為其他業務收入；而安裝公司安裝電梯則是公司的主營業務，其安裝收入為這類公司的主營業務收入。

② 其他業務收入，是指企業確認的除主營業務活動以外的其他經營活動實現的收

入。其他業務收入占的比重較小。不同類型企業的其他業務收入的組成內容也不盡相同。比如工業企業對外銷售原材料、包裝物、出租包裝物、商品或者固定資產，對外轉讓無形資產等都屬於其他業務收入。

2.2.5 費用

1. 費用的定義及特徵

費用是指企業在日常活動中發生的、會導致所有者權益減少的、與向所有者分配利潤無關的經濟利益的總流出。根據費用的定義，費用具有以下三個特徵：

（1）費用是在日常活動中形成的。費用必須是企業在其日常活動中所形成的，這些日常活動與收入定義中涉及的日常活動的界定是一致的。將費用定義為日常活動形成的，其目的是為了將其與損失相區別，企業非日常活動所形成的經濟利益流出企業不能確認為費用，而應當計入損失。

（2）費用會導致所有者權益減少。與費用相關的經濟利益流出應當會導致所有者權益的減少，不會導致所有者權益減少的經濟利益流出不符合費用定義，不應當確認為費用。例如，銀行用銀行存款購買原材料 200 萬元，該購買行為雖然使得企業的經濟利益流出去了 200 萬元，但是並不會導致企業的所有者權益減少，它使得企業的另外一項資產（存貨）增加，所以在這種情況下經濟利益流出企業就不能確認為費用。

（3）費用是與向所有者分配利潤無關的經濟利益的總流出。費用的發生應當會導致經濟利益流出企業，從而導致資產的減少或者負債的增加（最終也會導致資產的減少）。其表現形式包括現金或者現金等價物的流出，存貨、固定資產和無形資產等的流出或者消耗等。鑒於企業向所有者分配利潤也會導致經濟利益流出企業，該經濟利益流出顯然屬於所有者權益的抵減項目，不應當確認為費用，應當排除在費用之外。

2. 費用的內容

企業的費用主要包括生產成本、主營業務成本、其他業務成本、稅金及附加、管理費用、銷售費用和財務費用，后三種費用合稱為期間費用。

（1）生產成本，是指企業為生產商品和提供勞務等而發生的各項生產耗費，包括直接費用和間接費用。直接費用是企業為生產商品和提供勞務等發生的各項直接支出，包括直接材料、直接人工及其他直接支出；間接費用是企業為生產商品和提供勞務而發生的各項間接費用，又叫製造費用，通過分配計入生產成本。

（2）主營業務成本，是指企業確認銷售商品、提供勞務等主營業務收入時應當結轉的成本。

（3）其他業務成本，是指企業確認的除主營業務收入以外的其他經營活動所發生的支出，包括銷售材料的成本、出租固定資產的折舊額、出租無形資產的攤銷額、出租包裝物的成本或者攤銷額等。

（4）稅金及附加，是指企業的經營活動應當負擔的相關稅費，包括應當繳納的消費稅、資源稅、城市維護建設稅和教育費附加等。

（5）管理費用，是指企業為組織和管理企業生產經營所發生的費用，包括企業在籌建期間內發生的開辦費，董事會和行政管理部門在企業的經營管理中發生的或者應

由企業統一負擔的公司經費（行政管理部門職工工資及福利費、物料消耗、低值易耗品攤銷、辦公費和差旅費等）、工會經費、董事會費（董事會成員津貼、會議費和差旅費等）、聘請仲介機構費、諮詢費（含顧問費）、訴訟費、業務招待費、房產稅、車船使用稅、土地使用稅、印花稅、技術轉讓費、礦產資源補償費、研究費用、排污費等。

（6）銷售費用，是指企業銷售商品和材料、提供勞務的過程中發生的各種費用，包括保險費、包裝費、展覽費和廣告費、商品維修費、預計產品質量保證損失、運輸費、裝卸費等以及為銷售本企業商品而專設的銷售機構（含銷售網點、售後服務網點等）的職工薪酬、業務費、折舊費等經營費用。企業發生的與專設銷售機構相關的固定資產修理費用等後續支出也屬於銷售費用。

（7）財務費用是指企業為籌集生產經營所需資金等而發生的籌資費用，包括利息支出（減利息收入）、匯兌損益以及相關的手續費、企業發生的現金折扣或收到的現金折扣等。

2.2.6 利潤

1. 利潤的定義

利潤是指企業在一定會計期間的經營成果。利潤的大小代表了企業經濟效益的高低。通常情況下，企業實現了利潤，表明企業的所有者權益將增加，業績得到了提升；反之，企業發生了虧損（利潤為負），表明企業的所有者權益將減少，業績滑坡。

2. 利潤的來源構成

利潤包括收入減去費用後的淨額、直接計入當期利潤的利得和損失等。

（1）收入減去費用後的淨額，就是企業的營業利潤，反映的是企業日常經營活動的經營業績。

（2）直接計入當期利潤的利得和損失，反映的是企業非經營活動的業績。它是指應當計入當期損益、最終會導致所有者權益發生增減變動、與所有者投入資本或者向所有者分配利潤無關的利得或者損失。

3. 利潤的內容

企業利潤包括營業利潤、利潤總額和淨利潤。

（1）營業利潤，是企業日常活動創造的經營成果，它等於營業收入減去營業成本、稅金及附加、銷售費用、管理費用、財務費用資產減值損失，再加上公允價值變動收益、投資收益後的金額。

（2）利潤總額，是企業包括日常活動和非日常活動在內的全部業務活動創造的經營成果，它是在營業利潤的基礎上加上營業外收入、減去營業外支出後的金額。

（3）淨利潤，是利潤總額扣除所得稅費用後的餘額。

反映企業經營成果的上述三個會計要素的數量關係構成了會計的另外一個等式：

$$收入 - 費用 = 利潤$$

2.2.7 利得和損失

利得是指由企業非日常活動所形成的、會導致所有者權益增加的、與所有者投入

資本無關的經濟利益的流入。

損失是指由企業非日常活動所發生的、會導致所有者權益減少的、與向所有者分配利潤無關的經濟利益的流出。

利得和損失在會計處理中有兩種計入方式：

一是直接計入所有者權益的利得和損失。這是指不應計入當期損益、會導致所有者權益發生增減變動的、與所有者投入資本或者向所有者分配利潤無關的利得或者損失。比如可供出售金融資產發生公允價值變動，計入資本公積帳戶，從而導致所有者權益的增加和減少。直接計入所有者權益的利得和損失一般都是通過「資本公積」帳戶進行核算的。

二是直接計入當期利潤的利得和損失。這是指應當計入當期損益、會導致所有者權益發生增減變動的、與所有者投入資本或者向所有者分配利潤無關的利得或者損失。比如企業接受的財產捐贈、債務重組收益等計入營業外收入，導致利潤的上升，最終導致所有者權益增加；而稅收罰款、滯納金等支出計入營業外支出，導致利潤降低，從而減少企業的所有者權益。直接計入當期利潤的利得和損失，是通過「營業外收入」和「營業外支出」帳戶核算的。

2.3　會計要素的確認與計量屬性

企業會計是由確認、計量、記錄和報告構成的一個有機整體。所以確認與計量是財務會計的兩個重要內容，企業在對會計要素進行確認和計量時必須遵循一定的規則與要求。

2.3.1　會計要素的確認

1. 確認的含義

確認是指確定將交易或事項中的某一項目作為一項會計要素加以記錄和列入財務報表的過程，確認是財務會計的一項重要程序。確認主要解決某一個項目應否確認、如何確認和何時確認三個問題，它包括在會計記錄中的初始確認和在會計報表中的最終確認。中國的《企業會計準則——基本準則》採用了國際會計準則的確認標準。

2. 初始確認條件

（1）符合會計要素的定義。有關項目要確認為一項會計要素，首先必須符合該會計要素的定義。

（2）與該項目有關的任何未來經濟利益很可能會流入或流出企業，這裡的「很可能」表示經濟利益流入或流出的可能性在50％以上。

（3）該項目具有的成本和價值以及流入或流出的經濟利益能夠可靠地計量。如果不能可靠計量，確認就沒有任何意義了。

滿足了以上三個條件的項目就能夠確認為某一會計要素。

3. 最終確認條件

經過確認和計量后，會計要素必須在財務報表中列示。而在報表中列示的條件是，符合會計要素定義和會計要素確認條件的項目，才能列示在報表中，僅僅符合會計要素定義，而不符合要素確認條件的項目，是不能在報表中列示的。

資產、負債、所有者權益要素列入資產負債表；收入、費用、利潤要素列入利潤表。

4. 各會計要素的確認條件及報表列示

（1）資產要素的確認條件及列示。符合前述資產定義的資源，在同時滿足以下條件時，確認為資產：

① 與該資源有關的經濟利益很可能流入企業；
② 該資源的成本或者價值能夠可靠計量。

符合資產定義和資產確認條件的項目，應當列入資產負債表；符合資產定義，但不符合資產確認條件的項目，不應當列入資產負債表。

（2）負債要素的確認條件及列示。符合前述負債定義的義務，在同時滿足以下條件時，確認為負債：

① 與該義務有關的經濟利益很可能流出企業；
② 未來流出的經濟利益的金額能夠可靠計量。

符合負債定義和負債確認條件的項目，應當列入資產負債表；符合負債定義，但不符合負債確認條件的項目，不應當列入資產負債表。

（3）所有者權益要素的確認條件及列示。所有者權益體現的是所有者在企業中的剩餘權益，因此，所有者權益的確認主要依賴於其他會計要素，尤其是資產和負債的確認；所有者權益金額的確定也取決於資產和負債的計量。例如，企業接受投資者投入的資產，在該資產符合資產定義且滿足確認條件確認為資產后，就相應地符合了所有者權益的確認條件；當該資產的價值能夠可靠地計量，所有者權益的金額也就可以確定了。

所有者權益項目應當列入資產負債表。

（4）收入的確認條件及列示。企業應當在履行了合同中的履約義務，即在客戶取得相關商品控製權時確認收入。

客戶，是指與企業訂立合同以向該企業購買其日常活動產出的商品或服務並支付對價的一方。合同，是指雙方或多方之間訂立有法律約束力的權利義務的協議。合同有書面形式、口頭形式以及其他形式。取得相關商品控製權，是指能夠主導該商品的使用並從中獲得幾乎全部的經濟利益。

當企業與客戶之間的合同同時滿足下列條件時，企業應當在客戶取得相關商品控製權時確認收入：

①合同各方已批准該合同並承諾將履行各自義務；
②該合同明確了合同各方與所轉讓商品或提供勞務相關的權利和義務；
③該合同有明確的與所轉讓商品相關的支付條款；
④該合同具有商業實質，即履行該合同將改變企業未來現金流量的風險、時間分

佈或金額；

⑤企業因向客戶轉讓商品而有權取得的對價很可能收回。

在合同開始日即滿足前款條件的合同，企業在后續期間無須對其進行重新評估，除非有跡象表明相關事實和情況發生重大變化。合同開始日通常是指合同生效日。

符合收入定義和收入確認條件的項目，應當列入利潤表。

（5）費用的確認及列示。費用的確認除了應當符合費用的定義外，只有在經濟利益很可能流出從而導致企業資產減少或者負債增加，且經濟利益的流出額能夠可靠計量時才能予以確認。因此費用的確認條件是：

① 符合費用的定義；
② 與費用相關的經濟利益很可能流出企業；
③ 經濟利益流出企業的結果是導致資產的減少或者負債的增加；
④ 經濟利益的流出額能夠可靠計量。

企業為生產產品、提供勞務等發生的可歸屬於產品成本、勞務成本等的費用，應當在確認產品銷售收入、勞務收入等時，將已銷售產品、已提供勞務的成本等予以確認並計入當期損益。

企業發生的支出不產生經濟利益的，或者即使能夠產生經濟利益但不符合或者不再符合資產確認條件的，應當在發生時確認為費用，計入當期損益。

企業發生的交易或者事項導致其承擔了一項負債而又不確認為一項資產的，應當在發生時確認為費用，計入當期損益。

符合費用定義和費用確認條件的項目，應當列入利潤表。

（6）利潤的確認與列示

利潤是收入減去費用、利得減去損失後的淨額，因此利潤的確認主要依賴於收入、費用、利得、損失的確認；利潤金額取決於收入和費用、直接計入當期利潤的利得和損失金額的計量。

利潤項目應當列入利潤表。

2.3.2 會計要素計量屬性

1. 會計計量及計量屬性的含義

（1）會計計量是指為了在會計帳戶記錄和財務報表中確認、計量有關會計要素，而以貨幣或其他度量單位確定其貨幣金額或其他數量的過程。它主要解決記錄多少的問題，主要由計量單位和計量屬性兩個要素構成，這兩個要素的不同組合形成了不同的計量模式。企業必須按照會計準則規定的會計計量屬性對會計要素進行計量，確定相關金額。

（2）計量屬性是指所計量的某一要素的特性方面，如原材料的重量、廠房的面積、道路的長度等。從會計角度講，計量屬性反映的是會計要素的確定基礎。基本會計準則中規定了5種計量屬性，即歷史成本、重置成本、可變現淨值、現值和公允價值。

2. 會計計量屬性的種類

（1）歷史成本，又稱為實際成本，就是企業取得或製造某項財產時所實際支付的

現金或現金等價物。在歷史成本計量下，資產按照購置時支付的現金或者現金等價物的金額，或者按照購置資產時所付出的對價的公允價值計量。負債按照因承擔現時義務而實際收到的款項或者資產的金額，或者承擔現時義務的合同金額，或者按照日常活動中為償還負債預期需要支付的現金或者現金等價物的金額計量。

（2）重置成本，又稱為現行成本，是指在當期市場條件下，重新取得同樣一項資產所需支付的現金或現金等價物金額。在重置成本計量下，資產按照現在購買相同或者相似資產所需支付的現金或者現金等價物的金額計量，負債按照現在償付該項債務所需支付的現金或者現金等價物的金額計量。在現實中，重置成本多用於固定資產盤盈的計量等。

（3）可變現淨值，是指在正常生產經營過程中，以預計售價減去進一步加工成本和預計銷售費用以及相關稅法后的淨值。在可變現淨值計量下，資產按照其正常對外銷售所能收到現金或者現金等價物的金額扣減該資產至完工時估計將要發生的成本、估計的銷售費用以及相關稅費后的金額計量。可表現淨值通常應用於存貨資產減值情況下的后續計量。

（4）現值，是指對未來的現金流量以恰當的折現率進行折現后的價值，是考慮了貨幣時間價值的一種計量屬性。在現值計量下，資產按照預計從其持續使用和最終處置中所產生的未來淨現金流入量的折現金額計量，負債按照預計期限內需要償還的未來淨現金流出量的折現金額計量。現值通常應用於非流動資產可回收金額和以攤餘成本計量的金融資產價值的確定等。

（5）公允價值，是指市場參與者在計量日發生的有序交易中，出售一項資產所能收到或者轉移一項負債所需支付的價格。有序交易，是指在計量日前一段時期內相關資產或負債具有慣常市場活動的交易。被迫交易不屬於有序交易，如清算等。

企業應當根據交易性質和相關資產或負債的特徵等，判斷初始確認時的公允價值是否與其交易價格相等。通常情況下，初始確認時的公允價值與其交易價格相等。

按照可觀察程度的由高到低的順序，公允價值輸入值可分為三個層次，企業應當優先使用較高層級的輸入值。與輸入值對應，公允價值計量的結果也可分為三個層次。公允價值計量結果所屬的層次，由對公允價值計量整體而言具有重要意義的輸入值所屬的最低層次決定。第一層次輸入值是在計量日能夠取得的相同資產或負債在活躍市場上未經調整的報價，第二層次輸入值是除第一層次輸入值外相關資產或負債直接或間接可觀察的輸入值，第三層次輸入值是相關資產或負債的不可觀察輸入值。

3. 計量屬性的應用原則

《企業會計準則——基本準則》第四十三條明確規定：「企業在對會計要素進行計量時，一般應當採用歷史成本，採用重置成本、可變現淨值、現值、公允價值計量的，應當保證所確定的會計要素金額能夠取得並可靠計量。」這就是會計準則對企業應用計量屬性的原則性規範。

2.4　會計等式

2.4.1　會計恒等式的意義

　　會計等式也稱為會計恒等式或會計方程式，它是一切會計核算的出發點和基礎。它實際上是六大會計要素的數量關係表達式。如前所述，資產、負債、所有者權益、收入、費用、利潤六大會計要素是會計的具體對象，然而，這六個會計要素並不是孤立地反映企業的經濟活動，而是緊密聯繫在一起共同對企業的財務狀況和經營成果加以反映的。但是，六大要素是如何聯繫在一起的？它們彼此之間存在什麼樣的數量關係呢？

　　從企業生產經營活動過程的價值運動去考察，這些關係表現在三個方面：

　　一是在相對靜止狀態下，資產、負債、所有者權益之間的數量關係，構成靜態的會計基本等式。

　　二是在顯著變動狀態下，收入、費用、利潤之間的數量關係，構成動態會計等式。

　　三是在靜態和動態結合的價值運動中，六個會計要素之間的綜合數量關係，構成會計等式的擴展式。

2.4.2　資產、負債、所有者權益之間的數量關係構成會計基本等式

　　1．會計基本等式的含義

　　任何企業要進行生產經營活動，必須首先擁有或者控制一定數量的、預期能夠給企業帶來經濟利益的資源即資產。儘管各企業的資產在數量和結構上各不相同，但是企業資產的來源只有兩個：一是所有者投入的，二是債權人提供的。只有當企業把所有者投入的資本和債權人提供的資金運用到生產經營活動中，才形成了企業所持有的各種形態的法人資產。但是，無論是所有者投入資本還是債權人提供的資金都不是無償的，前者要求企業按投資比例從所獲淨利潤中支付其投資所得；後者要求企業在一定的時點上，支付利息並歸還本金。這種對企業資產的要求權，在會計上稱為「權益」。「權益」既反映了資產的兩大來源，又表明企業的各種資產以及運用資產產生的收益的歸屬，即歸屬於資產的提供者。資產不能脫離權益存在，沒有無資產的權益，也沒有無權益的資產，從數量上看，有一定數額的資產，就必定有一定數額的權益；反之，有一定數額的權益，也必定有一定數額的資產。從任何一個時點看，企業所擁有的資產總額與權益總額必然是相等的，保持著數量上的平衡關係。資產與權益的這種關係，可以用下面公式表示：

$$資產 = 權益$$

　　在企業擁有和控制的資產總額中，一部分是歸屬於企業的債權人，另外一部分歸屬於企業所有者。債權人對企業資產的要求權，從權益持有者來講，是債權人權益，而從企業角度講，則是企業的債務，因此會計上將債權人權益稱為負債。所有者對企業資產的要求權，從權益持有者角度，是所有者對企業的投資；而從企業的角度，則

表現為投資者對企業淨資產的要求權，會計上把這種要求權稱為所有者權益。所以，企業的權益就分為負債和所有者權益兩項，上述公式演變為：

$$資產 = 負債 + 所有者權益$$

上式稱為「會計恒等式」，也稱為「會計等式」或「會計方程式」。它反映了會計基本要素（資產、負債與所有者權益）之間的基本數量關係，是複式記帳法的理論依據，也是設置帳戶和編製資產負債表的理論基礎。

上式之所以稱為恒等式，是因為無論企業的經濟業務如何變化，都不會改變三者之間的平衡關係，亦即會計恒等式在任何情況下都不會被破壞。

2. 企業經濟業務對會計基本等式的影響分析

企業在生產經營過程中，會發生各種各樣的經濟業務，進而引起各項資產、負債、所有者權益的變動。但是，這些經濟業務的發生，只會影響它們各自數量的增減變動，不會改變三者之間的平衡關係。下面通過實例說明企業的經濟業務變化對資產、負債、所有者權益的數量關係變化以及會計基本等式的恒等關係的影響情況。

【例2-1】大華有限責任公司（以下簡稱「大華公司」）是由古陽和李子兩個人共同組建，各占50%的股份。公司已經在工商行政管理局註冊登記，註冊資本為1,500,000元。2011年1月2日，古陽投入現金1,000,000元，李子投入現金400,000元，另投入設備一臺，雙方認定價值600,000元，大華公司將現金1,300,000元存入銀行。

分析：該項經濟業務的發生，使得大華公司這一會計主體擁有200萬元的資產，其中銀行存款130萬元、庫存現金10萬元、固定資產60萬元；古陽和李子作為企業的投資者，對這200萬元的資產具有要求權，即形成企業的所有者權益200萬元。該業務的發生引起了公司的資產和所有者權益同時增加。此時，大華公司的資產、負債、所有者權益以及它們的數量關係可如表2-1所示。

表2-1　　　　　　　　　　大華公司相關情況　　　　　　　　　　單位：元

資產		權益（負債+所有者權益）	
項目	金額	項目	金額
庫存現金	100,000	負債	0
銀行存款	1,300,000	所有者權益	2,000,000
固定資產	600,000	實收資本	1,500,000
		資本公積	500,000
資產總計	2,000,000	負債及所有者權益總計	2,000,000

會計基本等式：

資產(2,000,000) = 負債(0) + 所有者權益(2,000,000)

【例2-2】1月3日，大華公司向銀行取得短期借款500,000元。

分析：該業務使得公司的資產——銀行存款增加了500,000元；同時，公司的負債——銀行借款也增加了500,000元。該業務引起資產和負債同時增加。1月3日，大華公司的資產、負債、所有者權益以及它們的數量關係可如表2-2所示。

表2-2　　　　　　　　　　　大華公司相關情況　　　　　　　　　　單位：元

| 資產 || 權益（負債+所有者權益） ||
項目	金額	項目	金額
庫存現金	100,000	負債	500,000
銀行存款	1,800,000	短期借款	500,000
固定資產	600,000	所有者權益	2,000,000
		實收資本	1,500,000
		資本公積	500,000
資產總計	2,500,000	負債及所有者權益總計	2,500,000

會計基本等式：

資產(2,500,000) = 負債(500,000) + 所有者權益(2,000,000)

可以看出，會計等式的兩端，總額發生了變化，同時增加了50萬元，但等式的平衡關係並沒有遭到破壞。

【例2-3】1月4日，大華公司購買原材料一批已經入庫，價款為1,500,000元，款項尚未支付（暫不考慮增值稅）。

分析：該業務與例2-2性質相同，引起資產和負債同時增加。該業務使得公司的資產——原材料存貨增加了1,500,000元；同時，公司的負債——應付帳款也增加了1,500,000元。1月4日，大華公司的資產、負債、所有者權益以及它們的數量關係可如表2-3所示。

表2-3　　　　　　　　　　　大華公司相關情況　　　　　　　　　　單位：元

| 資產 || 權益（負債+所有者權益） ||
項目	金額	項目	金額
庫存現金	100,000	負債	2,000,000
銀行存款	1,800,000	短期借款	500,000
原材料	1,500,000	應付帳款	1,500,000
固定資產	600,000	所有者權益	2,000,000
		實收資本	1,500,000
		資本公積	500,000
資產總計	4,000,000	負債及所有者權益總計	4,000,000

會計基本等式：

資產(4,000,000) = 負債(2,000,000) + 所有者權益(2,000,000)

可以看出，會計等式的兩端，總額發生了變化，同時增加了150萬元，但等式的平衡關係並沒有遭到破壞。

【例2-4】1月10日，大華公司用銀行存款支付前欠部分材料款1,000,000元。

分析：該業務引起資產和負債同時減少。公司的資產——銀行存款減少了1,000,000元；同時，公司的負債——應付帳款也減少了1,000,000元。1月10日，大華公司的資產、負債、所有者權益以及它們的數量關係可如表2-4所示。

表2-4　　　　　　　　　　大華公司相關情況　　　　　　　　　　單位：元

資產		權益（負債＋所有者權益）	
項目	金額	項目	金額
庫存現金	100,000	負債	1,000,000
銀行存款	800,000	短期借款	500,000
原材料	1,500,000	應付帳款	500,000
固定資產	600,000	所有者權益	2,000,000
		實收資本	1,500,000
		資本公積	500,000
資產總計	3,000,000	負債及所有者權益總計	3,000,000

會計基本等式：

資產(3,000,000) = 負債(1,000,000) + 所有者權益(2,000,000)

可以看出，會計等式的兩端，總額發生了變化，同時減少了150萬元，但等式的平衡關係並沒有遭到破壞。

【例2-5】1月15日，大華公司開出金額為500,000元，期限為3個月的無息商業承兌匯票，用來抵償前欠材料款。

分析：該業務只引起公司負債內部兩個項目的一增一減，即將應付帳款轉化為應付票據。公司的應付帳款負債減少了50萬元；同時，公司另一負債——應付票據卻增加了50萬元。1月15日，大華公司的資產、負債、所有者權益以及它們的數量關係可如表2-5所示。

表2-5　　　　　　　　　　大華公司相關情況　　　　　　　　　　單位：元

資產		權益（負債＋所有者權益）	
項目	金額	項目	金額
庫存現金	100,000	負債	1,000,000
銀行存款	800,000	短期借款	500,000
原材料	1,500,000	應付帳款	0
固定資產	600,000	應付票據	500,000
		所有者權益	2,000,000
		實收資本	1,500,000
		資本公積	500,000
資產總計	3,000,000	負債及所有者權益總計	3,000,000

會計基本等式：

資產(3,000,000) = 負債(1,000,000) + 所有者權益(2,000,000)

可以看出，會計等式的兩端，總額沒有發生變化，仍然是平衡的。

【例2-6】1月25日，古陽和李子用現金各追加投資250,000元，直接用於歸還銀行借款。（暫時不考慮利息支出）

分析：該業務引起公司權益內部兩個項目的一增一減。即所有者權益項目——資本公積增加50萬元；同時負債項目——短期借款減少50萬元。1月25日，大華公司的資產、負債、所有者權益以及它們的數量關係可如表2-6所示。

表 2-6　　　　　　　　　　　大華公司相關情況　　　　　　　　　　　單位：元

| 資產 || 權益（負債+所有者權益） ||
項目	金額	項目	金額
庫存現金	100,000	負債	500,000
銀行存款	800,000	短期借款	0
原材料	1,500,000	應付帳款	0
固定資產	600,000	應付票據	500,000
		所有者權益	2,500,000
		實收資本	1,500,000
		資本公積	1,000,000
資產總計	3,000,000	負債及所有者權益總計	3,000,000

會計基本等式：

資產(3,000,000) = 負債(500,000) + 所有者權益(2,500,000)

可以看出，會計等式的兩端，總額沒有發生變化，仍然是平衡的。

【例 2-7】1 月 26 日，公司用資本公積 500,000 元轉增資本，使得註冊資本達到 2,000,000 元，已在工商行政管理局變更。

分析：該業務引起公司所有者權益內部兩個項目的一增一減，實收資本增加 50 萬元，資本公積減少 50 萬元，不影響會計等式的平衡關係。1 月 26 日，大華公司的資產、負債、所有者權益以及它們的數量關係可如表 2-7 所示。

表 2-7　　　　　　　　　　　大華公司相關情況　　　　　　　　　　　單位：元

| 資產 || 權益（負債+所有者權益） ||
項目	金額	項目	金額
庫存現金	100,000	負債	500,000
銀行存款	800,000	短期借款	0
原材料	1,500,000	應付帳款	0
固定資產	600,000	應付票據	500,000
		所有者權益	2,500,000
		實收資本	2,000,000
		資本公積	500,000
資產總計	3,000,000	負債及所有者權益總計	3,000,000

會計基本等式：

資產(3,000,000) = 負債(500,000) + 所有者權益(2,500,000)

可以看出，會計等式的兩端，總額沒有發生變化，仍然是平衡的。

【例 2-8】1 月 27 日，公司用 10,000 元現金購買原材料。

分析：該業務引起公司資產內部兩個項目的一增一減，原材料增加 1 萬元，庫存現金減少 1 萬元，不影響會計等式的平衡關係。1 月 27 日，大華公司的資產、負債、所有者權益以及它們的數量關係可如表 2-8 所示。

表 2-8　　　　　　　　　　　大華公司相關情況　　　　　　　　　　單位：元

| 資產 || 權益（負債＋所有者權益） ||
項目	金額	項目	金額
庫存現金	90,000	負債	500,000
銀行存款	800,000	短期借款	0
原材料	1,510,000	應付帳款	0
固定資產	600,000	應付票據	500,000
		所有者權益	2,500,000
		實收資本	2,000,000
		資本公積	500,000
資產總計	3,000,000	負債及所有者權益總計	3,000,000

會計基本等式：

資產(3,000,000) = 負債(500,000) + 所有者權益(2,500,000)

可以看出，會計等式的兩端，總額沒有發生變化，仍然是平衡的。

【例 2-9】1 月 28 日，公司用銀行存款購買機器 1 臺，價值 300,000 元（暫不考慮增值稅）。

分析：該業務與例 2-8 一樣引起公司資產內部兩個項目的一增一減，固定資產增加 30 萬元，銀行存款減少 30 萬元，不影響會計等式的平衡關係。1 月 28 日，大華公司的資產、負債、所有者權益以及它們的數量關係可如表 2-9 所示。

表 2-9　　　　　　　　　　　大華公司相關情況　　　　　　　　　　單位：元

| 資產 || 權益（負債＋所有者權益） ||
項目	金額	項目	金額
庫存現金	90,000	負債	500,000
銀行存款	500,000	短期借款	0
原材料	1,510,000	應付帳款	0
固定資產	900,000	應付票據	500,000
		所有者權益	2,500,000
		實收資本	2,000,000
		資本公積	500,000
資產總計	3,000,000	負債及所有者權益總計	3,000,000

會計基本等式：

資產(3,000,000) = 負債(500,000) + 所有者權益(2,500,000)

可以看出，會計等式的兩端，總額沒有發生變化，仍然是平衡的。

從以上幾個例子可以看出，大華公司發生的任何經濟業務，都沒有破壞資產與權益的平衡關係。我們將企業所有經濟業務的發生對資產、負債、所有者權益的數量變化即對會計恒等式的影響歸納為四種類型、若干種情況：

第一類經濟業務引起資產和權益同時增加，且二者增加的金額相等，從而使得會

計等式左右兩邊的總額等量增加，平衡關係不會被破壞。

（1）資產和所有者權益同時等量增加（例2－1）。

（2）資產和負債同時等量增加（例2－2和例2－3）。

第二類經濟業務引起資產和權益同時減少，且二者減少的金額相等，從而使得會計等式左右兩邊的總額等量減少，平衡關係不會被破壞。

（1）資產減少的同時，負債也等量減少（例2－4）。

（2）一般情況下，資產和所有者權益不會同時減少。因為在現代企業制度下，企業投入資本在經營期內，投資者只能依法轉讓，不得以任何方式抽回。轉讓只是所有者的變更，公司的所有者權益總額沒有發生變化。

第三類經濟業務只會引起資產內部項目的此增彼減，而且增減的金額相等，資產和權益總額保持不變，當然會計等式的平衡關係不會被破壞。

（1）流動資產內部項目的此增彼減（例2－8）。

（2）流動資產與非流動資產項目的此增彼減（例2－9）。

（3）非流動資產內部項目的此增彼減（在建工程完工轉為固定資產）。

第四類經濟業務只會引起權益內部項目的此增彼減，而且增減的金額相等，資產和權益總額保持不變，當然會計等式的平衡關係不會被破壞。

（1）負債內部項目的此增彼減（例2－5）。

（2）負債與所有者權益項目的此增彼減（例2－6）。

（3）所有者權益內部項目的此增彼減（例2－7）。

我們將上述四種類型的變化用圖2－1描述如下：

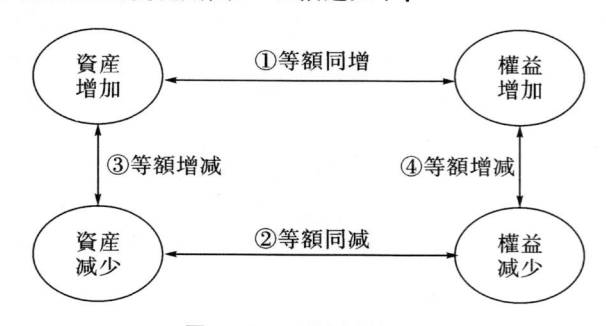

圖2－1　四種類型的變化

2.4.3　收入、費用與利潤之間的數量關係構成動態會計等式

企業擁有或控製了一定數量的資產後，就可以從事生產經營活動了。在生產經營活動過程中，企業一方面要生產出商品或者提供勞務，以滿足其各種需要；當商品被銷售出去或者提供了勞務後，就會發生現金（廣義上的現金）流入企業或者現金要求權的增加，在會計上稱為「收入」。另一方面，企業生產商品或提供勞務，又要發生各種資產的耗費，即發生了「費用」。當實現的收入大於發生的費用，其差額就是企業獲得的利潤；反之，收入小於費用，企業就發生虧損。收入、費用、利潤這三個基本會

計要素在一定時期，就形成了下列公式表示的關係：

$$收入 - 費用 = 利潤$$

這個等式是計算企業經營成果的直接依據，也是編制利潤表的理論基礎。

2.4.4　六大會計要素之間的數量關係——構成會計等式的開展式

從前面的分析可知，「資產＝負債＋所有者權益」，是從企業資金運動的相對靜止狀態去研究這三個會計要素的數量關係而得出的數量表達式，它反映的是企業在某一時點上的財務狀況；而「收入－費用＝利潤」則是資金運動的顯著變化狀態去研究這三個會計要素之間的數量關係得出的數量表達式，反映了企業在某一時期的經營狀態。企業的資金運動是靜止與動態的辯證統一。在某一時點，如 1 月 1 日去考察，資金運動處於相對靜止狀態，企業在從所有者和債權人兩個來源獲得了資產后，形成了最初的會計等式——「資產＝負債＋所有者權益」，反映了該時點上三個會計要素的平衡關係；但從某一時期，比如從 1 月 1 日至 1 月 31 日此期間去觀察，企業資金發生了顯著變化，企業利用其資產進行生產經營活動產生了收入，發生了成本費用，創造了利潤，必然引起了資產、負債和所有者權益的變動，但是不會改變它們之間的平衡關係，只是在新的時點上，形成了在數量上與期初不同的、新的會計等式。所以當我們在 1 月 31 日這個時點再去觀察時，資金運動又處於相對靜止狀態，但資產、負債和所有者權益的內容已經不同於 1 月 1 日的資產、負債和所有者權益了，即舊的平衡關係被打破，新的平衡關係隨之建立。因此，資產、負債、所有者權益、收入、費用、利潤的數量關係存在著一種內在的有機聯繫，這種聯繫的綜合反映，表現為會計等式的擴展式：

$$資產 = 負債 + 所有者權益 + 利潤（分配前）$$
$$資產 = 負債 + 所有者權益 + （收入 - 費用）$$

企業所獲得的利潤即為企業的純收入，按一定比例在國家、企業和企業所有者之間進行分配，一部分以所得稅形式上繳國家，一部分分配給投資者，一部分留給企業，作為企業擴大生產、改善職工福利的資金來源。這時所有者權益就不僅是指所有者投入的資本，還包括企業規定從利潤中提留的盈餘公積，未分配利潤和利得和損失形成的資本公積；相應的資產中也包括一部分企業新創造的價值。這樣，資產、負債、所有者權益數量發生了變化，但平衡關係不受影響：

$$資產^* = 負債^* + 所有權益^*$$

（*表示經過一個會計期間后，資產、負債和所有者權益的數量與期初的不同）

從上式中可以看出各會計要素之間的增減對應關係：

（1）某項資產增加，將可能引起其他資產的減少、負債的增加、所有者權益的增加、收入的增加或費用的減少；

（2）某項負債減少，將引起其他負債的增加、資產的減少、所有者權益的增加、收入的增加或費用的減少；

（3）某項所有者權益減少，將引起其他所有者權益的增加、資產的減少、負債的增加、收入的增加或費用的減少；

（4）某項收入減少，將引起其他收入的增加、資產的減少、負債的增加、所有者權益的增加或費用的減少；

（5）某項費用增加，將引起其他費用的減少、資產的減少、負債的增加、所有者權益的增加、收入的增加。

復習思考題

1. 會計的一般對象是什麼？企業資金運動的內容包括哪些？
2. 什麼是會計要素？為什麼說它們是會計核算的具體對象？
3. 中國的《企業會計準則——基本準則》規範了哪六類會計要素？各種會計要素的內涵及特徵是什麼？
4. 會計要素確認的含義及條件是什麼？各項會計要素如何進行確認？
5. 什麼是利得和損失？它們與收入和費用有何不同？
6. 什麼是會計計量、計量屬性？中國的《企業會計準則——基本準則》規範了哪五種計量屬性？各種計量屬性的含義是什麼？
7. 會計等式的含義是什麼？如何深刻理解會計等式對會計核算的意義？
8. 企業經濟業務的發生對資產、負債、所有者權益的數量變化即對會計恆等式的影響可歸納為哪四種類型？其影響規律為何？

練習題

一、單項選擇題

1. 確認的基本標準是（　　）。
   A. 會計科目　　　　　　　　B. 會計要素
   C. 帳戶　　　　　　　　　　D. 會計前提
2. 以下說法不正確的是（　　）。
   A. 會計科目是對會計要素的進一步分類
   B. 會計科目可以根據企業的具體情況自行設置
   C. 會計科目按其所提供信息的詳細程度及統馭關係的不同，可分為總分類科目和明細科目
   D. 會計科目是復式記帳和編制記帳憑證的基礎
3. 以下說法不正確的是（　　）。
   A. 會計科目是對會計要素的進一步分類
   B. 會計科目可以根據企業的具體情況自行設置
   C. 會計科目按其所提供信息的詳細程度及統馭關係的不同，可分為總分類科目和明細科目
   D. 會計科目是復式記帳和編制記帳憑證的基礎
4. 會計的一般對象是（　　）。

A. 資金運動 B. 會計要素
C. 資產與負債 D. 收入與費用

二、多項選擇題

1. 會計計量標準即計量屬性，主要包括（　　　）等計量標準。
   A. 歷史成本 B. 重置成本
   C. 可變現淨值 D. 現值
   E. 公允價值

2. 負債的特徵包括（　　　）。
   A. 負債清償會導致經濟利益流出企業
   B. 負債是過去交易或事項形成的現時義務
   C. 負債是過去交易或事項形成的經濟資源
   D. 負債只能通過償付貨幣或實物方式來清償

3. 收入具有的特徵是（　　　）。
   A. 收入是企業日常活動產生的
   B. 收入可能表現為企業資產增加或者企業負債減少，或者兩者兼而有之
   C. 收入可能導致企業負債增加
   D. 收入可能會導致所有者權益增加

4. 下列屬於資產範圍的是（　　　）。
   A. 融資租入設備 B. 經營租出設備
   C. 土地使用權 D. 經營租入設備

5. 下列項目中，能夠同時引起資產和利潤減少的項目是（　　　）。
   A. 計提發行債券的利息 B. 計提固定資產折舊
   C. 財產清查中發現的存貨盤盈 D. 無形資產價值攤銷

6. 下列項目作為資產確認的是（　　　）。
   A. 融資租入設備 B. 經營方式租入設備
   C. 委托加工物資 D. 土地使用權

第三章 帳戶與記帳方法

3.1 會計科目與會計帳戶

3.1.1 會計科目

1. 會計科目的含義

會計科目是對會計對象的具體內容進行分類核算所規定的項目。

會計核算的對象是各單位能以貨幣表現的經濟活動,具體表現為若干會計要素,即第二章介紹的六個會計要素。企業經濟業務的發生,必然引起資產、負債、所有者權益、收入和費用等會計要素的增減變化。會計工作如果只是記錄每一筆經濟業務而不加以分類歸納,就無從反映由於生產經營過程的進行而引起的每項資產、負債和所有者權益以及收益、費用的增減變化情況及其結果。為了系統地、分門別類地、連續地核算和監督各項經濟業務的發生情況以及由此引起的各項會計要素的增減變化情況,為企業內部經營管理和企業外部有關方面提供一系列具體的分類的數量指標,把價值形式的綜合核算和財產物資的實物核算有機地結合起來,有效地控製財產物資的實物形態,就必須將會計要素按其經濟內容或用途作進一步的分類,並賦予每一類別一個含義明確、概念清楚、簡明扼要、通俗易懂的名稱。這種對會計對象的具體內容,即會計要素進一步分類的項目就叫會計科目。每一個會計科目都代表著特定的經濟內容,如將資產中的房屋、建築物、機具設備等勞動資料歸為一個類別,稱它們為「固定資產」。在這裡,固定資產就是一個會計科目,代表房屋、建築物、機具設備等勞動資料。

2. 設置會計科目的意義

設置會計科目,是根據經濟管理的客觀要求和會計對象的具體內容,事先規定分類核算的項目或標誌的一種專門的方法,其意義在於:

(1) 設置會計科目是填制會計憑證、設置帳戶、進行帳務處理的依據,也是正確組織會計核算的一個重要的條件,同時還是編制會計報表的基礎。企業未來全面、系統、分類地核算和監督各項經濟業務的發生情況,以及由此引起的各類會計要素增減變動的過程和結果,就必須按照會計要素的不同特點,根據經濟管理的客觀要求,設置不同的會計科目對經濟業務進行分類別、分項目的核算。

(2) 設置會計科目,可以對紛繁複雜、性質不同的經濟業務進行科學的分類,進而將複雜的經濟信息處理成為有規律的、易識別的經濟信息,並為將其轉化為會計信

息準備條件。

（3）設置會計科目，可以為會計信息使用者提供各種科學的、詳細的分類核算指標。在會計核算的各種方法中，設置會計科目佔有重要的位置。各單位在會計核算中必須根據會計科目來決定帳戶的開設、報表結構的設計。可見，設置會計科目是一種基本的會計核算方法。

（4）設置會計科目，可以加強對會計工作的有效監督。一般來說，會計科目的名稱、會計科目的分類、會計科目的內容等決定著各單位會計核算的詳略程度，決定著各單位對內、對外會計報表的要求和內容。各單位只有按照有關會計科目的規定處理會計業務，才能防止會計核算內容上的混亂，防止不合理、不合法的經濟業務被隨意計入會計核算系統中。

3. 設置會計科目的原則

設置會計科目是正確組織會計核算的一個重要前提條件。一個企業單位應如何設置會計科目，以及設置多少會計科目，要和這個企業單位的經營特點、經營規模和業務繁簡以及管理要求相適應：既不要過分複雜繁瑣，增加不必要的工作量，又不能簡單粗糙，使各項經濟內容混淆不清。因此，具體設置時應遵循以下原則：

（1）會計科目的設置必須符合會計準則的規定。《企業會計準則——應用指南》專門對會計科目做了具體的規定，企業在設置會計科目時必須遵循這些具體規定。

（2）會計科目必須結合本單位會計對象的特點設置。設置會計科目，是對會計對象的具體內容進行分類。因此，必須根據單位會計對象的特點來確定應設置的會計科目。雖然《企業會計準則——應用指南》原則上統一了會計科目的名稱和設置方法，但各類企業的經濟活動不同，設置的會計科目也有所不同。例如，工業企業是從事商品生產經營的經濟組織，它除了設置和使用監督資產與權益情況的會計科目外，還必須按照生產經營過程的各種勞動耗費設置「生產成本」和「製造費用」科目和生產成果，而商品流通企業沒有製造產品的任務，就沒有必要設置這些會計科目。在不影響會計核算要求和會計報表指標匯總，以及對外提供統一的財務會計報告的前提下，可以根據實際情況自行增設、減少或合併某些會計科目。

（3）會計科目的設置應符合經濟管理的要求。會計科目的設置，既要考慮會計對象的特點，又要符合經濟管理的要求。因為會計是經濟管理的重要組成部分，不僅為管理提供資料，而且本身也要參與管理。由此，設置的會計科目所提供的會計資料不僅要滿足管理的需要，而且要有利於對經濟活動進行分析、預測、控製和考核。例如：為了掌握企業生產規模和生產能力，為計算折舊和固定資產利用提供依據，會計上就要設置「固定資產」科目，以反映固定資產的原始價值；為了綜合說明企業擁有固定資產的新舊程度，便於有計劃地安排固定資產的更新改造，會計上就需要設置「累計折舊」科目，用來備抵原始價值，以反映固定資產淨值。

（4）會計科目的設置既要保證統一性，又要保持靈活性。由於社會主義市場經濟是一個統一的整體，企業單位是整個國民經濟的基層環節，為了保證同類企業會計核算指標、口徑一致，便於會計資料的綜合匯總和分析利用，滿足宏觀經濟管理的需要，企業的主要會計科目應由財政部通過會計準則予以統一規範。在使用會計科目時，除

會計準則允許變動的以外，會計人員不得任意增減或合併會計科目，也不得任意改變會計科目的名稱、編號、核算內容和對應關係。但在保證統一性和符合有關會計制度規定的前提下，會計科目的設置也應保持一定的靈活性，以便於各地區、部門和企業單位能根據自己的具體情況對統一規定的會計科目進行必要的補充或兼併，從而使會計科目的運用能夠更加切合實際。但相關部門對會計科目的兼併或增補，必須持慎重態度。既要防止會計科目設置過多的傾向，又要防止不顧實際需要和宏觀管理的要求，隨意兼併科目的簡單做法。

（5）會計科目的設置要含義明確、通俗易懂並保持相對穩定。為了正確無誤地使用會計科目，所設置的會計科目要符合會計本身的規律性，既有利於記帳算帳，又有利於根據其數據指標，編制會計報表和科學地組織會計核算。

會計科目不是一成不變的，隨著經濟環境和管理要求的變化，會計科目體系也會相應地作出修改；在一定時期，保持會計科目的相對穩定，既便於會計核算的綜合匯總和不同時期資料的對比分析，也符合事物發展的規律，有利於提高會計工作的質量和效率。

3.1.2 會計科目的分類

為了瞭解每類會計科目所反映的具體內容，便於明確區分不同科目的性質，以便正確運用會計科目，為管理提供必要的數據資料，我們需要按一定標誌對會計科目進行分類。

1. 會計科目按其經濟內容分類

會計科目按其經濟內容可分為資產類、負債類、共同類、所有者權益類、成本類和損益類六大類。

（1）資產類科目，主要根據資產的流動性劃分為流動資產科目和非流動資產科目。屬於流動資產的會計科目主要包括「庫存現金」「銀行存款」「應收帳款」「其他應收款」「預付帳款」「原材料」「庫存商品」等。屬於非流動資產會計科目的包括「固定資產」「累計折舊」「長期股權投資」「無形資產」「長期待攤費用」等。

（2）負債類科目，根據債務期限的長短和負債的構成，劃分為流動負債科目和非流動負債科目。屬於流動負債會計科目的主要包括「應付帳款」「其他應付款」「短期借款」「應付職工薪酬」「應交稅費」「應付利息」「預收帳款」等。屬於長期負債會計科目的主要有「長期借款」「應付債券」「長期應付款」等。

（3）共同類科目，是指既有資產性質，又有負債性質，有共性的科目。共同類科目的特點，是需要從其期末餘額所在的方向，來界定其性質。共同類多為金融公司、保險公司、投資公司、基金公司等使用。目前新會計準則規定的「共同類」有五個科目：「清算資金往來」「外匯買賣」「衍生工具」「套期工具」「被套期項目」。

（4）所有者權益類科目，是按所有者權益會計要素的具體構成來劃分的會計科目，包括「實收資本」「 本年利潤」「利潤分配」「資本公積」「盈餘公積」等。

（5）成本類科目，是生產性企業根據成本類別劃分的會計科目，包括「生產成本」「製造費用」等科目。

（6）損益類科目，是按照企業經營損益的形成內容及不同性質，劃分為反映營業損益和反映營業外損益兩類會計科目。前者包括「主營業務收入」「主營業務成本」「稅金及附加」「銷售費用」「管理費用」「財務費用」「其他業務收入」「其他業務支出」；后者包括「營業外收入」「營業外支出」「投資收益」「所得稅費用」。

2. 按會計科目反映信息的詳細程度不同分類

按照會計科目所提供的核算資料的詳細程度的不同，會計科目可分為總分類科目與明細分類科目兩大類。

（1）總分類科目，又稱為總帳科目或一級科目，是對經濟業務的具體內容進行總括的分類。它所提供的總括性指標，必須以貨幣作為統一的計量單位，如「庫存現金」「固定資產」「利潤分配」等。

（2）明細分類科目，又稱明細科目，是在某個總分類科目下按核算內容分類的更詳細的分類，是總分類科目的具體化。它所涉及的明細分類指標，除了以貨幣為計量單位外，有時還需要使用實物數量或其他計量單位。有些總分類科目所統馭的明細科目數量很多，可以分成二級科目、三級科目甚至四級科目。比如在「原材料」一級科目下可設「原材料及主要材料」「輔助材料」「燃料」等二級科目，在「燃料」這個二級科目下，再分設「汽油」「柴油」「原煤」等三級明細科目。

總分類科目與明細分類科目核算的內容相同，都反映同一會計對象的增減變化；核算的依據相同，都要根據相同的證明經濟業務發生和完成情況的原始依據進行核算；二者的資料相互補充。總分類科目提供總括的貨幣指標，對所屬明細科目起著統馭作用；明細分類科目提供詳細的貨幣和非貨幣指標，對總分類科目起著補充作用。

3.1.3 《企業會計準則——應用指南》對會計科目的規範

1. 對會計科目的總說明

（1）會計科目編號的規定

統一規定會計科目的編號，便於編制會計憑證、登記帳簿、查閱帳目以及實行會計電算化。企業不應當隨意打亂重編。某些會計科目之間留有空號，供增設會計科目之用。

（2）設置和使用會計科目的規定

企業應當按會計準則的具體規定設置和使用會計科目；但是，企業在不違反會計準則中確認、計量和報告規定的前提下，可以根據本單位的實際情況自行增設、分拆、合併會計科目。並且，企業可以根據本企業的具體情況，在不違背會計科目使用原則的基礎上，確定適合於本企業的會計科目名稱。

（3）會計科目填列的規定

企業在填制會計憑證、登記帳簿時，應當填列會計科目的名稱，或者同時填列會計科目的名稱和編號，不應當只填科目編號，不填科目名稱。

2. 制定了會計科目名稱和編號表

《企業會計準則——應用指南》通過制定會計科目名稱和編號表，不僅統一規範了企業主要會計科目的編號和名稱，而且將企業應該設置的基本會計科目按其經濟內容

進行了分類，將其分為資產類、負債類、共同類、所有者權益類、成本類、損益類六大類。

在會計科目名稱和編號表中採用了科學的「四位數＋后位數」的編號法來為會計科目編號。前面四位數表示一級會計科目：第一位表示一級會計科目的類別號，1 表示資產類，2 表示負債類，3 表示共同類，4 表示所有者權益類，5 表示成本類，6 表示損益類。用 2～4 位三個數字來表示一級會計科目的代號。在一級會計科目編號后的位數表示明細科目：5～6 位代表二級科目；7～8 位代表三級科目；以此類推。

例如：2221：2——表示該會計科目屬於負債類

　　　221——是一級科目「應交稅費」的代號

　222101：01——是「應交稅費」會計科目的第一個二級科目，即「應交增值稅」

　　22210102：02——是「應交稅費」會計科目的第一個二級科目「應交增值稅」下的三級科目「已交稅金」

會計科目名稱和編號表對規範企業的會計行為具有重要的指導意義，該表有三個顯著的特點：

一是科學性，即會計科目名稱和編號表建立在採用科學的方法對會計科目進行科學分類的基礎上；

二是完整性，即會計科目名稱和編號表全面地反映了會計對象的具體內容，為全面核算企業的經濟活動奠定了基礎；

三是統一性，這是該表的最大特點，它保證了企業會計核算和會計科目與帳戶體系的統一性，使其會計信息資料在全國範圍內口徑一致，滿足各方面對會計信息的需要。

由於會計準則是對中國所有企業的規範，其六大類的會計科目涉及所有企業，比如共同類主要是金融企業使用。本教材主要以工商企業為例，所以，我們根據工商企業的特點，將《企業會計準則——應用指南》的會計科目名稱和編號表，整理出適合工商企業的會計科目表，如表 3-1 所示。

3. 制定了會計科目使用說明

會計科目使用說明對各個會計科目的核算內容、範圍、帳務處理及明細科目的設置和使用等都作了明確、細緻的說明和規定，不僅規範了企業各個會計科目的具體內容，而且對企業的實際會計工作能起到實實在在的指導作用，便於會計人員進行實務操作。

表 3-1　　　　　　　　　　　會計科目名稱和編號表

順序號	編號	會計科目名稱	順序號	編號	會計科目名稱
		一、**資產類**	45	2101	交易性金融負債
1	1001	庫存現金	46	2201	應付票據
2	1002	銀行存款	47	2202	應付帳款
3	1012	其他貨幣資金	48	2203	預收帳款
4	1101	交易性金融資產	49	2211	應付職工薪酬
5	1121	應收票據	50	2221	應交稅費
6	1122	應收帳款	51	2231	應付利息
7	1123	預付帳款	52	2232	應付股利
8	1131	應收股利	53	2241	其他應付款
9	1132	應收利息	54	2401	遞延收益
10	1221	其他應收款	55	2501	長期借款
11	1231	壞帳準備	56	2502	應付債券
12	1401	材料採購	57	2701	長期應付款
13	1402	在途物資	58	2702	未確認融資費用
14	1403	原材料	59	2711	專項應付款
15	1404	材料成本差異	60	2801	預計負債
16	1405	庫存商品	61	2901	遞延所得稅負債
17	1406	發出商品			三、**所有者權益類**
18	1407	商品進銷差價	62	4001	實收資本
19	1408	委托加工物資	63	4002	資本公積
20	1411	週轉材料	64	4101	盈餘公積
21	1471	存貨跌價準備	65	4103	本年利潤
22	1501	持有至到期投資	66	4104	利潤分配
23	1502	持有至到期投資減值準備	67	4201	庫存股
24	1503	可供出售金融資產			四、**成本類**
25	1511	長期股權投資	68	5001	生產成本
26	1512	長期股權投資減值準備	69	5101	製造費用
27	1521	投資性房地產	70	5201	勞務成本
28	1531	長期應收款	71	5301	研發支出
29	1532	未實現融資收益			五、**損益類**
30	1601	固定資產	72	6001	主營業務收入
31	1602	累計折舊	73	6051	其他業務收入
32	1603	固定資產減值準備	74	6061	匯兌損益
33	1604	在建工程	75	6101	公允價值變動損益
34	1605	工程物資	76	6111	投資收益
35	1606	固定資產清理	77	6301	營業外收入
36	1611	未擔保餘值	78	6401	主營業務成本
37	1701	無形資產	79	6402	其他業務成本
38	1702	累計攤銷	80	6403	稅金及附加
39	1703	無形資產減值準備	81	6601	銷售費用
40	1711	商譽	82	6602	管理費用
41	1801	長期待攤費用	83	6603	財務費用
42	1811	遞延所得稅資產	84	6701	資產減值損失
43	1901	待處理財產損溢	85	6711	營業外支出
		二、**負債類**	86	6801	所得稅費用
44	2001	短期借款	87	6901	以前年度損益調整

3.1.4 會計帳戶

1. 會計帳戶的意義

設置會計科目只是對會計對象的具體內容進行分類，規定每一類的名稱。但是，如果只有分類的名稱，而沒有一定的結構，還不能把會計科目本身所代表的經濟內容的增減變動情況完整地表現出來。因此，在設置會計科目的基礎上，還要開設具有一定結構的帳戶，以便對經濟業務進行連續、系統、全面的記錄，為管理提供各種有用的會計信息。

帳戶是按照規定的會計科目對各項經濟業務進行分類並系統、連續記錄的形式。實際上它是根據會計科目在帳簿中開設戶名，用來記錄資產、負債、所有者權益、收入、費用、利潤等會計要素增減變動情況，提供各類別靜態和動態指標的工具。

帳戶的名稱是根據會計科目來定的，所登記的內容與有關會計科目所規定的經濟內容也是一致的。在實際工作中也常把會計科目稱為帳戶。

但是，會計科目與帳戶是兩個不同的概念。會計科目只是一個名稱，表示一定經濟業務內容，而帳戶不僅說明經濟內容，還有一定結構格式，可以連續、系統地記錄和監督經濟業務的增減變化和一定時期內容增減變化的結果。因此，為了正確地在帳戶中登記各項經濟業務，會計人員不僅要明確各個帳戶的經濟內容，而且還要掌握各種帳戶的結構。

2. 帳戶的基本結構

帳戶結構，是指帳戶要設置哪些部分，每一部分反映什麼內容，即反映監督會計要素增減變化及其結果的具體格式。

企業經濟業務引起資產、負債、所有者權益等會計要素的增減變動雖然錯綜複雜，但從數量看，不外乎是增加和減少兩種情況，所以帳戶都分為左右兩部分，分別記錄會計對象具體內容的增加和減少的數額。

至於哪一方記增加，哪一方記減少，結餘額在哪一方，都要由帳戶的性質和企業採用的記帳方法來決定。

但無論何種性質帳戶，都必須包括以下四項內容：

一是帳戶的名稱，即會計科目；

二是日期和摘要，概括說明經濟業務的內容；

三是憑證號數，即據以記帳的憑證編號；

四是增加和減少的金額及結餘額。

按照會計分期的基本前提的要求，會計上必須分期結帳。所以帳戶記錄的金額表現為四個指標，即期初餘額、本期增加發生額、本期減少發生額和期末餘額四項。

帳戶的本期增加額合計和本期減少額合計稱為本期發生額，它反映一定時期的資產、負債和所有者權益增減變化的情況，為管理提供動態指標；帳戶的期初餘額加本期發生額，再扣本期減少發生額，即為期末餘額，反映一定日期會計要素增減變動的結果，為管理提供靜態指標。期初餘額與期末餘額是相對而言的，本期的期初餘額即為上期的期末餘額。會計計算期末餘額主要是為了保證經濟業務的連續性，同時也

是為編制會計報表和為經濟管理提供綜合性指標奠定基礎。

上述四項指標之間的相互關係是：

期末餘額＝期初餘額＋本期增加發生額－本期減少發生額

帳戶的一般格式如表 3－2 所示。

表 3－2　　　　　　　　　帳戶名稱（會計科目）

年		憑證		摘　　要	借方金額	貸方金額	借或貸	餘　額
月	日	種類	號數					
				期初餘額				
				本期發生額及餘額				

為了便於教學和做練習，我們常常使用一種最簡單的帳戶格式，稱為「丁」字式帳戶，又稱「T」字帳戶，如圖 3－1 所示。

帳戶名稱（會計科目）

借方	貸方
期初餘額	
本期發生額	本期發生額
期末餘額	

圖 3－1　「T」字帳戶

「T」字帳戶分為左右兩方，左邊稱為借方，右方稱為貸方，發生經濟業務時將日期、簡單摘要和金額分別記在各帳戶的左右兩方。這種帳戶格式雖然簡單、不合實務上的使用要求，但它顯示了帳戶的基本記帳方向和平衡圖像，所以在會計教學中經常作為示意圖使用。

3.2　記帳方法

3.2.1　記帳方法及種類

1. 記帳方法的意義

記帳方法是指根據一定記帳原理，運用記帳符號和記帳規則，在帳戶中記錄經濟業務的一種會計核算方法。

記帳是會計核算方法體系中的中心環節。會計核算和監督的目的，在於為經濟管理和經營決策提供連續、系統、完整和綜合的各種指標。因此，當經濟業務發生后，

選擇和採用科學合理的記帳方法把它們記錄在帳簿上，取得各種會計信息資料，就成為會計工作中首先需要解決的一項重要問題。

2. 記帳方法的種類

（1）單式記帳法，是一種比較簡單的記帳方法，採用這種方法對發生的每一筆經濟業務都只在一個帳戶中進行登記。例如以庫存現金 500 元購買了辦公用品，則只在「庫存現金」帳戶中作減少 500 元的記錄，至於錢用到什麼地方，在帳上是無法查找到的，通常只登記庫存現金收付和人欠、欠人等往來結算的事項。由於帳戶設置不完整，帳戶之間的記錄沒有直接聯繫，既不能全面地反映經濟業務的來龍去脈，也不便於檢查帳戶記錄的正確性、完整性，因而不適應經濟業務比較複雜的企事業單位，在現代市場經濟條件下，企事業單位都不採用單式記帳法。

（2）復式記帳法，復式記帳法是在單式記帳法的基礎上發展起來的。其特點是對每一筆經濟業務都要求在兩個或兩個以上相互聯繫的帳戶中以相等的金額進行相互聯繫地記錄，以全面反映經濟業務的來龍去脈。這是由「資產 ＝ 負債＋所有者權益」會計方程式平衡關係決定的，因為企業在經濟活動中發生的各項經濟業務（交易和其他事項），將引起資產、負債和所有者權益項目之間的增減變動。所有者權益不僅因投資者向企業投資和企業向投資者分派利潤而變動，更主要的是將隨企業的經營成果（利潤或虧損）而變動。也就是說，企業取得收入標誌著所有者權益的增加，發生的費用和損失則標誌著所有者權益的減少，如果收入小於費用，則最終所有者權益將隨所確定的淨虧損額而減少。因此，任何一項經濟業務發生，都必然引起資產、負債、所有者權益、收入和費用等會計要素之間兩個項目的等量變動。

不論何種變動，一個單位經濟業務發生對會計恒等式影響，無非是以下兩種類型：

一類是經濟業務發生能改變資產總額和權益總額，即同時涉及公式等號兩邊的項目。這樣，不同項目的增減變動必然相同，帳戶記錄是同增同減。

另一類是經濟業務發生不改變資產總額和權益總額，僅僅涉及公式等號一邊的項目。這樣，不同項目的增減變動必然不同，帳戶記錄是有增有減。

為了不破壞會計方程式的平衡關係，為了全面地、如實地反映經濟業務發生所引起的資產、負債、所有者權益等會計要素增減變化情況，掌握經濟活動的過程和結果，以便於對記錄的結果進行試算平衡，檢查帳戶記錄是否正確，於是對每項經濟業務，都必須將有關項目的增減變動，用相等的金額同時記入相互對應的帳戶。復式記帳法正好體現了這些要求。

3.2.2　復式記帳法的基本內容

1. 會計科目

不同的復式記帳法對會計科目的設置往往有不同的要求。為了把發生的經濟業務登記到帳戶中去，採用任何記帳方法都必須要科學合理地設置會計科目並據此開設帳戶。

2. 記帳符號

記帳符號是區分各種復式記帳法的重要標誌，表示記帳方向的記號即是記帳符號。

不同的帳戶，因採用的記帳方法不同，記帳符號及記帳方向也就不同。

3. 記帳規則

記帳規則，是指根據復式記帳原理，按照記帳符號所指示的方向，將經濟業務記錄入帳時所應遵守的準則。不同的復式記帳法有不同的記帳規則，記帳規則是通過會計分錄表現出來的。會計人員按照記帳規則記帳才能保證記帳內容的一致性。

4. 會計分錄

會計分錄是標明某項經濟業務應當記入的帳戶名稱、記帳方向及金額的記錄。在實際工作中，會計分錄是根據各項經濟業務的原始憑證，通過編制記帳憑證確定的。

5. 試算平衡

會計人員運用平衡公式可以對所編制的會計分錄和帳戶記錄進行試算平衡，以檢查會計記錄是否正確。

由於記帳符號、帳戶設置和結構以及記帳規則與試算平衡方法的不同，復式記帳法有借貸復式記帳法、增減復式記帳法和收付復式記帳法等多種。目前國際上通行的是借貸復式記帳法。中國的會計準則規定，所有企事業單位的記帳方法均統一為借貸復式記帳法，即借貸記帳法。

3.3 借貸記帳法

3.3.1 借貸記帳法的含義

借貸記帳法是以「資產 = 負債 + 所有者權益」會計等式為理論根據，以「借」和「貸」作為記帳符號，按照「有借必有貸，借貸必相等」的記帳規則來記錄經濟業務的一種復式記帳方法。

借貸記帳法起源於 13 世紀資本主義開始萌芽的義大利，最初為單式記帳法，到 15 世紀才逐步形成比較完備的復式記帳法，最后由義大利數學家巴ml阿勒，通過其著作《算術、幾何與比例概要》在理論上對借貸記帳法進行確認和論述后，借貸記帳法的優點和使用方法才為世人所認識，並且在全世界推廣。

借貸記帳法特有的記帳符號、記帳規則以及在記帳符號和記帳規則下帳戶基本結構及設置、試算平衡等內容，是區別於其他記帳方法的關鍵所在。

中國《企業會計準則——基本準則》規定，企業採用借貸記帳法記帳。

3.3.2 借貸記帳法的內容

借貸記帳法的主要包括記帳符號、帳戶結構、記帳規則和試算平衡。

1. 借貸記帳法的記帳符號

記帳符號在會計核算中採用的是一種抽象標記，表示經紀業的增減變化應當記入帳戶中的方向。借貸記帳法的記帳符號是「借」和「貸」。

在借貸記帳法下，借（英文簡寫為 Dr），貸（英文簡寫為 Cr）兩個記帳符號對六

大會計要素的增減變動計入帳戶的方向作了具體的規定。

「借」和「貸」兩字最早的原意是：人欠我記「借」，我欠人記「貸」。表現為債權（應收款）和債務（應付款）的增減變動，亦即從借貸資本的角度來解釋的。凡是我欠（借）別人的，對方就是借主（債務人），付出的款項記在借主帳戶的左邊，借方歸還時就記在右邊，表示抵消；凡是別人借我的，對方就是貸主（債權人），從對方借來的錢記在貸主帳戶的右邊，償還債務時則記在帳戶的左邊，予以衝銷。

后來將借主略稱為「借」，貸主略稱為「貸」。隨著社會經濟的發展，借主和貸主的含義，逐漸由人擴大到物，再由人與物擴大到一切資金的來路和去路。記帳的對象逐漸擴大到記錄全部會計要素的增減變化和計算經營損益，所以這時的「借」和「貸」二字已失去了原來的含義，而轉化為一種純粹的記帳符號。其用詞演變就是：

Debtor（債務人）—Debt（債務）—Debit（借方）

Creditor（債權人）—Credit（債權）—Credit（貸方）

西方會計傳入東方時，首先傳入日本，日本人將帳戶左方翻譯為借方，將帳戶的右方翻譯為貸方。中國在引進借貸記帳法時，也就沿用了下來。

由於「借」和「貸」已成為一個純粹的記帳符號，究竟是表示增加還是表示減少，要根據所在帳戶的性質來確定。

2. 借貸記帳法的帳戶結構

在借貸記帳法下，所有帳戶都分為借方和貸方兩個部分，通常左方為借方，右方為貸方。記帳時，帳戶的借貸兩方必須作相反的記錄，即對於每一個來講，如果借方登記增加額，那麼貸方必然登記減少額；反之，如借方登記減少額，貸方就登記增加額。下面我們將六大類帳戶分為兩類，一類是增加額登記在借方的帳戶，包括資產類和費用類帳戶；另一類是增加額登記在貸方的帳戶，包括負債類、所有者權益類、收入類和利潤類帳戶。

（1）資產類帳戶的結構如表 3－3 所示。

表 3－3

借方	資產類帳戶	貸方
期初餘額 本期發生額		本期發生額
本期借方發生額（增加額）合計		本期貸方發生額（減少額）合計
期末餘額		

資產類帳戶的借方登記資產的增加額，貸方登記資產的減少額，餘額在借方，表示目前企業所擁有或控制的該項資產額。該類帳戶內四個指標之間的關係為：

借方期末餘額＝借方期初餘額＋借方本期發生額－貸方本期發生額

（2）費用類帳戶的結構如表 3－4 所示。企業在生產經營過程中發生的各種耗費，大多是由資產轉化而來，所以費用在抵消收入之前，可視為一種特殊資產。所以，費用類帳戶的結構與資產類帳戶結構基本相同，借方登記費用的增加額，貸方登記費用

的減少額或轉銷額；不同之處在於費用類帳戶一般沒有餘額。

表 3-4

借方	費用類帳戶	貸方
本期增加額		本期減少額或轉銷額
本期借方發生額（增加額合計）		本期貸方發生額（減少額合計）

　　費用的增加額記入該類帳戶的借方，減少額（轉銷額）記入該類帳戶的貸方，費用類帳戶期末一般無餘額，如有餘額，必定為借方餘額，表示期末尚未轉銷的費用額。
　　資產類和費用類帳戶的共同點在於：借方登記增加額，貸方登記減少額。
　（3）權益類帳戶的結構，如表3-5所示。

表 3-5

借方	權益類帳戶	貸方
		期初餘額
本期減少額		本期增加額
本期借方發生額（減少額合計）		本期貸方發生額（增加額合計）
		期末餘額

　　該類帳戶包括負債帳戶和所有者權益帳戶。負債和所有者權益都是企業的權益，所以這兩類帳戶的結構完全相同。
　　權益類帳戶的借方登記負債或所有者權益的減少額，貸方登記負債或所有者權益的增加額，餘額在貸方，表示目前企業所承擔的負債額或所有者權益。該類帳戶內四個指標之間的關係為：
　　　　貸方期末餘額 ＝貸方期初餘額＋貸方本期發生額－借方本期發生額
　（4）收入類帳戶的結構如表3-6所示。

表 3-6

借方	收入類帳戶	貸方
本期減少額或轉銷額		本期增加額
本期借方發生額（減少額合計）		本期貸方發生額（增加額合計）

　　由於企業收入的增加可以視同所有者權益的增加，所以，收入帳戶的結構應與所有者權益帳戶基本相同；不同之處在於收入類帳戶一般沒有餘額。
　　收入的增加額記入帳戶的貸方，減少額（轉銷額）記入帳戶的借方。期末結束時，本期收入增加額減去本期收入減少額后的差額，轉入所有者權益帳戶，期末沒有餘額。

（5）利潤類帳戶的結構如表 3－7 所示。

表 3－7

借方	利潤類帳戶	貸方
期初餘額（虧損） 本期減少額		期初餘額（盈利） 本期增加額
本期借方發生額（減少額合計）		本期貸方發生額（增加額合計）
期末餘額（虧損）		期末餘額（盈利）

由於利潤最終也歸屬於所有者權益，所以其帳戶結構與所有者權益帳戶結構基本相同。

利潤類帳戶的借方登記利潤的減少額或轉銷額，貸方登記利潤的增加額；期末如為貸方餘額，表示企業實現的利潤；期末如為借方餘額，則表示企業發生的虧損。

根據以上對各類帳戶結構的說明，我們可以把一切帳戶借方和貸方所記錄的經濟內容加以歸納如表 3－8 所示。

表 3－8

借方	借貸記帳法下各類帳戶結構匯總		貸方
期初餘額	資產 利潤（虧損）	期初餘額	負債 所有者權益 利潤（盈利）
本期發生額	資產增加 負債減少 所有者權益減少 收入減少 費用增加	本期發生額	資產減少 負債增加 所有者權益增加 收入增加 費用減少
期末餘額	資產 利潤（虧損）	期末餘額	負債 所有者權益 利潤（盈利）

3. 借貸記帳法的記帳規則與會計分錄

（1）借貸記帳法的記帳規則，是「有借必有貸，借貸必相等」，即對發生的每一筆經濟業務都以相等的金額，借貸相反的方向，在兩個或兩個以上相互聯繫的帳戶中進行登記。這種記帳規則要求在一個帳戶中記借方，同時在另一個或幾個帳戶中記貸方；或者在一個帳戶中記貸方，同時在另一個或幾個帳戶中記借方；記入借方的金額同記入貸方的金額相等。

記帳規則是通過會計分錄表現出來的。

（2）會計分錄，就是指明經濟業務應記入的帳戶名稱、登記方向和金額的記錄。在會計實際工作中，為了保證記帳正確，並不是經濟業務一發生，會計人員就將該筆業務直接記入有關帳戶，而是先審查經濟業務的內容，根據原始憑證編制記帳憑證，

再記入有關帳戶。而記帳憑證的核心是根據經濟業務所引起的會計要素變化來確定應記入帳戶的名稱、方向（借或貸）和金額，即編制會計分錄。

在實際工作中，會計分錄是在記帳憑證上編制的，並要增加經濟業務摘要、發生的日期及其登記依據等內容。編制會計分錄，要以反映經濟業務發生的原始憑證為依據，以保證會計記錄的客觀性和便於事後分析檢查。

按照對應關係的複雜程度，會計分錄分為簡單分錄和複合分錄兩種。

簡單分錄，是指某項經濟業務，只涉及兩個對應關係帳戶的分錄，即一個借方帳戶與另一個貸方帳戶的對應組成的分錄。

【例3－1】大華公司用庫存現金500元和轉帳支票1,500元購買辦公用品。

用庫存現金購買辦公用品的會計分錄為：

借：管理費用　　　　　　　　　　　　　　　　　　　500
　貸：庫存現金　　　　　　　　　　　　　　　　　　　500

用轉帳支票購買辦公用品的會計分錄為：

借：管理費用　　　　　　　　　　　　　　　　　　1,500
　貸：銀行存款　　　　　　　　　　　　　　　　　　1,500

複合分錄，是指某項經濟業務同時涉及兩個以上的帳戶，形成一貸多借、一借多貸或多借多貸對應關係的會計分錄。它實際上是由相同經濟業務的幾個簡單會計分錄合併而成。所以，複合分錄也可以分解為幾個簡單分錄。

【例3－2】以【例3－1】的資料為例，就可以將兩個簡單分錄合併為一個一借二貸的複合分錄：

借：管理費用　　　　　　　　　　　　　　　　　　2,000
　貸：庫存現金　　　　　　　　　　　　　　　　　　　500
　　　銀行存款　　　　　　　　　　　　　　　　　　1,500

【例3－3】企業生產產品領用A原材料5,000元，車間一般耗用領用A原材料1,000元，管理部門領用A原材料500元。

根據這項經濟業務可編制一貸三借的複合分錄：

借：生產成本　　　　　　　　　　　　　　　　　　5,000
　　製造費用　　　　　　　　　　　　　　　　　　1,000
　　管理費用　　　　　　　　　　　　　　　　　　　500
　貸：原材料　　　　　　　　　　　　　　　　　　6,500

【例3－4】企業購買材料一批，價值20,000元，進項增值稅為3,400元，公司用銀行存款支付了10,000元，餘款暫欠。

該筆經濟業務就可以編制二借二貸的複合分錄：

借：原材料　　　　　　　　　　　　　　　　　　20,000
　　應交稅費——應交增值稅（進項稅額）　　　　　3,400
　貸：銀行存款　　　　　　　　　　　　　　　　　10,000
　　　應付帳款　　　　　　　　　　　　　　　　　13,400

編制複合會計分錄，可集中反映一項業務的對應關係，便於瞭解經濟業務的全貌，簡化記帳工作和節省記帳時間。

（3）帳戶的對應關係。在借貸記帳法下，運用其記帳規則記錄的每一項經濟業務，都是以相同的金額記入兩個（或兩個以上）彼此相關聯的帳戶，而這些彼此相關聯的帳戶之間就形成了應借、應貸的相互關係。帳戶間的這種相互關係，就叫「帳戶的對應關係」，會計人員具有這種對應關係的帳戶，相互稱為「對應帳戶」。通過帳戶的對應關係，不僅可以瞭解經濟業務的內容，還可以發現對經濟業務的處理是否合理、合法。

例如，借記「應付帳款」1,000元，貸記「短期借款」1,000元。這兩個帳戶的對應關係表明是以銀行借款來償還購貨時的未付款，對這項經濟業務所作的帳務處理並無錯誤，但不符合銀行信貸規定，因為根據貸款物資保證性原則，銀行貸款不得用於無物資保證的欠款償付業務。

4. 借貸記帳法的試算平衡

借貸記帳法的試算平衡，是指根據會計等式的平衡原理，按照記帳規則的要求，通過匯總計算和比較，編制試算平衡表，來檢查帳戶記錄的正確性和完整性的方法。

借貸記帳法的試算平衡有帳戶發生額試算平衡法和帳戶餘額試算平衡法兩種。前者是根據借貸記帳法的記帳規則來確定的，後者是根據「資產＝負債＋所有者權益」的平衡關係原理來確定的。

任何經濟業務發生后都要根據原始憑證編制會計分錄，然后按照會計分錄指出的帳戶、方向、金額分別記入有關帳戶，並在此基礎上根據帳戶的期初餘額和本期發生額計算帳戶的期末餘額。由於借貸記帳法是以「資產 ＝ 負債＋所有者權益」會計等式為依據，按照「有借必有貸，借貸必相等」的記帳規則記錄，就保證了每一項會計分錄的借貸雙方發生額必然相等，因而過帳以后，全部帳戶的借方發生額合計必然要等於全部帳戶的貸方發生額合計。因此全部帳戶的借方餘額合計與貸方餘額合計就必然相等，其平衡公式如下：

餘額平衡法：

全部帳戶期末（初）餘額借方合計 ＝ 全部帳戶期末（初）餘額貸方合計

發生額平衡法：

全部帳戶本期發生額借方合計 ＝ 全部帳戶本期發生額貸方合計

根據這種平衡關係，會計人員對帳戶記錄進行檢查和驗證，就可以發現記帳過程中存在的借貸方向和餘額的某些錯誤。

試算平衡是以總分類帳戶所記錄的期初、期末餘額和本期發生額為依據，編制「總分類帳戶本期發生額試算平衡表」和「總分類帳戶餘額試算平衡表」進行的。企業大都是將兩表合二為一，成為「總分類帳戶本期發生額及餘額試算平衡表」。

3.3.3 借貸記帳法的運用

下面以大華公司2017年1月份發生的經濟業務為例進行會計處理。

1. 編製會計分錄並登記帳簿

根據借貸記帳法的記帳規則和帳戶結構特點，對以下發生的經濟業務編製會計分錄並登記帳戶（以「T」型帳戶代替）。

【例3-5】永化公司用設備一批向大華公司投資，價值30,000元。

這是一項資產和所有者權益同時增加的業務，它涉及「固定資產」帳戶和「實收資本」所有者權益帳戶，使二者都增加了30,000元。由於資產類帳戶的借方表示增加，所有者權益類帳戶的貸方表示增加，因此，雙方增加的數額應分別記入「固定資產」帳戶的借方和「實收資本」帳戶的貸方。編製會計分錄如下：

借：固定資產　　　　　　　　　　　　　　　　　　30,000
　　貸：實收資本　　　　　　　　　　　　　　　　　30,000

將這項經濟業務在這兩個帳戶中登記，帳戶對應關係如圖3-2所示。

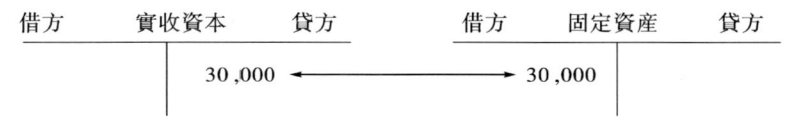

借方	實收資本	貸方	借方	固定資產	貸方
		30,000 ←	→ 30,000		

圖3-2　帳戶對應關係圖

【例3-6】大華公司從銀行借入短期借款100,000元，存入銀行。

這是一項負債和資產同時增加的業務，它涉及「短期借款」和「銀行存款」這兩個帳戶，流動負債增加了100,000元，流動資產也增加100,000元。由於負債帳戶貸方登記增加，資產帳戶借方登記增加，因此，負債增加的數額應記入「短期借款」帳戶貸方，資產增加的數額應記入「銀行存款」帳戶的借方。編製會計分錄如下：

借：銀行存款　　　　　　　　　　　　　　　　　　100,000
　　貸：短期借款　　　　　　　　　　　　　　　　　100,000

將這項經濟業務在這兩個帳戶中登記，如圖3-3所示。

借方	短期借款	貸方	借方	銀行存款	貸方
		100,000 ←	→ 100,000		

圖3-3　帳戶對應關係圖

【例3-7】大華公司用銀行存款11,700元購入生產用材料，其中增值稅為1,700元。

該業務涉及「銀行存款」和「原材料」這兩個資產帳戶和「應交稅費——應交增值稅」這個負債帳戶。銀行存款減少11,700元，使得原材料增加了10,000元，應交稅費減少1,700元。資產帳戶借方表示增加，貸方表示減少，因此，增加的數額應記入「原材料」帳戶的借方，減少的數額應記入「銀行存款」帳戶的貸方。負債的減少數額記入「應交稅費——應交增值稅」的借方。編製會計分錄如下：

借：原材料　　　　　　　　　　　　　　　　　　　10,000
　　應交稅費——應交增值稅　　　　　　　　　　　　1,700
　　貸：銀行存款　　　　　　　　　　　　　　　　　11,700

將這項經濟業務在這兩個帳戶中登記，如圖3-4所示。

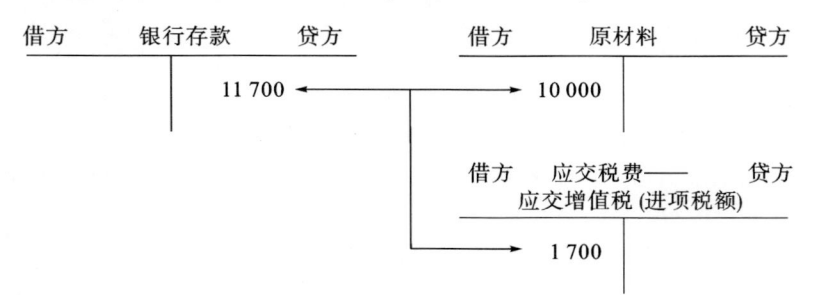

```
 借方    銀行存款    貸方         借方    原材料    貸方
                  11 700 ←─┬──→ 10 000

                           │     借方  應交稅費──  貸方
                           │           應交增值稅(進項稅額)
                           └──→ 1 700
```

圖3-4　帳戶對應關係圖

【例3-8】大華公司生產領用材料5,000元。

這是一項資產和費用一增一減的業務，它涉及「原材料」這個資產帳戶和「生產成本」這個費用帳戶，前者減少5,000元，後者增加5,000元。由於資產帳戶和費用帳戶都是借方表示增加，貸方表示減少，因此，增加的金額應記入「生產成本」帳戶的借方，減少的金額應記入「原材料」帳戶的貸方。編制會計分錄如下：

借：生產成本　　　　　　　　　　　　　　　　　　　5,000
　　貸：原材料　　　　　　　　　　　　　　　　　　　　　5,000

這項經濟業務在這兩個帳戶中登記，如圖3-5所示。

```
 借方    原材料    貸方         借方    生產成本    貸方
                5,000 ←──────→ 5,000
```

圖3-5　帳戶對應關係圖

【例3-9】大華公司銷售甲產品，開出增值稅專用發票。發票註明，價款金額為100,000元，增值稅稅額為17,000元，對方用銀行匯票支付100,000元，其餘尚欠。

這項經濟業務涉及資產類的「銀行存款」帳戶增加100,000元，記入借方；涉及資產類帳戶「應收帳款」帳戶增加17,000元，記入借方；涉及負債類帳戶「應交稅費──應交增值稅」帳戶增加17,000元，記入貸方；涉及收入類帳戶「主營業務收入」增加100,000元，記入貸方。編制會計分錄如下：

借：銀行存款　　　　　　　　　　　　　　　　　　　100,000
　　應收帳款　　　　　　　　　　　　　　　　　　　　17,000
　　貸：主營業務收入　　　　　　　　　　　　　　　　　100,000
　　　　應交稅費──應交增值稅（銷項稅額）　　　　　　　17,000

根據這四類帳戶的結構，該項業務在帳戶中登記如圖3-6所示。

58

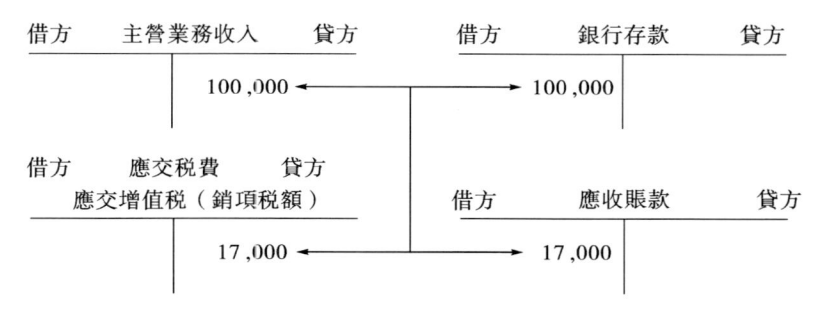

```
 借方    主營業務收入    貸方         借方     銀行存款     貸方
                100,000  ◄──────── 100,000

 借方     應交稅費      貸方
       應交增值稅（銷項稅額）           借方     應收賬款     貸方
                 17,000  ◄────────  17,000
```

圖 3-6　帳戶對應關係圖

【例 3-10】經協商，大華公司將資本公積 50,000 元轉增資本。

這項經濟業務發生，導致所有者權益類內部兩個項目一增一減，其中資本公積減少，實收資本增加。根據所有者權益帳戶結構的特點，增加記入帳戶的貸方，減少記入帳戶的借方，因此，編制會計分錄如下：

借：資本公積　　　　　　　　　　　　　　　　　　　　　　　50,000
　貸：實收資本　　　　　　　　　　　　　　　　　　　　　　　50,000

這項經濟業務在兩個帳戶中登記，如圖 3-7 所示。

```
 借方    實收資本    貸方         借方    資本公積    貸方
              50,000  ◄──────── 50,000
```

圖 3-7　帳戶對應關係圖

從以上舉例可以看出，經濟業務發生後，一方面要記入一個帳戶的借方，同時又要記入另一個帳戶的貸方——有借必有貸；又由於每項經濟業務所引起的數額變化都是等量的，所以記入一個帳戶的借方金額與記入另一個帳戶貸方的金額必然相等——借貸必相等。在某些複雜經濟業務的處理中，雖然出現了一個帳戶的借方和幾個帳戶的貸方，或者幾個帳戶的借方和一個帳戶的貸方相對應，但「有借必有貸，借貸必相等」的記帳規則仍然成立。

2. 試算平衡

根據大華公司的期初餘額和上述例 3-5 至例 3-10 的業務帳務處理編制試算平衡表如表 3-9 所示。

表 3-9　　　　　總分類帳戶本期發生額及餘額表（試算平衡表）
2017 年 1 月

帳戶名稱	期初餘額		本期發生額		期末餘額	
	借方	貸方	借方	貸方	借方	貸方
固定資產	100,000		30,000		130,000	
原材料	75,000		10,000	5,000	80,000	
庫存現金	10,000				10,000	

表3-9(續)

帳戶名稱	期初餘額 借方	期初餘額 貸方	本期發生額 借方	本期發生額 貸方	期末餘額 借方	期末餘額 貸方
銀行存款	140,000		150,000	11,700	278,300	
應收帳款	55,000		67,000		122,000	
短期借款		25,000		100,000		125,000
應付帳款		45,000				45,000
應交稅費		10,000	1,700	17,000		25,300
實收資本		200,000		80,000		280,000
資本公積		100,000	50,000			50,000
生產成本			5,000	5,000		
主營業務收入				100,000		100,000
合計	380,000	380,000	313,700	313,700	625,300	625,300

從表3-9中合計數可以看出，所有帳戶的期初、期末餘額，借貸雙方是相等的，所有帳戶的本期發生額借貸雙方也是相等的，這就表明各帳戶中的記錄基本上是正確的。如果借貸不平衡，可以肯定帳戶記錄發生了錯誤，就需要及時查明原因並按規定的方法加以更正。

應當指出的是，借助試算表借貸雙方合計數字的平衡，只能大體判斷總分類帳戶記錄是正確的，但不能絕對肯定記帳沒有錯誤。因為借貸雙方平衡只能證明記入某些帳戶的金額等於記入某些帳戶的金額，並不能發現以下錯誤：

（1）漏記或重複記錄了某項經濟業務；
（2）一筆經濟業務在編制會計分錄時，應借應貸帳戶方向顛倒，或者誤用了帳戶名稱；
（3）一筆經濟業務的借貸雙方，在編制會計分錄時，金額上發生同樣的錯誤；
（4）一項錯誤的記錄恰好抵消了另一項錯誤的記錄。

當試算表借貸雙方的合計數失去平衡時，可能只有一種錯誤存在，也可能有幾種錯誤同時存在。如果錯誤不止一項，就需要進行全面檢查：首先按經濟業務發生的順序核對每一項經濟業務的記錄是否錯誤，然後檢查帳戶記錄的登記和計算是否有誤，最后核算在將帳戶記錄抄錄到試算表上時是否出現了差錯。

3.4 帳戶分類

3.4.1 帳戶分類的意義和標準

1. 帳戶分類的意義

我們在對帳戶的基本結構和主要內容有所認識后，需要進一步瞭解各類帳戶能夠提供什麼性質的經濟指標，理解各類帳戶之間的區別和聯繫，掌握各類帳戶的內容、結構和用途，為正確運用帳戶登記經濟業務奠定基礎。

設置和運用帳戶是會計核算方法體系中的一種專門方法，帳戶分類是對帳戶設置和運用規律的進一步認識。本章已經涉及了一些重要帳戶，我們對帳戶的設置、內容、性質、結構有了初步的認識。但是，應當看到，企業的經濟業務錯綜複雜，形態萬千，內容繁多，同時各種經濟業務之間存在密切的內在聯繫，相互制約，相互聯繫，相互影響，因此記錄和反映各種經濟業務的帳戶也就數量眾多、類別各異了。每個帳戶都有各自的經濟性質、用途和結構，都可以從不同的方面核算和監督會計具體對象的變化情況和變化結果，儘管這些帳戶在其核算中是分別使用的，但卻能相互聯繫地構成一個完整的帳戶體系。

為了能在會計實務中正確地運用這些帳戶，我們需要對其進行進一步的分類，掌握其共性，辨別其特性，瞭解它們的區別和聯繫，加深對帳戶體系的認識，從而能夠熟練地進行帳戶的設置和運用，提高會計核算和監督的質量和效益。

2. 帳戶分類的標準

根據核算和監督企業經濟活動的需要，帳戶可以按照不同的標準進行分類。

（1）帳戶按經濟內容分類。帳戶的經濟內容是指帳戶所核算和監督的會計對象的具體內容，它是帳戶分類的基礎。會計對象的具體內容按其經濟特徵可以分為資產、負債、所有者權益、收入、費用和利潤六個會計要素。因此，帳戶按經濟內容的分類，也就分為資產類帳戶、負債類帳戶、所有者權益類帳戶、收入類帳戶、費用類帳戶和利潤類帳戶等。

（2）帳戶按用途結構分類。雖然按經濟內容分類是帳戶分類的基礎，但是為了進一步對各個帳戶的具體用途、能夠提供何種核算指標等問題有更為詳細的瞭解，還需要在經濟內容分類的基礎上對帳戶進行進一步的分類，即按帳戶的用途和結構進行分類。

（3）其他分類。除上述兩種帳戶分類標準外，帳戶還可根據核算的需要進行其他的分類。

① 按帳戶提供核算信息的詳細程度分為總分類帳戶和明細分類帳戶。

② 按帳戶期末有無餘額分為實帳戶和虛帳戶。

3.4.2 帳戶按經濟內容分類

帳戶按經濟內容分類，即根據帳戶記錄的經濟業務及餘額所反映的經濟內容進行分類，分為資產類帳戶、負債類帳戶、所有者權益類帳戶、收入類帳戶、費用類帳戶和利潤類帳戶等。但在實踐中，為了提供某些指標，我們在分類時作出適當調整，以便能夠更加充分體現其帳戶的特徵。如將收入類帳戶和費用類帳戶歸為損益類帳戶；另外，《企業會計準則——應用指南》中新增了「共同類」帳戶。因此帳戶分為資產類帳戶、負債類帳戶、所有者權益類帳戶、成本類帳戶、損益類帳戶和共同類帳戶。

1. 資產類帳戶

資產類帳戶是核算企業的資產要素增減變動及其結存數額的帳戶。根據會計核算的需要，資產類帳戶按照流動性又分為流動資產帳戶和非流動資產帳戶兩個類別。

（1）流動資產帳戶。按各項流動資產的經濟內容，企業流動資產的帳戶又分為：反映貨幣資金的帳戶，如「庫存現金」「銀行存款」等；反映結算債權的帳戶，如

「應收帳款」「應收票據」「其他應收款」等；反映存貨的帳戶，如「原材料」「庫存商品」等帳戶。

（2）非流動資產帳戶。企業非流動資產帳戶包括「長期股權投資」「持有至到期投資」「固定資產」「無形資產」等帳戶。

2．負債類帳戶

負債類帳戶是核算企業負債增減變動及其結存數額的帳戶。按照償還期，負債分為流動負債和非流動負債，其帳戶也進一步分為流動負債帳戶和非流動負債帳戶。

（1）流動負債帳戶，核算流動負債的帳戶包括「短期借款」「應付帳款」「應付票據」「應付職工薪酬」「應交稅費」等帳戶。

（2）非流動負債帳戶，核算非流動負債的帳戶主要有「長期借款」「應付債券」「長期應付款」「專項應付款」等帳戶。

3．所有者權益類帳戶

所有者權益類帳戶是核算企業的所有者權益增減變動及其結存數額的帳戶。按所有者權益的來源情況和構成特點，又分為兩種：

（1）所有者原始投資帳戶。核算所有者原始投資的帳戶主要是「實收資本（股本）」和「資本公積」帳戶。

（2）經營累積帳戶。核算經營累積的帳戶主要是「盈餘公積」「本年利潤」「利潤分配——未分配利潤」帳戶。

4．成本類帳戶

成本類帳戶是核算企業生產過程中發生的各項生產費用、計算產品成本的帳戶。在工業企業中，按照生產經營過程的階段，該帳戶用來歸集費用，計算成本。該類帳戶又可分為兩類：

（1）材料採購成本帳戶。它是核算材料採購成本的帳戶，是對企業在供應過程中發生的材料價款和採購費用進行核算，以此計算材料的採購成本，如「材料採購」「在途物資」帳戶。

（2）產品生產成本帳戶。它是核算產品生產成本的帳戶，是對企業在產品生產過程中發生的各種材料、工資及費用支出進行核算，以此計算產品的生產成本，包括「生產成本」「製造費用」帳戶。

5．損益類帳戶

損益類帳戶是核算與損益（利潤或虧損）計算直接相關的帳戶。按照損益的構成，帳戶分為收入類的損益帳戶和費用類的損益帳戶。

（1）收入類的損益帳戶，是核算企業在生產經營過程中不同渠道取得和分配各種收入的帳戶。按收入的不同經濟內容，收入帳戶又可以分為三類：

一是核算營業收入的帳戶，如「主營業務收入」「其他業務收入」帳戶；

二是核算投資收入的帳戶，如「投資收益」帳戶；

三是核算營業外收入情況的帳戶，如「營業外收入」帳戶。

（2）費用類的損益帳戶，是核算企業在生產經營過程中發生與收入直接相關的各種成本、費用、支出和損失的帳戶。按照費用的不同經濟內容，費用帳戶又可分為三種：

一是核算與營業收入相關的帳戶，如「主營業務成本」「其他業務成本」帳戶；

二是核算與企業生產經營期間相關的帳戶，如「銷售費用」「管理費用」「財務費用」帳戶；

三是核算與營業外支出情況相關的帳戶，如「營業外支出」帳戶。

帳戶按經濟內容分類形成的帳戶體系如圖 3－8 所示。

6. 共同類帳戶

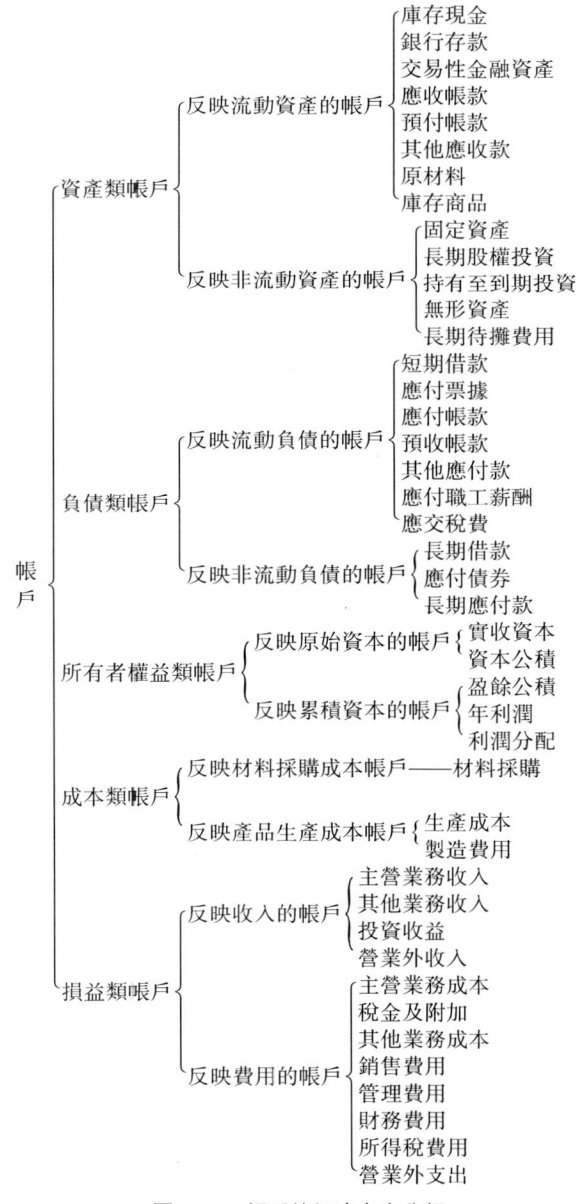

```
         ┌ 資產類帳戶 ┬ 反映流動資產的帳戶 ┬ 庫存現金
         │            │                      ├ 銀行存款
         │            │                      ├ 交易性金融資產
         │            │                      ├ 應收帳款
         │            │                      ├ 預付帳款
         │            │                      ├ 其他應收款
         │            │                      ├ 原材料
         │            │                      └ 庫存商品
         │            │
         │            └ 反映非流動資產的帳戶 ┬ 固定資產
         │                                    ├ 長期股權投資
         │                                    ├ 持有至到期投資
         │                                    ├ 無形資產
         │                                    └ 長期待攤費用
         │
         ├ 負債類帳戶 ┬ 反映流動負債的帳戶 ┬ 短期借款
         │            │                      ├ 應付票據
         │            │                      ├ 應付帳款
         │            │                      ├ 預收帳款
         │            │                      ├ 其他應付款
         │            │                      ├ 應付職工薪酬
         │            │                      └ 應交稅費
         │            │
         │            └ 反映非流動負債的帳戶┬ 長期借款
         │                                    ├ 應付債券
         │                                    └ 長期應付款
 帳戶 ──┤
         ├ 所有者權益類帳戶 ┬ 反映原始資本的帳戶 ┬ 實收資本
         │                  │                      └ 資本公積
         │                  │
         │                  └ 反映累積資本的帳戶 ┬ 盈餘公積
         │                                        ├ 年利潤
         │                                        └ 利潤分配
         │
         ├ 成本類帳戶 ┬ 反映材料採購成本帳戶──材料採購
         │            │
         │            └ 反映產品生產成本帳戶 ┬ 生產成本
         │                                    └ 製造費用
         │
         └ 損益類帳戶 ┬ 反映收入的帳戶 ┬ 主營業務收入
                      │                  ├ 其他業務收入
                      │                  ├ 投資收益
                      │                  └ 營業外收入
                      │
                      └ 反映費用的帳戶 ┬ 主營業務成本
                                        ├ 稅金及附加
                                        ├ 其他業務成本
                                        ├ 銷售費用
                                        ├ 管理費用
                                        ├ 財務費用
                                        ├ 所得稅費用
                                        └ 營業外支出
```

圖 3－8　帳戶按經濟內容分類

3.4.3 帳戶按用途結構分類

在借貸記帳法下，帳戶按其用途和結構可以分為資本、盤存、結算、跨期攤提、集合分配、成本計算、經營成果、計價對比、調整、暫記帳戶十類，其帳戶體系如圖3-9所示。

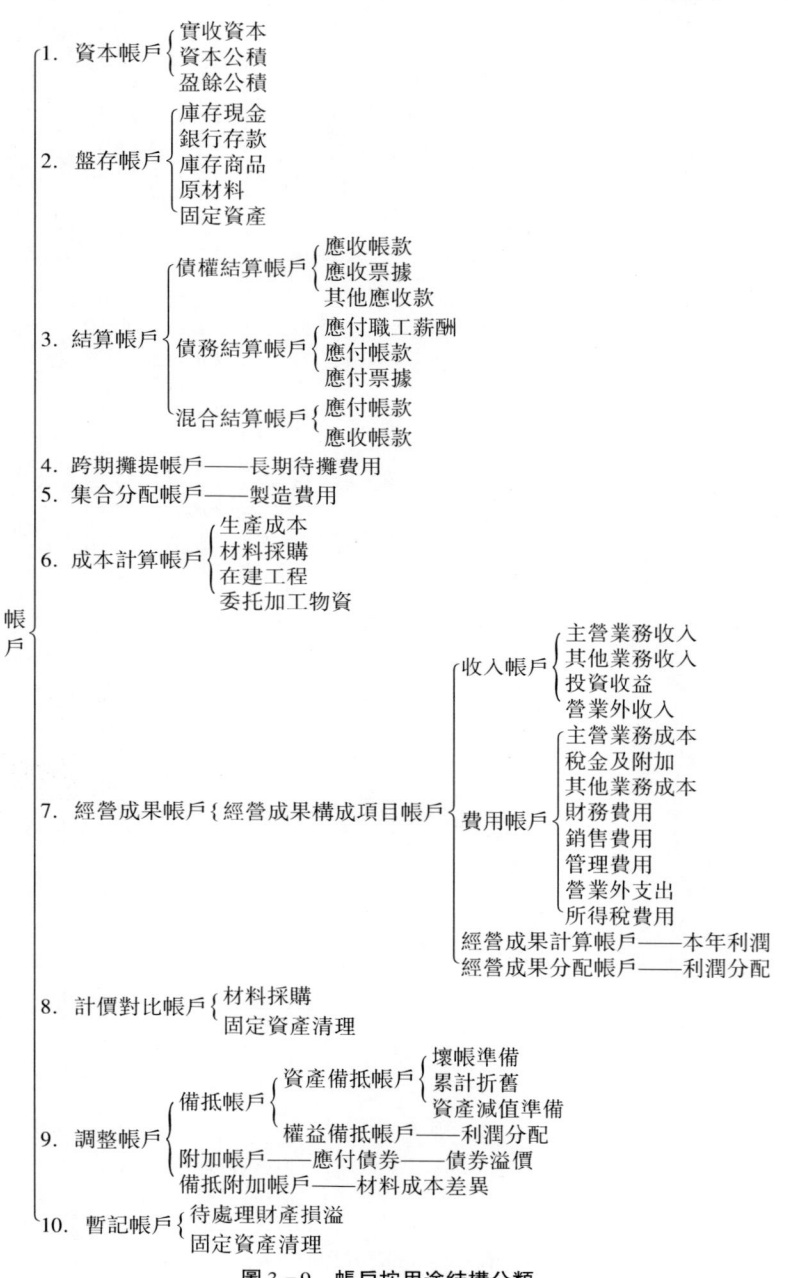

```
帳戶
├─ 1. 資本帳戶 ┬ 實收資本
│              ├ 資本公積
│              └ 盈餘公積
│
├─ 2. 盤存帳戶 ┬ 庫存現金
│              ├ 銀行存款
│              ├ 庫存商品
│              ├ 原材料
│              └ 固定資產
│
├─ 3. 結算帳戶 ┬ 債權結算帳戶 ┬ 應收帳款
│              │              ├ 應收票據
│              │              └ 其他應收款
│              ├ 債務結算帳戶 ┬ 應付職工薪酬
│              │              ├ 應付帳款
│              │              └ 應付票據
│              └ 混合結算帳戶 ┬ 應付帳款
│                             └ 應收帳款
│
├─ 4. 跨期攤提帳戶——長期待攤費用
│
├─ 5. 集合分配帳戶——製造費用
│
├─ 6. 成本計算帳戶 ┬ 生產成本
│                  ├ 材料採購
│                  ├ 在建工程
│                  └ 委託加工物資
│
├─ 7. 經營成果帳戶 ┬ 經營成果構成項目帳戶 ┬ 收入帳戶 ┬ 主營業務收入
│                  │                      │          ├ 其他業務收入
│                  │                      │          ├ 投資收益
│                  │                      │          └ 營業外收入
│                  │                      └ 費用帳戶 ┬ 主營業務成本
│                  │                                 ├ 稅金及附加
│                  │                                 ├ 其他業務成本
│                  │                                 ├ 財務費用
│                  │                                 ├ 銷售費用
│                  │                                 ├ 管理費用
│                  │                                 ├ 營業外支出
│                  │                                 └ 所得稅費用
│                  ├ 經營成果計算帳戶——本年利潤
│                  └ 經營成果分配帳戶——利潤分配
│
├─ 8. 計價對比帳戶 ┬ 材料採購
│                  └ 固定資產清理
│
├─ 9. 調整帳戶 ┬ 備抵帳戶 ┬ 資產備抵帳戶 ┬ 壞帳準備
│              │          │              ├ 累計折舊
│              │          │              └ 資產減值準備
│              │          └ 權益備抵帳戶——利潤分配
│              ├ 附加帳戶——應付債券——債券溢價
│              └ 備抵附加帳戶——材料成本差異
│
└─ 10. 暫記帳戶 ┬ 待處理財產損溢
                └ 固定資產清理
```

圖3-9 帳戶按用途結構分類

1. 資本帳戶

資本帳戶又稱所有者投資帳戶，是用來核算與監督企業所有者的原始投入資本和經營累積資本的增減變化及其結存數的帳戶。該類帳戶主要包括「實收資本」「資本公積」「盈餘公積」等帳戶。

資本帳戶的共同用途是以資本為核算對象，記錄各種資本的取得、形成和變動情況，提供所有者權益的總量和構成指標。

資本帳戶在結構上的共同點是借方登記所有者投入資本及增值資本的減少額；貸方登記投入資本增加額及資本增值額，帳戶的餘額在貸方，反映所有者投資和盈餘累積的實有數額。帳戶的基本結構如表 3-10 所示。

表 3-10　　　　　　　　　　　　　帳戶的基本結構表

借方	資本帳戶	貸方
發生額：本期所有者投資或經營累積減少數	期初餘額：期初所有者投資和盈餘累積的實有數 發生額：本期所有者投資或經營累積增加數	
	期末餘額：期末所有者投資和盈餘累積的實有數	

2. 盤存帳戶

盤存帳戶是用來核算和監督貨幣資金和各種實物財產物資的增減變動及結存情況的帳戶，主要包括「庫存現金」「銀行存款」「交易性金融資產」「庫存商品」「原材料」「固定資產」等帳戶。

盤存帳戶的共同用途是提供帳面結存額以便與貨幣資金、財產物資的實際結存數核對，檢查、監督帳戶記錄的正確性，據以檢查實物的管理責任，為經營管理提供可靠的會計核算資料。

盤存帳戶在結構上的共同點是：借方登記各項財產物資或貨幣資金的增加額；貸方登記其減少額；一般都有借方餘額，表示各項財產物資和貨幣資金的結存數。該類帳戶的基本結構如表 3-11 所示。

在盤存帳戶中，除「庫存現金」和「銀行存款」帳戶外，其他盤存帳戶，如「原材料」「庫存商品」「固定資產」等，可以通過設置明細帳提供實物數量和金額指標。

表 3-11　　　　　　　　　　　　　帳戶的基本結構表

借方	盤存帳戶	貸方
期初餘額：期初實物、貨幣資金結存數 發生額：本期實物、貨幣資金增加數	發生額：本期實物、貨幣資金減少數	
期末餘額：期末實物、貨幣資金實有數		

3. 結算帳戶

結算帳戶是用來核算和監督企業與其他單位或個人之間發生的債權債務結算情況的帳戶。

結算帳戶的共同用途是核算企業的債權債務的增減變動、結算收付情況以及期末尚未了結的債權債務數額，以便企業及時採取措施催收或償還。

結算帳戶因結算資金的性質不同，與之相適應帳戶的結構也就有所不同。所以，結算帳戶還可以細分為債權、債務和混合結算帳戶。

（1）債權結算帳戶，又稱資產結算帳戶，是用來核算和監督各種債權的增減變動及結存額情況的帳戶，包括「應收帳款」「應收票據」「其他應收款」「預付帳款」等帳戶。

這類帳戶在結構上的共同點是：借方登記各種債權的增加額；貸方登記各種債權的減少額；餘額一般在借方，表示企業尚未收回的應收款項或尚未核銷的預付款項。該類帳戶的基本結構如表3－12所示。

表3－12　　　　　　　　　　帳戶的基本結構表

借方	債權結算帳戶	貸方
期初餘額：期初尚未結算的應收或預付款項結存額		
發生額：本期債權增加額	發生額：本期債權減少額	
期末餘額：期末尚未結算的應收或預付款項結存數		

（2）債務結算帳戶，是用來核算各種債務在結算中的增減變動及其結存情況的帳戶，包括「應付帳款」「預收帳款」「短期借款」「長期借款」「應交稅費」「應付職工薪酬」「應付股利」等帳戶。

該類帳戶在結構上的共同點是：借方登記各種負債的減少數；貸方登記各種負債的增加數；餘額一般在貸方，表示企業尚未歸還的債務實有金額。

該類帳戶的基本結構如表3－13所示。

表3－13　　　　　　　　　　帳戶的基本結構表

借方	債務結算帳戶	貸方
	期初餘額：期初借款、應付或尚未結算的預收款項結存數	
發生額：本期債務減少數	發生額：本期債務增加數	
	期末餘額：期末借款、應付或尚未結算的預收款項結存數	

（3）混合結算帳戶，又稱往來結算帳戶或資產負債結算帳戶，是用來核算債權債務的往來業務款項的增減變動及其結存額的帳戶，是具有雙重性質的結算帳戶。

在實際工作中，某些企業為集中反映企業與一個單位或者一個用戶經常發生的往來帳款，減少帳戶的數量，把兩個或者兩個以上的債權債務帳戶合併為一個帳戶使用，這個帳戶就成了混合結算帳戶。如企業將「應收帳款」帳戶既用於核算應收的款項，又核算企業預收的貨款，這樣，此時的「應收帳款」帳戶就成了混合結算帳戶。

這類帳戶在結構上的共同點是：借方登記債權的增加和債務的減少額；貸方登記債權的減少和債務的增加額；餘額不固定在哪一方，若是借方餘額，表示企業尚未收回的債權淨額，若是貸方餘額，表示企業尚未支付的債務淨額。該帳戶所屬明細帳的借方餘額之和與貸方餘額之和的差額，應當與其總帳的餘額相等。

該類帳戶的基本結構如表3-14所示。

表3-14　　　　　　　　　　　帳戶的基本結構表

借方	混合結算帳戶	貸方
期初餘額：期初債權大於債務的差額 發生額：本期債權的增加額 　　　　本期債務的減少額		期初餘額：期初債務大於債權的差額 發生額：本期債權的減少額 　　　　本期債務的增加額
期末餘額：期末債權大於債務的差額		期末餘額：期末債務大於債權的差額

注意：混合結算帳戶的借方餘額或貸方餘額只是表示債權和債務增減變動后的差額，並不一定表示企業債權債務的實際餘額，因為在某一時點該企業可能同時存在債權和債務。

【例3-11】大華公司3月與甲、乙兩企業發生業務登帳如圖3-10所示。

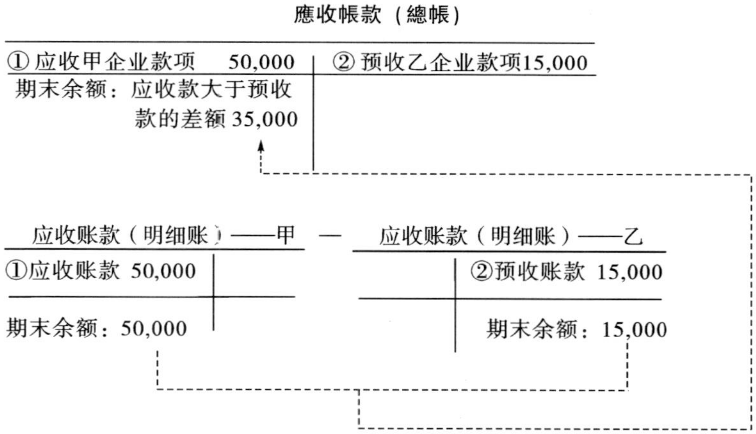

應收帳款（總帳）

①應收甲企業款項　50,000	②預收乙企業款項15,000
期末余額：應收款大於預收款的差額 35,000	

應收账款（明細账）——甲　　　應收账款（明細账）——乙

①應收账款 50,000			②預收账款 15,000
期末余額：50,000			期末余額：15,000

圖3-10　甲、乙兩企業發生業務登帳關係圖

4. 跨期攤提帳戶

跨期攤提帳戶是用來核算和監督應由多個會計期間共同負擔的費用，並將這些費用按一定的標準在各個會計期間進行攤銷，以便正確計算各期的成本費用的帳戶，主要是「長期待攤費用」等帳戶。

長期待攤費用帳戶屬於資產類帳戶，在結構上的特點是：借方是用來登記實際支付款項的數額；貸方登記分配計入各期成本、費用的攤銷額和預提數額；期末借方餘額表示尚未攤銷完畢、已經發生了的待攤費用。該類帳戶的基本結構如表3-15所示。

67

表 3-15　　　　　　　　　　　　　　　帳戶的基本結構表

借方	跨期攤提帳戶	貸方
期初餘額：期初已經支付款項而尚未攤銷的待攤費用數額 發生額：本期費用實際支付款項數額	發生額：本期費用的攤銷額	
期末餘額：期末已支付款項但尚未攤銷的待攤費用數額		

5. 集合分配帳戶

集合分配帳戶是用來歸集和分配企業生產經營過程中某一階段的某種共同費用的帳戶，是反映和監督有關費用計劃執行情況和費用分配情況的帳戶，比如「製造費用」帳戶。

集合分配帳戶在結構上的共同點是：借方登記共同費用的發生數，歸集這些費用，形成該類費用的總額指標；貸方登記該費用按受益對象按照一定的標準進行分配結轉的具體數額；期末分配結轉后帳戶無餘額。但季節性生產企業由於其生產的特殊性，該帳戶有時會出現餘額。這類帳戶是過渡性的帳戶，是虛帳戶，其基本結構如表 3-16 所示。

表 3-16　　　　　　　　　　　　　　　帳戶的基本結構表

借方	集合分配帳戶	貸方
發生額：本期某種共同費用發生數	發生額：本期某種共同費用按一定標準分配轉銷數額	

6. 成本計算帳戶

成本計算帳戶是用來歸集生產經營某一階段所發生的應計入成本的全部費用，並確定各個成本計算對象的實際成本的帳戶，如「材料採購」「生產成本」「在建工程」「委托加工物資」等帳戶。

成本計算帳戶在結構上的共同點是：借方登記應當計入某類對象成本的全部費用（成本項目），期末歸集借方發生額形成該類成本費用的總額指標；貸方登記在該階段完成的成本計算對象的轉出額；期末可能無餘額，也可能有借方餘額，借方餘額表示該階段尚未完成的成本計算對象的成本，如「生產成本」期末借方餘額表示尚未完工的在產品成本。該類帳戶的基本結構如表 3-17 所示。

表 3-17　　　　　　　　　　　　　　　帳戶的基本結構表

借方	成本計算帳戶	貸方
期初餘額：期初未完成對象的成本 發生額：本期發生的該對象的全部費用額	發生額：結轉的本期已完成對象的成本	
期末餘額：期末尚未完成的成本額		

7. 經營成果帳戶

經營成果帳戶是核算和監督企業一定會計期間（月度、季度、半年度、年度）的全部生產經營活動的最終經營成果的帳戶。企業的最終經營成果就是企業的利潤指標，要核算利潤指標，就必須進行收入與費用的配比，因而經營成果類帳戶的用途就是記錄各種收入、各種費用支出、提供利潤的計算和分配情況。所以經營成果帳戶又可以分為經營成果構成項目帳戶、經營成果計算帳戶和經營成果分配帳戶。

（1）經營成果構成項目帳戶

經營成果構成項目帳戶是用來反映企業在一定會計期間取得的各項收入和發生的各項費用、支出的損益帳戶，也叫收支帳戶，包括收入類帳戶和費用類帳戶。

① 收入類帳戶，是用來核算和監督企業在一定會計期間內所取得的各種收入的帳戶。此時的收入是廣義收入的概念，既包括營業收入，也包括投資收益和營業外收入。該類型的帳戶有「主營業務收入」「其他業務收入」「投資收益」「營業外收入」等帳戶。

收入帳戶在結構上的共同特點是：貸方登記本期取得的收入，借方登記本期收入的減少和期末轉入「本年利潤」帳戶的收入淨額。結轉后該類型帳戶無餘額。該類帳戶的基本結構如表 3－18 所示。

表 3－18　　　　　　　　　　　　　帳戶的基本結構表

借方	收入帳戶	貸方
發生額：①本期收入的減少額 　　　　②期末轉入「本年利潤」帳戶的收入淨額		發生額：本期收入的增加額

② 費用類帳戶，是用來核算和監督企業在一定會計期間內所發生的應計入當期損益的各種成本、費用和支出的帳戶。此處的費用是廣義費用的概念，既包括營業成本，也包括營業外支出和所得稅費用。該類型的帳戶有「主營業務成本」「其他業務成本」「銷售費用」「營業稅金及其附加」「管理費用」「財務費用」「營業外支出」「所得稅費用」等帳戶。

費用帳戶在結構上的共同特點是：借方登記本期本期成本、費用、支出的發生額；貸方登記本期成本、費用、支出的減少額和期末轉入「本年利潤」帳戶的成本淨額。結轉后該類型帳戶無餘額。該類帳戶的基本結構如表 3－19 所示。

表 3－19　　　　　　　　　　　　　帳戶的基本結構表

借方	費用帳戶	貸方
發生額：本期各項費用的發生額		發生額：①本期費用的減少額 　　　　②期末轉入「本年利潤」帳戶的費用淨額

（2）經營成果計算帳戶

經營成果計算帳戶是用來計算並確定企業在一定會計期間內全部生產經營活動的最終經營成果的帳戶，常用的是「本年利潤」帳戶。該帳戶的借方登記匯集由各費用帳戶結轉來的應當由本期損益負擔的成本、費用和支出數額；貸方登記匯集由各收入類帳戶結轉來的本期實現的全部收入、收益額。期末餘額如在貸方，表示本期實現的淨利潤，如是借方餘額，表示本期發生的虧損額。年終結帳時，餘額全部轉入「利潤分配」帳戶。

經營成果計算帳戶的特點是：在年度中間，該帳戶餘額不予結轉，一直保留在該帳戶，為企業提供截至本期累計實現的利潤或發生的虧損。年末結轉后，該帳戶無餘額。

該帳戶的基本結構如表3-20所示。

表3-20　　　　　　　　　　帳戶的基本結構表

借方	經營成果計算帳戶	貸方
發生額：匯集轉入本期的各項費用、支出額或經營累積減少數		發生額：匯集轉入本期的各項收入收益額或經營累積增加數
期末餘額：本期發生的虧損額		期末餘額：本期實現的淨利潤額

（3）經營成果分配帳戶

經營成果分配帳戶是用以核算和監督企業在一定會計期間實現的經營成果的分配情況的帳戶，常用的是「利潤分配」帳戶。該帳戶的借方登記利潤分配的去向數額；貸方登記本期實現的可供分配的淨利潤額；餘額若在借方，表示企業尚未彌補的累計虧損額；貸方餘額表示企業累計的未分配利潤。該帳戶的基本結構如表3-21所示。

表3-21　　　　　　　　　　帳戶的基本結構表

借方	經營成果分配帳戶	貸方
期初餘額：期初未彌補虧損 發生額：①利潤分配的去向數額 　　　　②由「本年利潤」帳戶轉入的本期發生的虧損額		期初餘額：期初未分配利潤 發生額：由「本年利潤」帳戶轉入的本期實現的可供分配的淨利潤
期末餘額：期末未彌補虧損		期末餘額：本期期末累計未分配利潤

8. 計價對比帳戶

計價對比帳戶是指企業生產經營過程中，某項經濟業務按照兩種不同的計價標準進行對比，借以確定其業務成果的帳戶。常用的計價對比帳戶有「固定資產清理」「材料採購」等。

計價對比帳戶在結構上的共同點是：借貸兩方各按一種計價標準進行登記，借方一般按實際成本價格、實際費用支出數額記錄（第一種計價），而貸方往往按對應的計劃價格、收入、收益數額記錄（第二種計價）；期末將借貸雙方的發生額進行比較，其差額就是該經濟業務的成果，借差（借餘）表示淨損失、虧損、超支額等經濟內容，

貸差（貸餘）表示淨收益、利潤、節約額等；期末應當將確定的業務成果全部轉出結平該帳戶。該類帳戶的基本結構如表 3－22 所示。

表 3－22　　　　　　　　　　　　帳戶的基本結構表

借方	計價對比帳戶	貸方
發生額：同一對象按第一種標準計價數額	發生額：同一對象按第二種標準計價數額
期　末：將貸差轉入有關帳戶	期　末：將借差轉入有關帳戶

9. 調整帳戶

調整帳戶是專門用以調整某個相關帳戶（被調整帳戶）餘額的帳戶。在會計核算中，由於管理和其他方面的需要，要求用兩種數字從不同的方向進行反映。因此，就需要設置兩個帳戶，一個用來反映其原始數字，一個用來反映對原始數字的調整數字。核算原始數字的帳戶，稱為被調整帳戶；對原始數字進行調整的帳戶，稱為調整帳戶。按其調整的方式不同，調整帳戶可以分為備抵帳戶、附加帳戶和備抵附加帳戶三種。

（1）備抵帳戶

備抵帳戶（抵減帳戶）是用來抵減被調整帳戶的餘額，以反映被調整帳戶實際價值的帳戶。其調整方式是：

被調整帳戶實際餘額＝被調整帳戶帳面餘額－備抵帳戶餘額

按被調整帳戶的性質，備抵帳戶又分為資產備抵帳戶和權益備抵帳戶兩類。

① 資產備抵帳戶

資產備抵帳戶是用來抵減某一資產帳戶餘額的調整帳戶。例如「累計折舊」帳戶就是「固定資產」這個資產帳戶的備抵帳戶，「固定資產」帳戶的餘額減去「累計折舊」帳戶的餘額就是固定資產的淨值；同理，「壞帳準備」是「應收帳款」帳戶的備抵帳戶。資產備抵帳戶和被調整帳戶的關係和基本結構如圖 3－11 所示。

借方	被調整帳戶	貸方	借方	資產調整帳戶	貸方
期初餘額：期初資產原始價值					期初餘額：期初累計抵減數額
本期增加發生額	本期減少發生額		本期減少發生額		本期增加發生額
期末餘額：期末資產原始數額					期末餘額：期末累計抵減數額

圖 3－11　帳戶的關係和基本結構圖

【例 3－12】某企業「應收帳款」帳戶和「壞帳準備」帳戶的關係，如圖 3－12 所示。

借方	應收帳款	貸方	借方	累計折舊	貸方
期初餘額：　1,000,000					期初餘額：　250,000

圖 3－12　帳戶的關係圖

該企業期初固定資產帳面淨值＝固定資產原始價值－累計折舊
$$=1,000,000-250,000$$
$$=750,000（元）$$

② 權益備抵帳戶

權益備抵帳戶是用來抵減某一權益帳戶餘額，以核算出該權益帳戶的實際餘額的帳戶。例如，「利潤分配」帳戶就是被調整帳戶「本年利潤」的備抵帳戶。權益備抵帳戶與被調整帳戶的關係和基本結構如圖 3－13 所示。

借方	被調整帳戶	貸方	借方	資產調整帳戶	貸方
	期初餘額：期初資產原始價值		期初餘額：期初累計抵減數額		
本期減少發生額	本期增加發生額		本期增加發生額		本期減少發生額
期末餘額：期末資產原始數額				期末餘額：期末累計抵減數額	

圖 3－13　帳戶的關係和基本結構圖

（2）附加帳戶

附加帳戶是用來提供調整指標附加在被調整帳戶餘額上，以求得被調整帳戶實際價值的調整帳戶。其調整方式是：

被調整帳戶實際餘額＝被調整帳戶帳面餘額＋附加帳戶餘額

例如，「應付債券——債券溢價」帳戶就是「應付債券——債券面值」的附加帳戶。其基本結構如圖 3－14 所示。

	被調整帳戶			附加帳戶	
借方	應付債券——債券面值	貸方	借方	應付債券——債券溢價	貸方
	期末餘額：已發行但尚未償還的債券票面價值			期末餘額：已發行但尚未攤銷的債券溢價	

圖 3－14　帳戶的基本結構圖

（3）備抵附加帳戶

備抵附加帳戶是既具有備抵帳戶的性質，又具有附加帳戶性質的雙重功能的帳戶，也就是說它既可以用來抵減，又可以用來增加被調整帳戶的餘額，以求得被調整帳戶的實際價值。這種帳戶是備抵還是附加，取決於每期結帳后調整帳戶餘額的性質與被調整帳戶餘額性質是否一致：當二者餘額方向相同即性質相同，就起附加作用；反之，二者餘額方向不同，性質也就相異，調整帳戶就起抵減作用。

被調整帳戶實際餘額＝被調整帳戶帳面餘額±附加帳戶餘額

屬於該類型帳戶的主要是「材料成本差異」帳戶，它是「原材料」帳戶的備抵附加調整帳戶。基本結構如表 3－23 所示。

表 3－23　　　　　　　　　　　　　　被調整帳戶

借方	原材料	貸方
期初餘額： 　期初庫存原材料計劃成本額		
本期發生額： 　本期入庫的材料計劃成本額	本期發生額： 　本期出庫的材料計劃成本額	
期末餘額： 　期末庫存材料計劃成本額		

備抵附加帳戶

借方	材料成本差異	貸方
期初餘額： 　期初庫存原材料實際成本大於計劃成本的差額	期初餘額： 　期初庫存原材料實際成本小於計劃成本的差額	
本期發生額： 　本期入庫的材料實際成本大於計劃成本的差額	本期發生額： 　本期入庫的材料實際成本小於計劃成本的差額	
期末餘額： 　期末庫存原材料實際成本大於計劃成本的差額	期末餘額： 　期末庫存原材料實際成本小於計劃成本的差額	

10. 暫記帳戶

暫記帳戶是用來核算和監督那些暫時不能確定應當記入哪類經濟內容帳戶或者要經過批准程序才能轉銷的經濟業務的帳戶。這類帳戶是典型的過渡性帳戶，包括「固定資產清理」「待處理財產損溢」等帳戶。比如，發生了財產盤盈或盤虧，要查明原因才能確定其責任，所以，先將這些盤盈、盤虧的財產過渡到暫記帳戶上，待查明原因了或者有關部門批准后再從暫記帳戶轉入有關帳戶中。

暫記帳戶在結構上的共同點是：借方登記本期發生的各種過渡性損失、費用、支出、盤虧額以及批准轉銷的貸方金額；貸方登記本期發生的過渡性收入、收益、盤盈金額和批准轉銷的借方金額；暫記帳戶一般都具有雙重性質，餘額方向不確定。當暫記業務一旦批准處理后，應當及時結轉，轉銷后帳戶無餘額。該類帳戶的基本結構如表 3－24 所示。

表 3－24　　　　　　　　　　　　　　暫記帳戶

借方	暫記帳戶	貸方
期初餘額：期初尚未處理的過渡性損失 發生額：本期發生的各種過渡性、損失、費用、盤虧額	期初餘額：期初尚未處理的過渡性盈餘 發生額：本期發生的過渡性收益、盤盈額	
期末餘額：期末尚未處理的損失額	期末餘額：期末尚未處理的盈餘	

3.3.4　帳戶其他分類

1. 帳戶按其提供核算資料的詳細程度分類

帳戶是根據會計科目設置的，會計科目按其提供核算資料的詳細程度分為了總分

類帳科目和明細分類科目。因此，帳戶就可以相應地分為總分類帳戶和明細分類帳戶。

（1）總分類帳戶簡稱總帳或者一級帳戶，它是根據總分類科目來設置的，是以貨幣為計量單位，對企業經濟業務的具體內容進行總括核算的帳戶。它能夠提供會計對象某一類具體內容的總括核算指標，只能用貨幣量度計量；同時總帳無法提供說明企業各方面詳細的會計信息，因此還必須設置明細分類帳。

（2）明細分類帳簡稱明細帳，是既可以用貨幣進行度量，也可以採用其他計量單位（實物單位）對企業的某一經濟業務進行詳細核算的帳戶。它能夠提供某一具體經濟業務的明細情況，除了提供貨幣價值量的會計信息外，還可以提供實物量或者勞動量表示的各種信息資料。

總分類帳是所屬明細分類帳的統馭帳戶，對所屬明細帳起著控製作用；而明細帳是有關總帳的從屬帳戶，對總帳起輔助作用。某一總分類帳戶及其所屬明細分類帳戶核算的內容是相同的，但前者提供的資料是總括的，後者提供的資料是具體詳細的。如果某一總分類帳戶所屬明細分類帳戶的層次較多，還可以按會計科目的細分方法，將明細帳進一步分設為二級帳戶、三級帳戶……有關帳戶劃分的問題將在第五章中介紹。

2．帳戶按期末有無餘額分類

（1）實帳戶是指期末有餘額的帳戶，一般的資產類、負債類和所有者權益類為實帳戶。

（2）虛帳戶是指期末無餘額的帳戶，它也被稱為過渡性帳戶，這是因為該類帳戶中所記錄的所有經濟業務的數額在期末為核算的需要都必須結轉到其他有關的帳戶中去，而結轉後這些帳戶就沒有餘額了。

復習思考題

1．什麼是會計科目？為什麼要設置會計科目？設置會計科目一般應遵循哪些原則？
2．企業會計準則對會計科目做了哪些統一規定？
3．什麼是帳戶？帳戶和會計科目有何區別與聯繫？
4．什麼是借貸記帳法？借貸記帳法的主要內容有哪些？
5．借貸記帳法的記帳規則是什麼？如何在會計核算中正確使用記帳規則？
6．什麼是會計分錄？為什麼要編制會計分錄？
7．借貸記帳法下的試算平衡原理是什麼？如何進行試算平衡？
8．為什麼要對會計帳戶進行多種分類？其意義何在？
9．帳戶按經濟內容分為哪些類別？各種類別的帳戶的特點是什麼？
10．帳戶按其結構和用途分為哪些類別？各類帳戶的結構特點是什麼？
11．試述結算帳戶的概念、用途、結構和核算方法。
12．試述經營成果類帳戶的概念、結構和用途以及核算方法。
13．調整帳戶分為幾類？各類之間有什麼共同點？有哪些不同點？
14．總分類帳戶與明細分類帳戶是什麼樣的關係？

練習題

一、單項選擇題

1. 一般來講，複合分錄可以分解為（　　）。
   A. 多個一借多貸的分錄　　　B. 多個一貸多借的分錄
   C. 多個一借一貸的分錄　　　D. 以上都對

2. 甲單位將產品賣給乙企業，乙企業現在沒有錢支付給甲企業。那麼甲單位是乙企業的（　　）。
   A. 債務人　　　　　　　　　B. 所有者
   C. 債權人　　　　　　　　　D. 貸款人

3. 以下不符合借貸記帳法的記帳規則的是（　　）。
   A. 資產與權益同時減少　　　B. 資產與權益同時增加
   C. 所有者權益與負債一增一減　D. 負債與資產一增一減

4. 下列帳戶屬於負債類的是（　　）。
   A. 實收資本　　　　　　　　B. 預付帳款
   C. 預收帳款　　　　　　　　D. 應收帳款

5. 以下不符合借貸記帳法的記帳規則的是（　　）。
   A. 資產與權益同時減少　　　B. 資產與權益同時增加
   C. 所有者權益與負債一增一減　D. 負債與資產一增一減

二、多項選擇題

1. 下列項目中，屬於資產類帳戶的有（　　）。
   A. 累計折舊　　　　　　　　B. 資本公積
   C. 生產成本　　　　　　　　D. 壞帳準備

2. 下列經濟業務應該計入有關帳戶貸方的是（　　）。
   A. 盤盈原材料　　　　　　　B. 計提壞帳準備
   C. 計提累計折舊　　　　　　D. 支付預付貨款

3. 以下符合借貸記帳法的記帳規則的是（　　）。
   A. 資產與權益同時減少　　　B. 資產與權益同時增加
   C. 所有者權益與負債一增一減　D. 負債與資產一增一減

4. 帳戶記錄是金額表現為（　　）的指標。
   A. 期初餘額　　　　　　　　B. 本期增加額
   C. 期末餘額　　　　　　　　D. 本期減少額

第四章 會計憑證

4.1 會計憑證的意義和種類

4.1.1 會計憑證及其意義

1. 會計憑證的含義

會計憑證簡稱憑證，是在會計工作中記錄經濟業務、明確經濟責任，並據以登記帳簿的依據，是具有一定法律效力的書面證明。

企業等會計主體進行任何一項經濟業務，都必須辦理憑證手續，由執行或完成該項經濟業務的有關人員取得或填製會計憑證，在會計憑證中列明經濟業務的發生日期、具體內容、數量和金額，並在會計憑證上簽名或蓋章，對經濟業務的合法性、真實性和正確性負責。所有的會計憑證都要由會計部門進行審核，經審核無誤並由審核人員簽章後，會計憑證才能作為記帳的依據。填製和審核會計憑證是會計核算的專門方法之一，也是會計核算工作的起點和基礎。

2. 會計憑證的意義

（1）記錄經濟業務。通過會計憑證的填製和審核，可以及時、真實地記錄和反映每一項經濟業務的發生或完成情況，傳遞經濟信息。不同類型的經濟業務，將取得、填製不同的會計憑證，從而使經濟業務得到初步的分類記錄。這樣為記錄業務、帳務處理、分析檢查企業的經濟活動提供了完善的基礎資料。

（2）作為記帳依據。會計憑證是登記帳簿的直接依據，真實、可靠、準確的會計憑證是會計信息質量的重要保證。

（3）明確經濟責任。會計憑證的取得和填製必須有有關部門和人員的簽字或蓋章才有效，這樣就明確了各方面的經濟責任，促使有關部門和人員對經濟業務的真實性、合法性與合理性承擔責任，減少差錯和防止舞弊行為。

（4）監督經濟活動，強化內部控製。通過會計憑證的審核，可以查明每一項經濟業務是否符合國家的相關法律、法規和制度規定，可以及時發現會計工作中存在的問題，從而可以對經濟業務的合法性、合理性進行事前控製。對於查出的問題，企業可以採取積極措施，加以糾正，實現對經濟活動的事中控製。

4.1.2 會計憑證的種類

會計憑證的種類很多，可以按照不同的標準予以分類，但最基本的是按其填製程

序和用途分類。會計憑證按其填製程序和用途可分為原始憑證和記帳憑證兩大類，它們各自又分為若干種，具體如圖4-1所示。

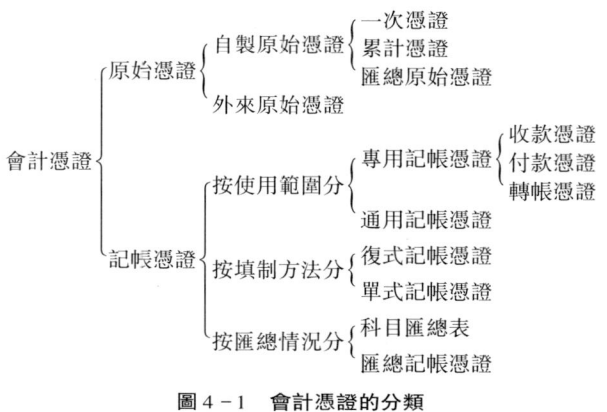

```
                    ┌ 自製原始憑證 ┌ 一次憑證
          ┌ 原始憑證 ┤              ┤ 累計憑證
          │         │              └ 匯總原始憑證
          │         └ 外來原始憑證
會計憑證 ─┤                         ┌ 收款憑證
          │         ┌ 按使用範圍分 ┌ 專用記帳憑證 ┤ 付款憑證
          │         │              │              └ 轉帳憑證
          └ 記帳憑證 ┤              └ 通用記帳憑證
                    │ 按填製方法分 ┌ 復式記帳憑證
                    │              └ 單式記帳憑證
                    └ 按匯總情況分 ┌ 科目匯總表
                                   └ 匯總記帳憑證
```

圖4-1　會計憑證的分類

4.2　原始憑證

4.2.1　原始憑證的含義及內容

1. 原始憑證的含義

原始憑證又稱原始單據，是在經濟業務發生時取得或填製，記錄經濟業務具體內容和完成情況的書面證明，它是進行會計核算的原始資料。

2. 原始憑證的基本內容

在會計實務中，由於經濟業務內容是多種多樣的，原始憑證的名稱、格式和內容也各不相同，但每一種原始憑證都必須客觀地、真實地記錄和反映經濟業務的發生或完成情況，並明確有關經辦人員的責任，所以各種原始憑證都必須具備以下幾方面的基本內容：

（1）原始憑證的名稱。原始憑證的名稱反映了原始憑證的用途，如「增值稅專用發票」「限額領料單」等。

（2）填製憑證的日期及憑證編號。填製憑證的日期一般是經濟業務發生或完成的日期。原始憑證都有連續編號。

（3）接受憑證單位的名稱。

（4）填製憑證單位的名稱。

（5）經濟業務內容、數量、單價及金額。這是原始憑證的核心內容。

（6）經辦人員的簽名或蓋章。經辦人員簽名或蓋章可以明確經濟責任。

中國企業中使用的一些重要的外來原始憑證都是由有關部門統一設計印製的，比如，由中國人民銀行統一設計的銀行匯票、銀行本票、支票，由稅務部門統一設計監

制的增值稅專用發票、普通發票,財政部門統一監制的收據等。企業可以根據會計核算和管理的需要,自行設計和印制企業需要的其他自製原始憑證,比如領料單、提貨單、入庫單等。不論是統一設計的,還是自行設計的原始憑證,都必須具備上述六方面的基本內容。

4.2.2 原始憑證的種類

1. 按其來源不同分類

按其來源不同,原始憑證可以分為自製原始憑證和外來原始憑證兩種。

(1) 外來原始憑證,是指在經濟業務發生時,從企業外部其他單位或個人取得的原始憑證。比如增值稅發票(如圖4-2所示)、托運貨物取得的運費收據、銀行結算的憑證(轉帳支票如圖4-3所示,進帳單如表4-1所示)等,都是外來原始憑證。

圖4-2 增值稅發票

圖4-3 轉帳支票

表 4－1　　　　　××銀行　**進帳單**（收帳通知）　1

| 年　月　日 | | | | | | | 第　號 | |

<table>
<tr><td rowspan="3">出票人</td><td>全　稱</td><td colspan="2"></td><td rowspan="3">持票人</td><td>全　稱</td><td colspan="2"></td></tr>
<tr><td>帳　號</td><td colspan="2"></td><td>帳　號</td><td colspan="2"></td></tr>
<tr><td>開戶銀行</td><td colspan="2"></td><td>開戶銀行</td><td colspan="2"></td></tr>
<tr><td colspan="4">人民幣
（大寫）</td><td colspan="3">千百十萬千百十元角分</td></tr>
<tr><td>票據種類</td><td colspan="2"></td><td colspan="4"></td></tr>
<tr><td>票據張數</td><td colspan="2"></td><td colspan="4"></td></tr>
<tr><td colspan="4">單位主管　會計　復核　記帳</td><td colspan="3">持票人開戶行蓋章</td></tr>
</table>

此聯是持票人開戶銀行交給持票人的收帳通知

（2）自製原始憑證

自製原始憑證是指由本單位內部經辦業務的部門和人員，在執行或完成某項經濟業務時填制的憑證。如商品、材料入庫時，由倉庫管理人員填制的入庫單（如表4－2所示）和生產部門領用材料的領料單（如表4－3所示）；商品銷售時，由業務部門開出的提貨單（如表4－4所示）等。

表 4－2

供貨單位：　　　　　　　　　**入　庫　單**　　　　　　編　號：
庫別：　　　　　　　　　　　　年　月　日　　　　　　收貨單位：

類別	品種	型號	規格	等級	品名	單位	數量	單價	金額	包裝數量	件數
合計											

驗收單位（簽章）　　　復核（簽章）　　　記帳員（簽章）　　　製單（簽章）

表 4－3

領料單位：　　　　　　　　　**領　料　單**　　　　　　憑證編號：
材料用途：　　　　　　　　　　年　月　日　　　　　　發料倉庫：

材料類別	材料編號	材料名稱	規格	計量單位	數量		單價	金額
					請領	實發		

領料單位負責人（簽章）：　　發料（簽章）：　　領料（簽章）：　　制票（簽章）：

表 4-4

提 貨 單

購貨單位：　　　　　　　　　　　　　　　　　　　　　憑證編號：
倉庫編號：　　　　　　　　　年　月　日　　　　　　　　運輸方式：

產品編號	產品名稱	規格	單位	數量	單價	金額	備註
合　　　　計							

銷售部門負責人（簽章）：　　　發貨人（簽章）：　　　提貨人（簽章）：　　　制票（簽章）：

2. 按其填制手續和內容不同分類

原始憑證按其填制手續和內容不同，分為一次憑證、累計憑證和匯總原始憑證三種。

（1）一次憑證，是指只記載一項經濟業務或同時記載若干項同類經濟業務，填制手續一次完成的憑證，又稱一次有效憑證。外來原始憑證都是一次憑證，前面講自製原始憑證中的入庫單、領料單、提貨單等，都是一次憑證；一次憑證不能重複使用。

（2）累計憑證，是指連續記載一定時期內不斷重複發生的同類經濟業務，填制手續是在一張憑證中多次進行才能完成的憑證，又稱多次有效憑證，如限額領料單（如表 4-5 所示）等。這種領料單既可以做到對領用材料的事前控製，又可以減少憑證填制的手續。

表 4-5

限 額 領 料 單

領料部門：　　　　　　　　　　　　　　　　　　　　　　編　　號：
材料用途：　　　　　　　　　　年　月　日　　　　　　　　發料倉庫：

材料編號	材料名稱	計量單位	計劃投產量	單位消耗定額	領用限額	全月實發		
						數量	單價	金額

日期	領用			退料			限額結餘數量
	數量	領料人	發料人	數量	退料人	收料人	

生產計劃部門負責人：　　　　　　　　　　　　　倉庫負責人：

（3）匯總原始憑證。匯總原始憑證也稱原始憑證匯總表，是指對一定時期內反映同類經濟業務的若干張原始憑證，按照一定的標準匯總填制成一張原始憑證，這種憑

證稱為匯總原始憑證。匯總原始憑證可以簡化編制記帳憑證的手續，如收貨匯總表、發出材料匯總表（如表4-6所示）等。

表4-6

發出材料匯總表

會計科目	領料部門	材料品種			
		甲材料	乙材料	丙材料	合計
生產成本	A產品				
	B產品				
製造費用	一車間				
	二車間				
管理費用	行政管理部門				
銷售費用	銷售部門				
合計					

4.2.3 原始憑證的填制要求

各種不同的原始憑證，其具體填制方法和填制要求可能不盡一致，但就原始憑證應反映經濟業務、明確經濟責任而言，原始憑證填制的一般要求是相同的。原始憑證應按下列要求填制：

1. 記錄真實

原始憑證所填寫的經濟業務內容和數字必須根據實際情況如實填列，不允許弄虛作假，歪曲事實。從外單位取得的原始憑證如有遺失，應取得原簽發單位蓋有財務專用章的證明，並註明原始憑證的號碼、金額、內容等，經單位負責人批准後，可代作原始憑證。對於確實無法取得證明的，如火車票、輪船票、飛機票等，可由當事人寫出詳細情況，由經辦單位負責人批准後，可代作原始憑證。

2. 手續完備

無論自製原始憑證，還是外來原始憑證，都必須有經辦人員和部門簽章。從外單位取得的原始憑證必須蓋有填製單位的公章或財務章；從個人手中取得的原始憑證，必須有填制人員的簽名或蓋章；自製原始憑證必須有經辦人員和單位負責人的簽名或蓋章，對外開出的原始憑證還必須加蓋本單位公章或財務章。

3. 內容齊全

原始憑證上的各項內容必須逐一填寫齊全，不得遺漏和省略。凡是填有大寫與小寫金額的原始憑證，大寫與小寫金額必須相符；購買實物的原始憑證，必須有實物的驗收證明；支付款項的原始憑證，必須有收款單位和收款人的收款證明。一式幾聯的原始憑證，必須套寫，並連續編號。

4. 書寫規範

（1）原始憑證要用藍黑墨水或碳素墨水筆書寫，文字簡潔，字跡清楚，不得亂造簡化字。

（2）大小寫金額必須相符且填寫規範。

大寫金額一律用漢字「壹、貳、叁、肆、伍、陸、柒、捌、玖、拾、佰、仟、萬、億、元、角、分、零、整」等，用正楷或行書體書寫，大寫金額前應標明貨幣單位，如「人民幣」「美元」「英鎊」等，貨幣單位和金額數字之間不得留有空隙。大寫金額有「分」的，后面不加「整」字，其餘一律在末尾加「整」字。

小寫金額用阿拉伯數字逐個書寫，不得寫連筆字，阿拉伯數字前應該填寫貨幣幣種符號，如人民幣符號「￥」，美元符號「＄」，幣種符號和金額之間不得留有空白，金額一律填寫到角分，無角分的，寫「00」。

阿拉伯金額數字中間有「0」時，漢字大寫金額要寫「零」字，如￥204.30，漢字大寫金額應寫成「人民幣貳佰零肆元叁角整」。阿拉伯金額數字中間連續有幾個「0」時，漢字大寫金額中只寫一個「零」字，如「￥1,008.50」，漢字大寫金額應寫成「人民幣壹仟零捌元伍角整」。阿拉伯金額數字元位是 0 或數字中間連續有幾個「0」，元位也是「0」，但角位不是「0」時，漢字大寫金額可只寫一個「零」字，也可不寫「零」字，如「￥3,240.30」，漢字大寫金額應寫成「人民幣叁仟貳佰肆拾元零叁角整」，也可以寫成「人民幣叁仟貳佰肆拾元叁角整」。

（3）原始憑證填寫出現錯誤時，不得隨意塗改、刮擦、挖補，應採用規定的方法予以更正。外來的原始憑證出錯，應當由出具單位重開或更正，更正處應加蓋出具單位印章。對於支票等重要的原始憑證，一律不得塗改，如果填寫出錯，應加蓋「作廢」戳記，單獨保管，然后重新填寫新的支票。

5．填製及時

在經濟業務發生、執行或完成時，經辦單位和人員要及時填製原始憑證，不得拖延、積壓或事后追記，同時按規定的程序將填製好的原始憑證送交會計部門。

4.2.4　原始憑證的審核

為確保原始憑證的合法性、合理性和真實性，會計機構和會計人員必須對一切外來原始憑證和自製原始憑證進行嚴格審核。審核的內容主要包括兩方面：

1．形式上的審核

第一，審核原始憑證的所有項目是否填寫齊全，內容是否完整，手續是否完備等。

第二，審核原始憑證中所列數字的計算是否正確，大、小寫金額是否相符，書寫是否規範等。

2．實質上的審核

第一，審核原始憑證是否合法。這主要是審核原始憑證所記錄的經濟業務是否有違反國家法律法規的情況，是否履行了規定的憑證傳遞和審核程序，是否有貪污腐化等行為。

第二，審核原始憑證是否合理。這主要是審核原始憑證所記錄的經濟業務是否符合企業生產經營活動的需要，是否符合有關的計劃和預算，是否符合開支標準，有無背離經濟效益原則和內部控製制度的要求等。

原始憑證的審核是一項十分重要、嚴肅的工作，經審核的原始憑證應根據不同情

況進行處理：

（1）對於審核無誤的原始憑證，應及時據以編制記帳憑證，作為有關附件粘貼於記帳憑證之后，以備查核。

（2）對於合理、合法但內容不夠完整、填寫有誤的原始憑證，應退回有關經辦人員，由其負責將有關憑證補充完整、更正或重開后，再辦理正式的會計手續。

（3）對於不真實、不合汯的原始憑證，會計機構和人員有權不予接受，並向單位負責人報告。

4.3　記帳憑證

4.3.1　記帳憑證的含義及基本內容

1. 記帳憑證的含義

記帳憑證又稱記帳憑單，是會計人員根據審核無誤的原始憑證（原始憑證匯總表）編制的，以會計分錄為核心內容的會計憑證，作為登記帳簿的直接依據。

2. 記帳憑證的基本內容

記帳憑證有多種形式，不同種類的記帳憑證，它的填制方法、使用範圍不盡相同，但作為登記帳簿的依據，所有記帳憑證都必須具備以下基本內容：

（1）記帳憑證的名稱；
（2）填制憑證的日期和憑證編號；
（3）經濟業務內容摘要；
（4）會計分錄；
（5）所附原始憑證張數；
（6）有關人員簽章。

4.3.2　記帳憑證的種類

1. 專用記帳憑證和通用記帳憑證

記帳憑證按其使用範圍分類，可以分為專用記帳憑證和通用記帳憑證兩類。

（1）專用記帳憑證，是指分類反映經濟業務的記帳憑證。專用記帳憑證按其所反映經濟業務的內容不同，分為收款憑證、付款憑證和轉帳憑證三種。

① 收款憑證，是指用於記錄反映現金和銀行存款收款業務的記帳憑證。它是根據貨幣資金收入業務的原始憑證填制完成的。收款憑證可分為現金收款憑證、銀行存款收款憑證。收款憑證是登記現金日記帳和銀行存款日記帳以及有關明細帳和總帳的依據，也是出納人員收入款項的依據。其格式如表 4－7 所示。

表 4-7

收 款 憑 證

應借科目＿＿＿＿＿＿＿　　　　年　　月　　日　　　　　＿＿＿收字第＿＿＿號

摘要	應 貸 科 目		√	√	金　　額	附件
	一　級	二級或明細			千百十萬千百十元角分	
						張
合　　計						

會計主管　　　記帳　　　稽核　　　出納　　　填制

② 付款憑證是指用於記錄反映貨幣資金支出業務的記帳憑證，它是根據貨幣資金支出業務的原始憑證填制完成的。付款憑證可分為現金付款憑證、銀行存款付款憑證等。付款憑證是登記現金日記帳和銀行存款日記帳以及有關明細帳和總帳的依據，也是出納人員付出款項的依據。其格式如表 4-8 所示。

表 4-8

付 款 憑 證

應貸科目＿＿＿＿＿＿＿　　　　年　　月　　日　　　　　＿＿＿付字第＿＿＿號

摘要	應 借 科 目		√	√	金　　額	附件
	一　級	二級或明細			千百十萬千百十元角分	
						張
合　　計						

會計主管　　　記帳　　　稽核　　　出納　　　填制

③ 轉帳憑證是指用於記錄反映與貨幣資金收付無關的轉帳業務的記帳憑證，它是根據有關轉帳業務的原始憑證填制完成的。轉帳憑證是登記有關明細帳和總帳的依據。其格式如表 4-9 所示。

表 4－9

轉 帳 憑 證

年　　月　　日　　　　　　　轉字第＿＿＿號

摘　要	會計科目		∨	借　方	貸　方	附件
	一級	二級或明細		千百十萬千百十元角分	千百十萬千百十元角分	
						張
	合　計					

會計主管　　　　　記帳　　　　　稽核　　　　　填制

　　在實際工作中，為了便於區別這三種不同的憑證，收款憑證、付款憑證和轉帳憑證一般印制成不同的顏色。需要注意的是，在會計實務中，某些經濟業務既是貨幣資金收入業務，又是貨幣資金支出業務。比如從銀行提取現金等業務，為了避免重複記帳，這類經濟業務一般只編制付款憑證，不編制收款憑證。

　　（2）通用記帳憑證，是指對經濟業務不分類區別，所有經濟業務全部採用統一格式的記帳憑證。通用記帳憑證的格式與轉帳憑證基本相同。其格式如表 4－10 所示。

表 4－10

記 帳 憑 證

年　　月　　日　　　　　　　　　字第　　號

摘　要	科　目		∨	借方金額	貸方金額	附件
	總帳科目	明細科目		億千百十萬千百十元角分	億千百十萬千百十元角分	
						張
	合　計					

會計主管：　　　記帳：　　　出納：　　　復核：　　　製單：

　　2. 復式記帳憑證和單式記帳憑證
　　記帳憑證按其填制方式不同，分為單式記帳憑證和復式記帳憑證兩類。

85

（1）單式記帳憑證，是指按照一項經濟業務所涉及的每個會計科目單獨編制的記帳憑證。即每張記帳憑證中只填寫一個會計科目，一項經濟業務涉及多少個會計科目，就要填寫多少張記帳憑證。填列借方科目的單式記帳憑證稱為借項記帳憑證，填列貸方科目的單式記帳憑證稱為貸項記帳憑證。

採用單式記帳憑證，其優點是便於匯總計算每一會計科目的發生額，也便於分工記帳。其缺點主要是不便於反映經濟業務的全貌和會計科目的對應關係，而且由於憑證張數多，填制憑證的工作量較大，也不易於保管。單式記帳憑證的格式如表4-11和表4-12所示。

表4-11

借項記帳憑證

對應科目：　　　　　　　　　　年　月　日　　　　　　　　　編號第　號

摘要	一級科目	明細科目	金額	記帳
合計				

附件　張

會計主管：　　　記帳：　　　出納：　　　審核：　　　製單：

表4-12

貸項記帳憑證

對應科目：　　　　　　　　　　年　月　日　　　　　　　　　編號第　號

摘要	一級科目	明細科目	金額	記帳
合計				

附件　張

會計主管：　　　記帳：　　　出納：　　　審核：　　　製單：

（2）復式記帳憑證，是指將一項經濟業務所涉及的所有會計科目完整地填列在一張記帳憑證上，使這張記帳憑證可以反映經濟業務的全貌。前面講述的專用記帳憑證和通用記帳憑證均為復式記帳憑證。

採用復式記帳憑證，優點是便於反映經濟業務的全貌和會計科目的對應關係，減少了記帳憑證的數量；缺點是不便於匯總計算每一會計科目的發生額，也不利於會計人員的分工記帳。實際工作中一般都採用復式記帳憑證。

3. 單一記帳憑證、匯總記帳憑證和科目匯總表

記帳憑證按匯總情況的不同，分為單一記帳憑證、匯總記帳憑證和科目匯總表三類。

（1）單一記帳憑證，是指根據一項經濟業務的原始憑證填制，只包括一筆會計分錄的記帳憑證。前述的專用記帳憑證和通用記帳憑證，均為單一記帳憑證。

（2）匯總記帳憑證，是指根據一定時期內同類單一記帳憑證，分別按照科目定期加以匯總而重新編制的記帳憑證。匯總記帳憑證包括匯總收款憑證、匯總付款憑證、

匯總轉帳憑證三種。

①匯總收款憑證是根據收款憑證分別按庫存現金和銀行存款科目設置為借方科目，並按對應的貸方科目歸類匯總。其格式如表4－13所示。

表4－13

匯 總 收 款 憑 證

借方科目：　　　　　　　　　　　年　　月　　　　　　　　　　第　　號

貸方科目	金　　　　額			合計	總帳帳頁	
	1～10日憑證 第　至　號	11～20日憑證 第　至　號	21～31日憑證 第　至　號		借方	貸方

會計主管：　　　　記帳：　　　　審核：　　　　填制：

②匯總付款憑證是根據付款憑證分別按庫存現金和銀行存款科目設置為貸方科目，並按對應的借方科目歸類匯總。其格式如表4－14所示。

表4－14

匯 總 付 款 憑 證

貸方科目：　　　　　　　　　　　年　　月　　　　　　　　　　第　　號

借方科目	金　　　　額			合計	總帳帳頁	
	1～10日憑證 第　至　號	11～20日憑證 第　至　號	21～31日憑證 第　至　號		借方	貸方

會計主管：　　　　記帳：　　　　審核：　　　　填制：

③匯總轉帳憑證是根據轉帳憑證分別按貸方科目設置，並按對應的借方科目歸類匯總。其格式如表4－15所示。

表4－15

匯 總 轉 帳 憑 證

貸方科目：　　　　　　　　　　　年　　月　　　　　　　　　　第　　號

貸方科目	金　　　　額			合計	總帳帳頁	
	1～10日憑證 第　至　號	11～20日憑證 第　至　號	21～31日憑證 第　至　號		借方	貸方

會計主管：　　　　記帳：　　　　審核：　　　　填制：

匯總記帳憑證可以簡化登記總帳的手續，可以反映帳戶的對應關係，便於瞭解經濟業務的來龍去脈，利於分析和檢查，但是匯總的工作量比較繁重。

（3）科目匯總表，是指根據一定時期內所有的單一記帳憑證定期加以匯總而重新編制的記帳憑證。其格式如表 4－16 所示。

表 4－16　　　　　　　　　　科 目 匯 總 表
　　　　　　　　　　　　　　年　月　日至　日

會計科目	總帳頁數	本期發生額		記帳憑證起訖號數
		借方	貸方	
合　　計				

科目匯總表可以簡化登記總帳的手續，還可以起到試算平衡的作用，但它無法反映帳戶的對應關係。

4.3.3　記帳憑證的填制

填制記帳憑證是會計核算工作的重要環節之一。會計人員填制記帳憑證時，應當根據經過審核無誤的原始憑證及其有關資料編制，必須符合下列基本要求：

1．根據審核無誤的原始憑證填制

記帳憑證必須根據審核無誤的原始憑證進行填制，可以根據每一張原始憑證填制，或者根據若干張同類原始憑證匯總填制，也可以根據原始憑證匯總表填制。但不得將不同內容和類別的原始憑證匯總填制在一張記帳憑證上。

2．填寫的內容必須完整、正確

記帳憑證必須按照上述的內容如實填制，不得缺省。

（1）摘要欄的填寫，一要真實，二要簡明。

（2）正確地編制會計分錄，必須按照會計制度統一規定的會計科目填寫，不得任意篡改會計科目名稱或以會計科目編號代替科目名稱；根據經濟業務的內容確定會計科目的對應關係和金額。

（3）記帳憑證上應有有關人員的簽名或蓋章。

（4）註明原始憑證的張數。

3．記帳憑證應連續編號

會計人員填制記帳憑證時應當對記帳憑證進行連續編號。如果採用通用記帳憑證，

其編號可採取順序編號法，即按月編順序號，業務較少的單位也可按年編順序號；如果是採用收、付、轉專用記帳憑證，則其編號可採取字號編號法，即把不同類型的記帳憑證分別編順序號。如「收字第×號」「付字第×號」「轉字第×號」；如果一項經濟業務需要填制一張以上的記帳憑證時，要採用分數編號法，如一筆轉帳業務為第18筆，涉及三張記帳憑證，則這三張記帳憑證的編號為「轉字第18, 1/3號」（第一張）「轉字第18, 2/3號」（第二張）「轉字第18, 3/3號」（第三張）。不論採用哪種編號，都應在每月月末最後一張記帳憑證的編號旁加註「全」字，以便於復核與日後查閱。

4. 記帳憑證應附有原始憑證

除結帳和更正錯誤的記帳憑證可以不附原始憑證外，其他記帳憑證必須附有原始憑證。如果一張原始憑證涉及幾張記帳憑證，會計人員可以把原始憑證附在一張主要的記帳憑證后面，並在其他記帳憑證上註明附有該原始憑證的記帳憑證的編號或者附原始憑證複印件。如果原始憑證需另行保管，則應在附件欄中加以說明，以便查閱。

5. 填制記帳憑證時發生錯誤，應當重新填制

如果在記帳憑證的填制中發生錯誤應當及時重新填制；如果是已入帳的記帳憑證，發現了填寫錯誤，應當採用正確的錯帳更正方法予以糾正，其方法見本章第四節的有關內容。

6. 記帳憑證中的空行應當註銷

記帳憑證填制完經濟業務事項后，如有空行，會計人員應當自金額欄最後一筆金額數下的空行處至合計數上的空行處劃線註銷。

7. 實行電算化要求

實行電算化的單位，採用機制的記帳憑證應符合手工記帳憑證的一切要求，並且打印出的記帳憑證要加蓋有關單位的公章或經辦人員的簽名。

4.3.4 記帳憑證的審核

1. 記帳憑證審核的內容

為確保帳簿記錄的真實可靠，會計人員在登記帳簿前必須由有關稽核人員對記帳憑證進行嚴格的審核。記帳憑證審核的主要內容：

（1）復核記帳憑證及所屬原始憑證。該項內容主要是審核記帳憑證是否附有原始憑證；原始憑證是否真實、正確、合法；記帳憑證與原始憑證所反映的經濟業務內容是否相同，數量、金額是否一致。

（2）審核會計分錄的正確性。審核記帳憑證所列的會計分錄是否與經濟內容相符，會計科目運用是否正確、規範，記錄方向是否正確，科目的對應關係是否清楚，一級科目與明細科目的金額是否相符。

（3）審核記帳憑證內容的完整性。審核記帳憑證各項目是否按規定填制，有無遺漏，摘要是否清楚，日期、記帳憑證編號、附件張數及相關人員簽字蓋章是否齊全。

2. 審核的方法

（1）自審即自我審核，是記帳憑證填制人員對自己編制的記帳憑證進行的審核。當記帳憑證一旦填制完畢就隨即進行審核，這是保證記帳憑證質量的第一道關口。

（2）序審是按照記帳憑證的傳遞程序，由下一道崗位的會計人員對上道崗位傳遞來的記帳憑證進行的審核。序審使得記帳憑證得到了重複審核，每位記帳人員都負有對記帳憑證審核的責任。

（3）專審是指由單位專設的稽核人員對記帳憑證的審核。

只有經過審核符合要求的記帳憑證，才能作為登記帳簿的依據。

4.4 會計憑證的傳遞與保管

4.4.1 會計憑證的傳遞

會計憑證的傳遞是指會計憑證從取得或填制時起至歸檔保管時止，在單位內部各有關部門及人員之間按規定的程序、規定的時間辦理業務手續和會計處理的過程。

正確組織會計憑證的傳遞，對於及時處理和登記經濟業務，完善經濟責任制度，實行會計監督具有重要意義。

會計憑證的傳遞主要包括憑證的傳遞路線和憑證的傳遞時間兩方面的內容，所以企業應當從這兩方面做好會計憑證傳遞工作。

1. 合理規定會計憑證在企業內部各部門及經辦人員之間的傳遞路線

企業要根據經濟業務的特點、本單位內部機構設置、人員分工情況以及經營管理的需要，恰當地規定各種會計憑證的聯次與所必須流經的環節，既保證了會計憑證經過必要的環節進行審核和處理，又避免了會計憑證在不必要環節的停留，使經辦業務的部門及其人員及時辦理各種憑證手續，從而保證會計憑證沿著最簡捷合理的路線傳遞。

2. 合理規定會計憑證在各個環節的傳遞時間

企業要根據有關部門和經辦人員在正常情況下辦理業務所需要的時間，合理確定會計憑證在各個環節停留的時間，這既保證了經濟業務手續的完整，又防止了憑證的拖延和積壓，從而提高工作效率。

在會計憑證的傳遞過程中，要建立嚴格的會計憑證交接和簽收制度，既要做到責任明確，手續完備，又要簡便易行，以保證會計憑證的安全和完整。

4.4.2 會計憑證的保管

會計憑證是重要的經濟檔案和歷史資料，為了便於查閱和利用，各種會計憑證按照傳遞路線辦理好各項業務手續和會計處理後，應由會計部門加以整理、歸類，並送交檔案部門妥善保管。

1. 整理歸類

會計部門應當定期（一般是按月）對已經登記入帳的記帳憑證按編號順序進行整理，在確保記帳憑證和其所附原始憑證完整無缺後，加上封面和封底，裝訂成冊，並在裝訂線上加貼封簽，由裝訂人員在裝訂線封簽處簽名或蓋章。如果月份內會計憑證

如果原始憑證數量過多或隨時需要查閱，可以單獨裝訂保管，但應在封面上加註說明。如果是重要的原始憑證，比如經濟合同、押金收條等，應另編目錄，單獨登記保管。

2. 造冊歸檔

會計部門按照歸檔的要求，負責會計憑證的整理和裝訂。每年裝訂成冊的會計憑證，在年度終了時可暫由單位會計機構保管一年，期滿后應當移交本單位檔案機構統一保管，未設立檔案機構的，應當在會計機構內指定專人負責保管。出納人員不得兼管會計檔案工作。會計憑證必須妥善保管，存放有序，防止丟失和毀損。

3. 控制借閱

會計憑證在歸檔保管期內需要查閱時，必須按會計檔案規定，辦理借閱手續，方可查閱。會計憑證原則上不得借出，如有特殊需要，須報請批准，並限期歸還。外單位因特殊原因需要使用原始憑證時，經本單位負責人批准，可以複製。

4. 期滿銷毀

作為會計檔案的會計憑證其保管期限和銷毀手續，都應遵循財政部和國家檔案局聯合發布的《會計檔案管理辦法》的有關規定。會計憑證的保管期限一般是 15 年，期滿前任何人不得隨意銷毀會計憑證。按規定銷毀會計憑證時，有關人員要填制銷毀目錄，報經批准后，由檔案部門和會計部門共同派員監銷。檔案部門要編制會計檔案銷毀清冊，檔案銷毀后，有關人員要在銷毀清冊上簽名或蓋章。

復習思考題

1. 什麼是會計憑證？其作用有哪些？
2. 會計憑證有哪些具體分類？這些分類對會計實際工作有何意義？
3. 原始憑證和記帳憑證各包括哪些基本要素？二者有何區別？
4. 如何填制原始憑證？其要求有哪些？
5. 如果編制記帳憑證？記帳憑證的填制要求有哪些？
6. 應從哪些方面審核原始憑證？
7. 記帳憑證審核的內容是什麼？其審核方法有哪些？
8. 如何正確地組織會計憑證的傳遞工作？
9. 會計憑證保管的內容和要求有哪些？

練習題

一、單項選擇題

1. （　　）採用按照發生經濟業務的先后順序編號的方法。
    A. 轉帳憑證　　　　　　　　　B. 收款憑證
    C. 通用記帳憑證　　　　　　　D. 付款憑證

2. 科目匯總表是一種（　　　）。
   A. 原始憑證　　　　　　　　　B. 記帳憑證
   C. 會計帳簿　　　　　　　　　D. 會計報表
3. 下列憑證不屬於外來原始憑證的是（　　　）。
   A. 差旅費報銷單　　　　　　　B. 現金支票
   C. 增值稅發票　　　　　　　　D. 進帳單
4. 原始憑證的審核主要是（　　　）。
   A. 形式上和內容上的審核　　　B. 形式上和實質上的審核
   C. 項目上和經濟上的審核　　　D. 合法性和合理性的審核

二、多項選擇題

1. 會計憑證的作用表現為（　　　）。
   A. 記錄經濟業務　　　　　　　B. 明確經濟責任
   C. 登記帳簿的依據　　　　　　D. 書面證明
2. 記帳憑證按照填制方法分為（　　　）。
   A. 專用記帳憑證　　　　　　　B. 通用記帳憑證
   C. 復式記帳憑證　　　　　　　D. 單式記帳憑證
3. 記帳憑證按照適用範圍分為（　　　）。
   A. 專用記帳憑證　　　　　　　B. 通用記帳憑證
   C. 復式記帳憑證　　　　　　　D. 單式記帳憑證
4. 下列憑證屬於外來原始憑證的是（　　　）。
   A. 入庫單　　　　　　　　　　B. 出納簽發的現金支票
   C. 增值稅發票　　　　　　　　D. 進帳單

第五章　會計帳簿

5.1　會計帳簿的意義和種類

5.1.1　會計帳簿的含義及意義

1. 會計帳簿的含義

會計帳簿簡稱帳簿，是指由具有一定格式並相互聯繫的帳頁組成的，以會計憑證為依據，用來序時和分類登記有關經濟業務的簿籍。登記帳簿是會計核算的一種專門技術方法，是編制會計報表的基礎，在會計核算中處於核心地位。

通過填制和審核會計憑證，雖然能反映每一筆經濟業務的發生、執行和完成情況，但會計憑證數量很多，內容分散且容易散失，不易於會計信息的整理與報告。為集中、全面、系統和連續地反映單位的經濟活動及其財務收支情況，企業應設置會計帳簿。

會計帳簿與帳戶既有區別，又有聯繫。帳戶是根據會計科目開設的，帳戶存在於帳簿之中，會計帳簿中的每一帳頁就是帳戶的存在形式和載體。帳簿序時、分類地記載經濟業務，是在個別帳戶中完成的。所以，會計帳簿與帳戶的關係，是形式和內容的關係。

2. 會計帳簿的意義

科學地設置和登記會計帳簿，主要有以下幾方面的作用：

（1）會計帳簿能夠全面、連續、系統地反映一個單位的經濟業務，提供管理上所需的總括指標和明細指標。

（2）會計帳簿提供的核算資料是企業編制會計報表的依據。會計報表是否及時，會計報表質量是否可靠，都同會計帳簿的設置和登記密切相關。

（3）會計帳簿是各單位會計檔案的主要資料，也是經濟檔案的重要組成部分。設置帳簿有利於保存會計資料，以備日後查找。

（4）會計帳簿可以為單位的經濟監督提供依據。各單位各項經濟業務的發生和完成情況都被記錄在會計帳簿中，這樣就可以考核單位經營成果，加強經濟核算，從而對單位的經濟活動及會計管理水平和質量作出分析和評價。

5.1.2　會計帳簿體系

1. 會計帳簿的基本結構

企業設置不同的會計帳簿，功能雖然不同，但帳簿都是由封面、扉頁和帳頁構成。

（1）帳簿封面主要用來註明會計帳簿的名稱等。

（2）扉頁主要反映會計帳簿的應用與交接的使用情況，如使用單位名稱、帳簿名稱及編號、帳簿起用和截止日期、起止頁數、冊次、經管人員一覽表和簽名、交接記錄、會計主管人員簽名、帳戶目錄等。其基本格式如表5－1所示。

（3）帳頁是帳簿的主體，是會計帳簿中用來記錄經濟業務的載體。一本帳簿一般由幾十甚至幾百張帳頁構成，每個帳頁格式統一。不同的帳簿其格式因記錄經濟業務內容的不同而有所不同，但基本內容都應包括帳戶的編號和名稱、日期欄、憑證種類與號數欄、摘要欄、金額欄、總頁次與分戶頁次等。

表5－1

帳 簿 啓 用 表								貼印花處
單位名稱		（加蓋公章）		負責人	職　　務	姓名		
帳簿名稱		帳簿第　　冊		單位領導				
年　月　日	會計主管							
帳簿頁數	本帳簿共計　　頁			主辦會計				

經營本帳簿人員一覽表									
記帳人員			接管日期			移交日期		監交人員	備註
職務	姓名	蓋章	年	月	日	年	月	日	職務	姓名	

2. 序時帳簿、分類帳簿和備查帳簿

會計帳簿按其用途的不同，可以分為序時帳簿、分類帳簿和備查帳簿。

（1）序時帳簿，又稱為日記帳，是指按照經濟業務發生或完成時間的先后順序，逐日逐筆登記經濟業務的帳簿。序時帳簿按其記錄的內容又可分為普通日記帳與特種日記帳。

① 普通日記帳，是指用來序時記錄全部經濟業務發生情況的日記帳。普通日記帳具有會計憑證的作用，是過入分類帳的依據，也稱為分錄簿。

② 特種日記帳，是指用來序時記錄某一類經濟業務發生情況的日記帳，如現金日記帳與銀行存款日記帳，以及專門記錄轉帳業務的轉帳日記帳。

在中國，大多數單位一般只設現金日記帳與銀行存款日記帳，而轉帳日記帳和普通日記帳則很少採用。

中國企業的日記帳必須採用訂本式帳簿。現金日記帳格式如表5－2所示，銀行存款日記帳格式如表5－3所示。

表 5-2

現 金 日 記 帳

第　頁　　　　　　　　　　　　　　　年度

年		記帳憑證	摘要	對方科目	總頁	借方 千百十萬千百十元角分	√	貸方 千百十萬千百十元角分	√	餘額 千百十萬千百十元角分	√
月	日	收款付款									

表 5-3

銀 行 存 款 日 記 帳

帳　號..................
存款種類..................
年度　　　　　　　　　　　　　　第　頁

年		記帳憑證	摘要	支票 種類 號數	對方 科目	借方 千百十萬千百十元角分	√	貸方 千百十萬千百十元角分	√	餘額 千百十萬千百十元角分	√
月	日	收款付款									

　　(2) 分類帳簿，又稱分類帳，是指對各項經濟業務按照帳戶分類分別對經濟業務進行登記的帳簿。按照反映經濟業務的詳細程度不同，分類帳簿又分為總分類帳簿和明細分類帳簿。

　　① 總分類帳簿，簡稱總帳，是根據總分類科目開設的帳戶，用來分類登記全部經濟業務，提供總括的會計資料。總分類帳簿必須採用訂本式帳簿，其格式是三欄式帳頁，設有借方、貸方和餘額三個基本欄目，只核算金額。總帳格式如表 5-4 所示。

表 5-4

總　　　　帳

年度

分第＿＿＿＿頁總第＿＿＿＿頁

會計科目編號＿＿＿＿＿＿＿

會計科目編號＿＿＿＿＿＿＿

年		記帳憑證			摘　要	借方金額	√	貸方金額	√	借或貸	餘　額	√
月	日	種類	號數			億千百十萬千百十元角分		億千百十萬千百十元角分			億千百十萬千百十元角分	

② 明細分類帳簿，簡稱明細帳，是根據總分類科目所屬明細科目開設的帳簿，明細帳提供明細的會計資料。明細分類帳一般採用活頁帳，其格式主要有三種：

一是三欄式明細帳，設有借方、貸方和餘額三個金額欄，不設數量欄。三欄式明細分類帳的格式與三欄式總分類帳的格式基本相同，只是總分類帳是訂本式帳簿，而明細分類帳多為活頁式帳簿。它適用於只進行金額核算的帳戶，如「應收帳款」「應付帳款」「應交稅費」等往來結算帳戶，以及「短期借款」等帳戶。三欄式明細帳格式如表 5-5 所示。

表 5-5

帳　號	總頁碼
頁　次	

明　細　分　類　帳

帳戶名稱＿＿＿＿＿＿＿

年		憑證編號	摘　要	借方金額	√	貸方金額	√	借或貸	餘　額
月	日			億千百十萬千百十元角分		億千百十萬千百十元角分			億千百十萬千百十元角分

二是多欄式明細帳簿，多欄式明細分類帳是根據經濟業務的特點及經營管理的需要，在同一帳頁內分設若干專欄，用於登記明細項目多、借貸方向單一的經濟業務的明細帳。它一般適用於只需要進行金額核算、不需要進行數量核算，並且管理上要求進一步反映項目構成情況的費用成本、收入成果類帳戶。在實際工作中為避免這種明細帳欄次過多，帳頁過長，通常採用只在借方或貸方一方設多項欄次，另一方記錄採用紅字登記的方法。如「材料採購」「製造費用」「管理費用」「財務費用」「營業外支出」等明細帳，一般採用借方多欄式明細分類帳格式，貸方發生額用紅字在借方有關專欄內登記，以表示從借方發生額中衝轉。「產品銷售收入」「營業外收入」等明細帳，一般採用貸方多欄式明細分類帳格式。「本年利潤」「利潤分配」「應交稅費」等明細帳，一般採用借貸方都多欄式明細分類帳格式，其格式如表 5－6 所示。

表 5－6

明 細 帳

帳號_____
總第_____頁
分第_____頁

年		憑證	摘要	合計							
月	日	字號									

三是數量金額式明細分類帳，設置有收入、發出和結存三個大欄，在三欄內再分別設置數量、單價和金額欄。它一般適用於既要反映金額又要反映數量的經濟業務的核算，如「原材料」「庫存商品」「包裝物」「週轉材料」等存貨帳戶的明細分類核算。數量金額式明細分類帳能加強財產物資的實物管理和使用監督，可以保證這些財產物資的安全完整。數量金額式明細分類帳的格式如表 5－7 所示。

表 5-7

最高存量：
最低存量：

明 細 帳

帳　號	總頁碼
頁　次	

編號：_____　類別：_____　規格：_____　單位：_____　計劃單價：_____

年	憑證號數	摘要	收入			支出			結存			核對號
月 日			數量	單價	金額（總千百十萬千百十元角分）	數量	單價	金額（總千百十萬千百十元角分）	數量	單價	金額（總千百十萬千百十元角分）	

　　分類帳簿和序時帳簿的作用不同。序時帳簿提供連續系統的會計信息，反映資金運動的全貌；分類帳簿則按照經營與決策的需要設置帳戶，歸集並匯總各類信息，反映資金運動的各種狀態、形式及其構成。在會計核算中，分類帳簿是必須設置的主要帳簿，它所提供的會計核算資料是編制會計報表的主要依據。

　　在會計實務中，針對小型單位業務簡單，總分類帳不多的情況，企業可以把序時帳簿和分類帳簿結合起來，設置聯合帳簿。這種帳簿既具有日記帳作用，又具有總分類帳作用，如日記總帳。

　　（3）備查帳簿，又稱輔助帳簿（備查簿），是指某些在序時帳簿和分類帳簿中都不予登記或登記不夠詳細的經濟業務，為備日後查考而補充登記的帳簿，如租入固定資產備查簿、應收票據貼現備查簿、代銷商品登記簿。這些帳簿是單位根據經濟業務需要選擇設置的，不是所有的單位均設置備查帳簿。備查帳沒有固定格式，與主要帳簿之間沒有依存和鈎稽關係。

　　3. 訂本式帳簿、活頁式帳簿和卡片式帳簿

　　會計帳簿按其外表形式的不同，可以分為訂本式帳簿、活頁式帳簿和卡片式帳簿。

　　（1）訂本式帳簿，又稱訂本帳，是指在啟用前就已經將連續編號的帳頁裝訂在一起的帳簿。這種帳簿可防止隨意抽換帳頁，防止散失。其缺點是不能準確地為各帳戶預留帳頁，若留頁不夠則會影響帳頁的連續登記，留頁過多則會帶來不必要的浪費，也不便於會計人員分工記帳。中國的會計法規規定，企業的總分類帳、現金日記帳與銀行存款日記帳必須採用訂本式帳簿。

　　（2）活頁式帳簿，又稱活頁帳，是指啟用前和啟用中將分散的帳頁裝存在帳夾內，而不固定裝訂，可以隨時增減帳頁的帳簿。這種帳簿可根據實際需要增添帳頁，使用靈活，便於分工記帳。其缺點是如果管理不善，帳頁易散失和被抽換。因此，使用活

頁帳時必須要求按帳頁順序編號，期末固定裝訂成冊后歸檔保存。各種明細分類帳一般都採用活頁式帳簿。

（3）卡片式帳簿，又稱卡片帳，是指用硬紙卡片作為帳頁存放在專門的卡片箱中，帳頁可以根據需要隨時增添的帳簿。卡片式帳簿除具有活頁式帳簿的優缺點外，它還不需要每年更換，可跨年度使用。在中國，卡片式帳簿一般適用於固定資產明細帳、低值易耗品卡片帳等。

4. 帳簿體系

以上會計帳簿分類形成企業的帳簿體系，如圖5－1所示。

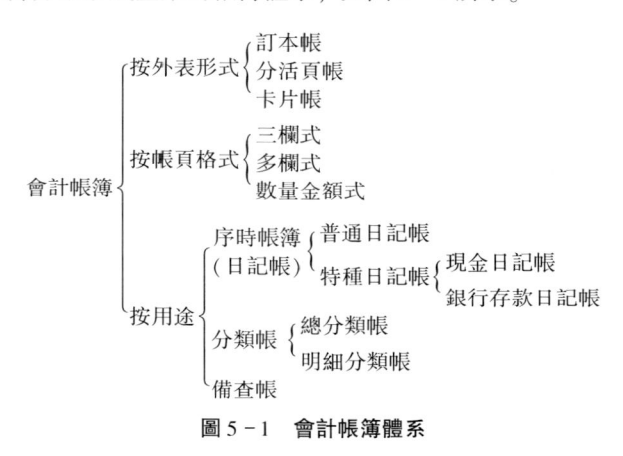

```
                        ┌訂本帳
              ┌按外表形式┤分活頁帳
              │          └卡片帳
              │          ┌三欄式
              │按帳頁格式┤多欄式
會計帳簿─────┤          └數量金額式
              │          ┌序時帳簿 ┌普通日記帳              ┌現金日記帳
              │          │(日記帳) └特種日記帳─────────┤
              │按用途────┤         ┌總分類帳               └銀行存款日記帳
              │          │分類帳───┤
              │          │         └明細分類帳
              │          └備查帳
```

圖5－1　會計帳簿體系

5.2　會計帳簿設置原則與登記會計帳簿的基本要求

5.2.1　會計帳簿的設置原則

會計帳簿的設置是指確認會計帳簿的種類，設計會計帳簿格式、內容和登記的方法。

任何單位都要考慮本單位經濟業務的特點和經營管理的需要，設置一定數量的帳簿，並且力求科學嚴密。一般來說，會計帳簿設置應遵循以下一些基本原則：

1. 會計帳簿設置的合法性

各單位應當按照《會計法》和國家統一的會計準則的規定，在設置會計帳簿時，嚴格禁止私設會計帳簿進行登記、核算。

2. 會計帳簿設置的完整性

會計帳簿設置要能夠保證全面、系統地反映和監督各個單位的經濟活動情況，為經營管理提供系統、分類的會計核算資料。

3. 會計帳簿設置的科學性和合理性

各個單位設置的所有會計帳簿要形成一個有機的會計帳簿體系，該體系要科學嚴

密，在滿足需要的前提下，考慮本單位人力、物力的節約，避免重複設帳；會計帳簿的格式要按照經濟業務的內容和需要提供的核算指標進行設計，力求簡便實用，保證會計核算工作的高效率。

5.2.2 登記會計帳簿的基本要求

會計人員應當根據審核無誤的會計憑證（原始憑證、記帳憑證）登記會計帳簿。登記帳簿的基本要求是：

（1）登記會計帳簿時，應當將會計憑證日期、編號、業務內容摘要、金額和其他有關資料逐項記入帳內，做到數字準確、摘要清楚、登記及時、字跡工整。

（2）登記完畢，要在記帳憑證上簽名或者蓋章，並註明已經登帳的符號「√」，表示已經記帳，以避免重記或漏記，也便於查找與核對。

（3）帳簿記錄的文字、數字應清晰、整潔，應緊靠行格的底線書寫，大小占全格的 1/2 至 2/3，數字排列要整齊均勻。

（4）登記帳簿要採用藍黑墨水或者碳素墨水書寫，不得使用圓珠筆或者鉛筆書寫。

（5）在帳簿登記中，一般不使用紅色墨水，但下列情況可以使用紅色墨水記帳：

第一，按照紅字衝帳的記帳憑證，衝銷錯誤記錄；

第二，在不設借貸欄的多欄式帳頁中，登記減少數；

第三，在三欄式帳戶的餘額欄前，如未印明餘額方向的，在餘額欄內登記負數餘額；

第四，在結帳中使用；

第五，根據國家統一會計制度的規定可以用紅字登記的其他會計記錄。

（6）在登記帳簿時，必須按帳頁順序逐頁逐行填寫，不得隔頁或跳行。如果發生隔頁或跳行，應在空頁或空行處用紅色墨水劃對角線註銷，加蓋「此頁空白」或「此行空白」戳記，並由記帳人員簽章。

（7）凡需要結出餘額的帳戶，結出餘額后，應當在「借或貸」等欄內寫明「借」或「貸」等字樣。沒有餘額的帳戶，應當在「借」或「貸」欄內寫「平」字，並在餘額欄用「θ」表示。

現金日記帳和銀行存款日記帳必須逐日結出餘額。

（8）每一帳頁記錄完畢，應在帳頁最末一行加記本頁借貸方的發生額和結出餘額，並在該行摘要欄註明「轉次頁」或「過次頁」；然后再把這個合計數及餘額轉移到次頁第一行的對應欄內，並在第一行的摘要欄中註明「承前頁」字樣。

（9）帳簿記錄發生錯誤，不準塗改、挖補、刮擦或者用藥水消除字跡，不準重新抄寫，必須按照下列方法進行更正：

一是登記帳簿發生錯誤時，採用劃線更正法。

二是由於記帳憑證錯誤而使得帳簿發生錯誤，應當按更正的記帳憑證登記帳簿，即採用紅字更正法和補充登記法。

（10）其他要求。

一是各種帳簿原則上每年都應該更換新帳簿。企業於年度開始前，將各種帳戶上

年年終結計的金額轉記到新帳簿相應帳戶的第一頁的第一行,並在摘要欄註明「上年結轉」。

二是新年度會計科目或明細科目如果發生變動,則企業在新年度更換新的帳簿之前,要先行編制「新老會計科目對照開帳明細表」。

三是使用電子計算機進行會計核算的,其會計帳簿的登記、更正,應當符合國家統一的會計制度的規定。

5.3 日記帳的設置和登記

5.3.1 現金日記帳的設置和登記

現金日記帳是指用來核算和監督庫存現金每天的收入、支出和結存情況的帳簿。出納人員根據同現金收付有關的記帳憑證,按時間順序逐日逐筆進行登記,即根據現金收款憑證和與現金有關的銀行存款付款憑證(從銀行提現的業務)登記現金收入(借方),根據現金付款憑證登記現金支出(貸方);並根據「上日餘額+本日收入-本日支出=本日餘額」,結出現金帳存數(餘額),與庫存現金實存數核對,以核實帳實是否相符。

現金日記帳的格式有三欄式和多欄式兩種。

目前絕大多數企業設置的都是三欄式現金日記帳,其登記方法及格式如表5-8所示。

表5-8　　　　　　　　現　金　日　記　帳
2011　年度　　　　　　　　　　　第　1　頁

2011年		憑證號	摘要	借方	貸方	借或貸	餘額
月	日			百十萬千百十元角分	百十萬千百十元角分		百十萬千百十元角分
1	1		期初餘額			借	1 5 0 0 0 0 0
	4	現付1	借差旅費		2 0 0 0 0 0		
		現付2	領備用金		1 0 0 0 0 0		
		現收1	銷售A產品	4 6 8 0 0 0			
		現收2	歸回借款	8 0 0 0 0			
		現付3	銷售款送銀行		4 6 8 0 0 0		
			本日合計	5 4 8 0 0 0	7 6 8 0 0 0	借	1 2 8 0 0 0 0
	8	銀付3	支票提現	5 0 0 0 0 0			
		現付4	購買辦公品		9 0 0 0 0		
		現付5	報銷醫藥費		1 0 0 0 0		

表5-8(續)

2011年		憑證號	摘要	借方 百十萬千百十元角分	貸方 百十萬千百十元角分	借或貸	餘額 百十萬千百十元角分
月	日						
		現收3	收賠償款	1 2 0 0 0			
			本日合計	5 1 2 0 0 0	1 0 0 0 0 0	借	1 6 9 2 0 0 0
	15	現收4	退回多餘款	2 0 0 0 0			
		現收5	收回貨款	9 0 0 0 0			
		現付6	支付報刊費		6 0 0 0 0		
		現付7	退回押金		8 0 0 0 0		
			本日合計	1 1 0 0 0 0	1 4 0 0 0 0	借	1 6 6 2 0 0 0
	30	現付8	購買辦公品		3 0 0 0 0		
		銀付6	提現發工資	1 0 0 0 0 0 0			
		現付9	發工資		1 0 0 0 0 0 0		
		現收6	出售廢報紙	1 0 0 0 0			
			本日合計	1 0 0 1 0 0 0 0	1 0 0 3 0 0 0 0	借	1 6 4 2 0 0 0
	31	銀付10	支票提現	3 5 0 0 0 0			
			本月合計	1 1 5 3 0 0 0 0	1 1 0 3 8 0 0 0	借	1 9 9 2 0 0 0

多欄式現金日記帳是三欄式現金日記帳的變化形式。具體做法是在借方、貸方欄中按其對應的科目分設若干欄，在月末結帳時可按照各個專欄的合計數過入總帳。其優點是帳簿記錄明細，對應關係清晰，便於對現金收支的合理性、合法性進行審核，便於檢查財務收支計劃的執行情況。多欄式現金日記帳的格式如表5-9所示。

表5-9　　　　　現　金　日　記　帳（多欄式）

年		憑證號	摘要	收入				支出				結餘
				應貸科目			合計	應借科目			合計	
月	日			銀行存款	主營業務收入	……		其他應收款	管理費用	……		

在實際工作中，為避免因多欄式現金日記帳收入和支出欄對應的科目過多而造成帳頁過長的問題，企業一般把現金收入業務和現金支出業務分設為現金收入日記帳和現金支出日記帳。其格式如表5-10和表5-11所示。

表 5－10　　　　　　　　　現金（銀行存款）收入日記帳

第　　頁

年		收款憑證號數	摘要	貸方科目		支出合計	餘額
月	日				收入合計		

表 5－11　　　　　　　　　現金（銀行存款）支出日記帳

第　　頁

年		收款憑證號數	摘要	結算憑證		借方科目			支出合計
月	日			種類	號數				

為了保證現金日記帳的安全和完整，企業無論採用三欄式還是多欄式現金日記帳，都必須使用訂本式帳簿。

5.3.2　銀行存款日記帳的設置和登記

銀行存款日記帳是指用來核算和監督銀行存款每天的收入、支出和結存情況的帳簿，由出納人員根據同銀行存款收付有關的記帳憑證，按時間順序逐日逐筆進行登記，即根據銀行存款收款憑證和有關的現金付款憑證（現金存入銀行的業務）登記銀行存款收入（借方），根據銀行存款付款憑證登記銀行存款支出（貸方）；並根據「上日餘額＋本日收入－本日支出＝本日餘額」，每日結出銀行存款帳存數（餘額），定期與銀行送來的對帳單核對，以保證帳實相符。

銀行存款日記帳的格式與現金日記帳的格式基本相同，所不同的僅是結算憑證欄要根據銀行的結算憑證來登記。銀行存款日記帳的格式也有三欄式和多欄式兩種。

多欄式銀行存款日記帳的格式與多欄式現金日記帳完全相同。

目前絕大多數企業都設置的是三欄式銀行存款日記帳，其登記方法及格式如表5－12 所示。

表 5-12　　　　　　　　　　　銀 行 存 款 日 記 帳

2011　年度　　　　　　　　　　　　　　　　　　　　第　1　頁

2011年 月	日	憑證號	摘要	借方	貸方	借或貸	餘額
1	1		期初餘額			借	2 000 000 00
	4	銀收1	銷售B產品	1 700 000 00			
		銀付1	採購M材料		234 000 00		
		銀付2	辦理銀行匯票		200 000 00		
		現付3	銷售款送銀行	46 800 00			
		銀收2	收到貨款	589 000 00			
			本日合計	2 235 800 00	434 000 00	借	1 789 580 00
	8	銀付3	支票提現		50 000 00		
		銀收3	銷售B產品	1 755 000 00			
		銀收4	銀行承兌匯票兌現	2 000 000 00			
		銀收4	托收承付款項已到	1 170 000 00			
			本日合計	4 925 000 00	50 000 00	借	2 277 080 00
	15	銀收5	銀行匯票收款	234 000 00			
		銀收6	商業承兌匯票收款	585 000 00			
		銀付4	借支備用金		50 000 00		
		銀付5	信匯付材料款		100 000 00		
			本日合計	2 925 000 00	1 050 000 00	借	2 464 580 00
	30	銀付6	提現發工資		100 000 00		
		銀付7	銀行承兌匯票付款		351 000 00		
		銀付8	商業承兌匯票付款		200 000 00		
		銀付9	銀行本票付款		234 000 00		
			本日合計		885 000 00	借	1 579 580 00
	31	銀付10	支票提現		35 000 00		
		銀付11	購買原材料		46 800 00		
			本日合計		50 300 00	借	1 576 080 00
			本月合計	10 085 800 00	1 479 300 00	借	1 529 280 00

5.3.3　普通日記帳的設置和登記

　　普通日記帳是用來序時登記全部經濟業務的帳簿，又稱為分錄簿，一般只設借方和貸方兩個金額欄，以滿足編制會計分錄的需要。普通日記帳可採用轉帳日記帳的格式，也可採用表 5-13 的格式。

表 5-13　　　　　　　　　　　普通日記帳　　　　　　　　　　　　第　　頁

2011年		摘　　要	帳戶名稱	記帳	借方	貸方
月	日					
3	1	購買辦公用品	管理費用		10,000	
			銀行存款			10,000
	3	收回 A 公司欠貨款	銀行存款		200,000	
			應收帳款			200,000
		……				

　　普通日記帳的記帳程序是：根據原始憑證登記普通日記帳，再直接根據普通日記帳過入分類帳。因此，設置了普通日記帳的單位，就不再編制記帳憑證。該種日記帳適用於規模較小、業務量不多的單位。

5.4　分類帳簿的設置和登記

5.4.1　總分類帳簿的設置和登記

　　總分類帳簿簡稱總帳，是全面、系統、綜合地反映和記錄單位經濟活動概況，並為編制會計報表提供依據的帳簿，每一個單位都必須設置總分類帳。總分類帳必須採用三欄式訂本式帳簿。總分類帳登記可以根據審核無誤的記帳憑證逐筆登記，也可以根據匯總記帳憑證或科目匯總表進行登記，其登記方法與該單位採用的會計核算形式有關，具體內容將在后面章節中介紹。

　　根據記帳憑證登記總帳的方法如表 5-14 所示。

表 5-14　　　　　　　　　　　　總　　帳
編　　號：5001　　　　　　　　　2011 年度
會計科目：生產成本　　　　　　　　　　　　　　　　　　　　　　　第 35 頁

2011年		憑證號	摘　　要	借方	貸方	借或貸	餘額
月	日			百十萬千百十元角分	百十萬千百十元角分		百十萬千百十元角分
1	1		期初餘額			借	5 0 0 0 0 0 0
	6	轉2	車間用 A 材料	2 5 0 0 0 0 0			
	25	銀付7	電費	4 0 0 0 0 0			
	29	轉5	分配工資費用	2 0 0 0 0 0 0			
	31	轉7	製造費用轉入	9 7 0 0 0 0			
	31	轉8	完工產品轉出		8 5 0 0 0 0 0		
			合　　計	5 8 7 0 0 0 0	8 5 0 0 0 0 0	借	2 3 7 0 0 0 0

105

5.4.2 明細分類帳簿的設置和登記

明細分類帳簡稱明細帳,是與總分類帳的核算內容一致,但按照更加詳細的分類,反映單位某一具體類別經濟活動財務收支情況的帳簿。它對總分類帳起補充說明的作用,它所提供的資料也是編制會計報表的重要依據。任何單位在設置總分類帳的同時,還應設置若干必要的明細分類帳,既掌握經濟活動的總括資料,又掌握它的明細資料。

明細分類帳可根據核算的需要,依據記帳憑證、原始憑證或匯總原始憑證逐日逐筆登記,也可定期匯總登記。一般來講,固定資產、債權、債務等明細帳應逐日逐筆登記;庫存商品、原材料收發明細帳以及收入、費用明細帳可以逐筆登記,也可定期匯總登記。現金、銀行存款帳戶已設置了日記帳,不必再設明細帳。

明細分類帳簿一般採用活頁式帳簿或卡片式帳簿,其格式主要有三欄式、數量金額式和多欄式三種。

登記多欄式明細帳的方法如表 5–15 所示。

表 5–15　　　　　　　　材　料　採　購　明細分類帳
明細科目:A 型材料　　　　　　　　　　　　　　　　　　　　　　第　　頁

2011 年		憑證號數	摘要	借方			金額
月	日			買價	運費	合計	
1	1	轉3	購入 10 噸	5,400.00		5,400.00	5,400.00
	6	付7	支付運費		350.00	350.00	350.00
	12	轉12	結轉實際採購成本	5,400.00	350.00	5,750.00	0.00
	31			5,400.00	350.00	5,750.00	
			本月合計	5,400.00	350.00	5,750.00	0.00

5.4.3 總分類帳與明細分類帳的平行登記

1. 總分類帳與明細分類帳的關係

總分類帳是所屬明細分類帳的統馭帳戶,對所屬明細分類帳戶起著控製作用;而明細分類帳則對其隸屬的子分類帳起著輔助作用,是從屬帳戶。總帳與明細帳既有聯繫,又有區別。

(1) 二者的聯繫主要體現在二者所反映的經濟業務內容相同以及登記總帳與明細帳的原始依據相同。

(2) 二者的區別體現在反映經濟業務內容的詳細程度和作用不同。總帳反映的是總括的會計資料,而明細帳反映的是經濟業務某一方面的明細會計資料,如數量金額式明細帳可提供數量指標與勞動量指標;總帳對明細帳起著統馭的作用,而明細帳是對總帳的補充,起著對總帳的解釋說明的作用。

2. 在分類帳與明細分類帳平行登記的原則

正是由於總帳與明細帳的上述聯繫與區別,在日常的會計核算中,會計人員對總

帳與明細帳的登記採取平行登記的方法。所謂平行登記是指發生的每一項經濟業務都應依據相同的會計憑證，在總帳與明細帳中進行同時期、同方向、同金額的總括與明細登記。

（1）同時期登記。會計人員對於需提供詳細指標的每一項經濟業務，根據審核無誤的會計憑證，一方面記入有關的總分類帳戶，另一方面，在同一會計期間記入該總分類帳戶所屬的明細分類帳戶中。如果同時涉及幾個明細帳戶，會計人員應分別在有關的明細分類帳戶中登記。

（2）同方向登記。登記總分類帳及所屬明細分類帳的方向相同。一般情況下，總分類帳戶及其所屬的明細分類帳戶都按借方、貸方和餘額設欄登記。這時如果在總分類帳戶中記借方，則在其所屬明細分類帳中也應記入借方；如果在總分類帳戶中記貸方，則在其所屬明細分類帳中也應記入貸方。

（3）同金額登記。記入總分類帳戶與記入所屬明細分類帳戶的金額之和應當相等。

總分類帳戶與所屬明細分類帳戶平行登記的結果必然形成相互對應的數量關係，用公式表示如下：

總分類帳戶期末餘額＝所屬明細分類帳戶期末餘額合計

總分類帳戶借（貸）方發生額＝所屬明細分類帳戶借（貸）方發生額合計

下面以「原材料」和「應付帳款」為例，說明總分類帳戶與其所屬明細分類帳戶的平行登記方法。

【例5-1】大華公司2011年11份「原材料」和「應付帳款」帳戶的期初餘額如下：

（1）「原材料」總分類帳戶借方餘額為25,000元，其所屬明細分類帳戶餘額資料如表5-16所示。

表5-16　　　　　　　　　　「原材料」明細分類帳餘額

名稱	數量（千克）	單價（元）	金額（元）
甲材料	5,000	3	15,000
乙材料	2,000	5	10,000
合計			25,000

（2）「應付帳款」總分類帳貸方餘額為5,000元。其所屬明細分類帳戶餘額：東風公司3,000元（貸方）；大地公司2,000元（貸方）。

本月大華公司發生的材料收、發業務及與供應單位的結算業務如下：

（1）6日，公司向東風公司購進甲材料2,000千克，單價3元，貨款未付。

（2）8日，生產車間領用材料直接用於產品生產：甲材料3,000千克，單價3元；乙材料1,600千克，單價5元。

（3）15日，公司向大地公司購進乙材料1,400千克，單價5元，貨款未付。

（4）20日，公司通過銀行結算，償還東風公司貨款4,000元，大地公司貨款3,000元。

根據以上資料編制記帳憑證，在「原材料」總帳和「應付帳款」總帳及所屬明細帳中進行平行登記，結果如表5－17至表5－22所示。

表5－17

總　帳

編　　號：1403

2011年度

會計科目：原材料

第20頁

2011年		憑證號	摘　要	借方							貸方							借或貸	餘額							
月	日			百	十萬	千	百	十	元	角	分	百	十萬	千	百	十	元	角	分		百	十萬	千	百	十	元	角	分
1	1		期初餘額																	借			2	5	0	0	0	0	0
	6	轉2	購進甲材料			6	0	0	0	0	0																		
	8	轉8	生產領用											1	7	0	0	0	0	0										
	15	轉15	購進乙材料			7	0	0	0	0	0																		
	31	轉7	本月合計		1	3	0	0	0	0	0			1	7	0	0	0	0	0	借			2	1	0	0	0	0	0

表5－18

原材料明細帳

編　　號：140301

2011年度

明細科目：甲材料

第1頁

2011年		憑證號	摘　要	借方			貸方			餘額		
月	日			數量	單價	金額	數量	單價	金額	數量	單價	金額
1	1		期初餘額							5,000	3	15,000
	6	轉2	購進甲材料	2,000	3	6,000				7,000	3	21,000
	8	轉8	生產領用				3,000	3	9,000	4,000	3	12,000
	31	轉7	本月合計	2,000		6,000	3,000		9,000	4,000	3	12,000

表5－19

原材料明細帳

編　　號：140302

2011年度

明細科目：乙材料

第3頁

2011年		憑證號	摘　要	借方			貸方			餘額		
月	日			數量	單價	金額	數量	單價	金額	數量	單價	金額
1	1		期初餘額							2,000	5	10,000
	8	轉3	生產領用				1,600	5	8,000	400	5	2,000
	15	轉8	購進乙材料	1,400	5	7,000				1,800	5	9,000
	31	轉7	本月合計	1,400		7,000	1,600		8,000	1,800	5	9,000

表 5-20   總　　帳
編　號：2202   2011 年度
會計科目：應付帳款   第 20 頁

2011年		憑證號	摘　要	借　方								貸　方								借或貸	餘　額							
月	日				百	十	萬	千	百	十	元	角	分	百	十	萬	千	百	十	元	角	分		百	十	萬	千	百	十	元	角	分
1	1		期初餘額																			貸			3	0	0	0	0	0
	6	轉 2	購進甲材料												6	0	0	0	0	0										
	20	銀付 15	償還貨款			4	0	0	0	0	0																			
	31	轉 7	本月合計			4	0	0	0	0	0				6	0	0	0	0	0	貸			5	0	0	0	0	0

表 5-21   應付帳款明細帳
編　號：220201   2011 年度
會計科目：東風公司   第 18 頁

2011年		憑證號	摘　要	借　方								貸　方								借或貸	餘　額							
月	日				百	十	萬	千	百	十	元	角	分	百	十	萬	千	百	十	元	角	分		百	十	萬	千	百	十	元	角	分
1	1		期初餘額																			貸			5	0	0	0	0	0
	6	轉 2	購進甲材料												6	0	0	0	0	0										
	15	轉 15	購進乙材料												7	0	0	0	0	0										
	20	銀付 15	償還貨款			7	0	0	0	0	0																			
	31	轉 7	本月合計			7	0	0	0	0	0			1	3	0	0	0	0	0	貸		1	1	0	0	0	0	0

表 5-22   應付帳款明細帳
編　號：220202   2011 年度
會計科目：大地公司   第 21 頁

2011年		憑證號	摘　要	借　方								貸　方								借或貸	餘　額							
月	日				百	十	萬	千	百	十	元	角	分	百	十	萬	千	百	十	元	角	分		百	十	萬	千	百	十	元	角	分
1	1		期初餘額																			貸			2	0	0	0	0	0
	15	轉 15	購進乙材料												7	0	0	0	0	0										
	20	銀付 15	償還貨款			3	0	0	0	0	0																			
	31	轉 7	本月合計			3	0	0	0	0	0				7	0	0	0	0	0	貸			6	0	0	0	0	0

5.5　開帳、對帳和結帳

5.5.1　開帳

開帳就是開設新帳和啟用新帳。

新設立的企業及其他經濟單位，第一次使用帳簿，稱為建帳，也就是這裡說的開

帳。持續經營的企業和其他經濟單位，在每個新會計年度依始，除固定資產明細帳等少數分類帳簿因數量多，其價值變動又不大，可以連續跨年度使用外，其他的分類帳簿和日記帳簿均應在新年度開始時開設新帳。

為了保證帳簿記錄的合法性、安全性，明確記帳責任，企業在啟用新帳時，必須認真填寫帳簿扉頁上的「帳簿啟用登記表」和「經管人員一覽表」。相關人員按照表中要求填寫，並加蓋單位公章和經管人員的印章。企業中途更換記帳人員時，應當填寫清楚交接日期、接辦人員和監督移交人員，並簽字蓋章，以明確責任。

5.5.2 對帳

1. 對帳的概念

對帳是指會計人員對會計帳簿記錄進行核對的工作。為了保證帳簿所提供的會計資料真實可靠，為編制會計報表提供正確的依據，各單位應當定期將會計帳簿記錄與實物、款項及其有關資料相互核對，從而保證會計帳簿記錄與實物及款項的實有數額相符、會計帳簿記錄與會計憑證的有關內容相符、會計帳簿記錄與會計報表的有關內容相符。

2. 對帳的內容和方法

為確保會計信息質量，對帳工作應將日常核對和定期核對相結合。日常核對是指對日常填制的記帳憑證進行的隨時核對。此項核對工作隨時進行，因而在記帳之前就可以發現差錯，查明更正。定期核對是指一般在月末、季末、年末結帳之前進行的核對。此項核對可以查對記帳工作是否準確和帳實是否相符。會計對帳工作的主要內容和核對方法有：

（1）帳證核對，是指將會計帳簿記錄與會計憑證相核對，做到帳證相符。這是保證帳帳相符、帳實相符的基礎。帳證核對的方法一般採用抽查法，如果發現差錯，則要逐步核對至最初的憑證，直到找到錯誤的原因為止。

（2）帳帳核對，是指利用各種會計帳簿之間的鉤稽關係，使帳簿之間的有關數據核對相符。帳簿之間的核對具體包括：

① 總分類帳簿之間的核對。按照「有借必有貸，借貸必相等」的記帳規則，總分類帳簿中全部帳戶的借方發生額合計數與貸方發生額合計數，期末借方餘額合計數與貸方餘額合計數存在平衡關係，通過對其分別核對使之相符。通過這種核對，可以檢查總分類帳記錄是否正確完整。這項核對工作通常採用總分類帳戶本期發生額和餘額對照表（簡稱「試算平衡表」）來完成，如果核對結果不平衡，則說明記帳有誤，應查明更正。該內容在第三章中已經做了介紹。

② 總分類帳簿與所屬明細分類帳簿之間的核對。總分類帳簿中全部帳戶的期末餘額應與其所屬各明細分類帳戶的期末餘額之和核對相符，該內容在本章的上一個內容中已作了介紹。

③ 分類帳簿與序時帳簿的核對。在中國會計實務工作中，單位必須設置現金日記帳和銀行存款日記帳。現金日記帳必須每天與庫存現金核對相符，銀行存款日記帳必須定期與銀行對帳單對帳。在此基礎上，現金日記帳和銀行存款日記帳的期末餘額還

應與現金總帳和銀行存款總帳的期末餘額核對相符。

④ 會計部門的有關財產物資明細帳與財產物資保管部門或使用部門的保管帳（卡）之間的核對。核對方法一般是由財產物資保管部門或使用部門定期編制收發結存匯總表報會計部門核對。

（3）帳實核對，是指將各種財產物資、債權債務等帳簿的帳面餘額與各項財產物資、貨幣資金等的實存數額相核對。帳實之間核對的具體內容包括：

① 現金日記帳的帳面餘額與庫存現金數額核對是否相符。
② 銀行存款日記帳的帳面餘額與銀行對帳單的餘額核對是否相符。
③ 各項財產物資明細帳的帳面餘額與財產物資的實有數核對是否相符。
④ 有關債權債務明細帳的帳面餘額與往來單位的帳面記錄核對是否相符。

帳實之間的核對採用實地盤點法，即通過對各種實物資產進行實地盤點，確認其實存數，然后與帳存數核對，看是否相符。如不符，先調整帳存數，然后查明原因，做出相應的會計處理。單位銀行存款的帳實核對則是採用與銀行或往來單位核對帳目的方法來進行。

5.5.3 結帳

結帳是指在會計期末（月末、季末、年末），將各種會計帳簿記錄結算清楚即結出各個帳戶的本期發生額和期末餘額，以便為編制會計報表提供資料的一項會計核算工作。各個單位必須按照有關結帳的具體規定定期進行結帳。結帳的基本步驟和內容是：

1. 檢查本期發生的經濟業務是否全部登記入帳

會計人員在結帳前應先檢查是否將本期發生的經濟業務全部登記入帳，並保證帳簿記錄的正確、完整。

2. 按照權責發生制原則進行期末帳項的調整和結轉

為了正確計算確定盈虧，會計人員在登記完全部經濟業務后，還必須按照權責發生制原則進行期末帳項調整和結轉。帳項的調整和結轉是結帳工作的重心，具體包括：應計收入帳項、應計費用帳項、收入分攤、成本費用分攤、財產盤盈盤虧等的調整和結轉、損益類科目的結轉等內容。其調整和結轉的方法將在第七章中介紹。

3. 結出各種帳戶的本期發生額和期末餘額

在完成上述工作以後，會計人員就可以採用劃線結帳法結出各種帳戶的本期發生額和期末餘額。在會計實務中，期末結帳分為月結、季結和年結。

（1）月結。每月結帳時，會計人員要在最后一筆經濟業務記錄的數字下通欄劃一單紅線，在紅線下結出本月發生額和餘額，在摘要欄註明「本月發生額及餘額」或「本月合計」字樣，然后在數字下面再通欄劃一單紅線，以便區分本月業務和下月業務。月末如無餘額，會計人員應在餘額欄內寫「平」或「θ」符號，然后在數字下面再通欄劃一單紅線。對於需逐月結算本年累計發生額的帳簿，會計人員在結出本月發生額和餘額后，應在下一行增加「本年累計發生額」，然后在數字下面再通欄劃一單紅線。對於本月未發生金額變化的帳戶，會計人員可不進行月結。

（2）季結。每季度終了，會計人員結算出本季度三個月的發生額合計數，寫在月

結數的下一行內，在摘要欄註明「×季度季結」字樣，並再在數字下面通欄劃一單紅線。

（3）年結。年底，會計人員應在 12 月份月結數字下，結算填列全年 12 個月的發生額合計數，在摘要欄註明「本年發生額及餘額」或「本年合計」字樣，然后在年結數字下面通欄劃根雙紅線，表示封帳。結帳后，會計人員根據各帳戶的年末餘額，結轉下年，並在摘要欄內填寫「結轉下年」字樣，在下年度新帳第一行餘額欄內填寫上年結轉的餘額，並在摘要欄內填寫「上年結轉」字樣。

5.6　錯帳查找和錯帳更正

5.6.1　錯帳查找

在對帳過程中，會計人員可能發現各種差錯，產生錯帳，如重記、漏記、數字顛倒、數字錯位、數字記錯、科目記錯、借貸方向記反（反向）等，從而影響會計信息的準確性，應及時找出差錯，並予以更正。錯帳查找就是查找帳簿錯誤並分析產生錯誤的原因的一項會計工作。

引起會計帳簿產生錯誤的原因眾多，但不論原因是什麼，對核算工作發生的影響有兩種情況：一是會影響試算平衡的錯帳，這種錯誤往往在編制試算平衡表時就可以發現；另一種錯帳是不影響試算平衡的，往往不容易被發現。所以錯帳查找的方法就有多種：

1. 差數法

差數法是指按照錯帳的差數查找錯帳的方法，主要是檢查漏記和重記等錯誤。例如，會計人員在記帳過程中只登記了借方或貸方，漏記了一方，從而形成試算平衡中借方合計與貸方合計不等。對於這種錯誤，可由會計人員通過回憶和與相關金額的記帳核對來查找。

2. 尾數法

對於發生的角、分差錯，會計人員可以只查找小數部分，以提高查錯的效率。

3. 差數除 2 法

差數如確認為並非漏記或重記，會計人員可將其差數除以 2 求其商，來查找錯帳，主要是檢查借貸反向的差錯。因為當某一借方金額錯記入貸方（相反）時，出現錯帳的差數表現為錯誤的 2 倍，將此差數用 2 去除，得出的商即是反向的金額。例如，應記入「原材料——甲材料」科目借方的 4,000 元金額誤記入貸方，則該明細科目的期末餘額將小於其總分類科目期末餘額 8,000 元，被 2 除的商 4,000 元即為貸方反向的金額；同理，如果借方總額大於貸方總額 600 元，應立即查找有無 300 元的貸方金額誤記入借方。

4. 差數除 9 法

這是指利用差數除以 9 來查找錯帳的方法，主要檢查數字倒置或位移的錯誤。它

適用於以下三種情況：

（1）將數字寫小。如將400寫為40，錯誤的數字小於正確數字的9倍。查找的方法是：以差數除以9得出商（寫錯的數字），商再乘以10即為正確的數字。上例差數360（400－40）除以9得出商40（寫錯的數字），40再乘以10即為正確的數字400。

（2）將數字寫大。如將50寫為500，錯誤的數字大於正確數字的9倍。查找的方法是：以差數除以9得出商（正確的數字），商再乘以10即為錯誤的數字。上例差數450（500－50）除以9得出商50（正確的數字），50再乘以10即為錯誤的數字500。

（3）鄰數顛倒。如將78寫為87，96寫為69，36寫為63等，顛倒的兩個數字之差最小為1，最大為8。查找的方法是：以差數除以9，得出商連續加11，直到找出顛倒的數字為止。如將78寫為87，得出差數9，除以9得1，連加11為12、23、34、45、56、67、78、89，如有78數字的業務，即有可能是顛倒的數字。

5.6.2 錯帳更正

會計人員應該盡量避免帳簿記錄中發生錯誤，但完全避免錯誤的發生幾乎不可能。當錯誤發生，會計人員不得隨意塗改、挖補、刮擦或用化學藥劑消退錯誤，只能根據錯誤的具體情況，按規定的方法更正錯誤。常用的更正方法有劃線更正法、紅字更正法和補充登記法。

1. 劃線更正法

劃線更正法是指將原會計帳簿記錄中的錯誤數字或文字用紅線劃掉，再將藍黑色的正確數字或文字填上的一種方法。它適用於對結帳以前發現帳簿記錄的錯誤（文字或數字記錯）進行更正。該種錯誤一般是記帳憑證沒有錯誤，由於過帳時產生的差錯，如記錯方向、金額寫錯、餘額結錯、錯寫摘要或者過錯帳戶等。

更正的具體方法是：先將錯誤的數字或文字劃一條紅線予以註銷，但必須使原來的字跡仍然可辨認；然后在畫線上方填寫正確的文字或數字，然后再將正確的數字或文字用藍黑字寫在畫線上方，並由記帳人員在更正處蓋章，以明確責任。對於錯誤的數字，會計人員應當將整個數額都劃掉，不能只更正其中的錯誤數字；對文字錯誤，可只劃去錯誤的部分。

【例5－2】記帳人員李四將6,996誤記為9,696，應在會計帳簿中進行如下更正：

　　6,996　　┌─────┐
　　9,696　　│ 李四章 │
　　　　　　└─────┘

2. 紅字更正法

紅字更正法，是指用紅字衝銷原有記帳憑證中錯誤帳戶名稱或數字以更正或調整原會計帳簿記錄的一種方法。它一般適用與兩種情況：

第一種情況，會計人員登記會計帳簿以后才發現記帳憑證中應借應貸會計科目使用錯誤，從而引起記帳錯誤。更正的方法是：先用紅字填寫一張與原記帳憑證完全相同的記帳憑證，在摘要欄註明「更正×年×月×日第×號記帳憑證的錯帳」，以示註銷原記帳憑證，然后再用藍黑字填寫一張正確的記帳憑證，在摘要欄註明「更正×年×月×日第×號記帳憑證的錯帳」，並據以記入有關帳簿。

【例5-2】生產產品領用原材料5,600元，會計人員填製記帳憑證時，將借方帳戶誤寫為「製造費用」，並已登記入帳。

更正時應先用紅字金額填寫一張與錯誤記帳憑證完全相同的記帳憑證，其會計分錄如下：

借：製造費用　　　　　　　　　　　　　　　　　5,600
　　貸：原材料　　　　　　　　　　　　　　　　　5,600

然后再用藍黑字填寫一張正確的記帳憑證如下：

借：生產成本　　　　　　　　　　　　　　　　　5,600
　　貸：原材料　　　　　　　　　　　　　　　　　5,600

最后根據上述兩張記帳憑證登記有關會計帳簿，使會計帳簿的錯誤記錄得到更正，如圖5-2所示。

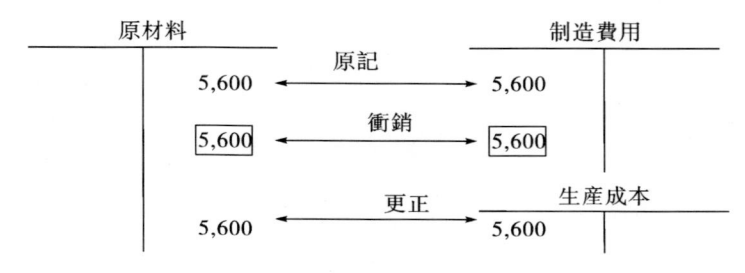

```
     原材料              制造費用
            原記
     5,600  ←———  5,600
            衝銷
    [5,600] ←———  [5,600]
            更正       生產成本
     5,600  ———→  5,600
```

圖5-2　紅字更正法（1）

第二種情況，會計人員登記會計帳簿以后才發現記帳憑證中應借應貸會計科目未錯，但所填金額大於應記金額，從而引起記帳錯誤。更正的方法是：按多記的金額用紅字填寫一張與原記帳憑證應借應貸會計科目完全相同的記帳憑證，並在摘要欄註明「更正×年×月×日第×號記帳憑證的多記金額」，以衝銷多記的金額，並據以記入有關帳簿。

【例5-3】如例5-2中的金額誤記為6,500元，多記了900元，但所用會計科目正確，則用紅字編製記帳憑證。其會計分錄如下：

借：生產成本　　　　　　　　　　　　　　　　　900
　　貸：原材料　　　　　　　　　　　　　　　　　900

會計人員根據上述記帳憑證登記有關的會計帳簿，使會計帳簿的錯誤記錄得到更正，如圖5-3所示。

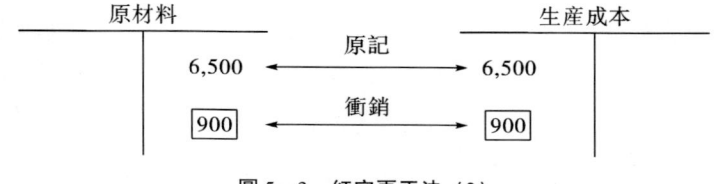

```
     原材料              生產成本
            原記
     6,500  ———→  6,500
            衝銷
    [900]   ———→ [900]
```

圖5-3　紅字更正法（2）

3. 補充登記法

補充登記法，它適用於登記會計帳簿以後才發現記帳憑證中應借應貸會計科目未錯，但所填金額小於應記金額，從而引起記帳錯誤的情況。更正的方法是：按少記的金額用藍黑字填寫一張與原記帳憑證應借應貸會計科目完全相同的記帳憑證，並在摘要欄註明「更正×年×月×日第×號記帳憑證的少記金額」，以補充少記的金額，並據以記入有關帳簿。

【例5－4】 如例5－2中的金額誤記為560元，少記了5,040元，所用會計科目正確，則更正的記帳憑證如下：

借：生產成本　　　　　　　　　　　　　　　　　　5,040
　貸：原材料　　　　　　　　　　　　　　　　　　　5,040

根據上述記帳憑證登記有關的會計帳簿，使會計帳簿的錯誤記錄得到更正，如圖5－4所示。

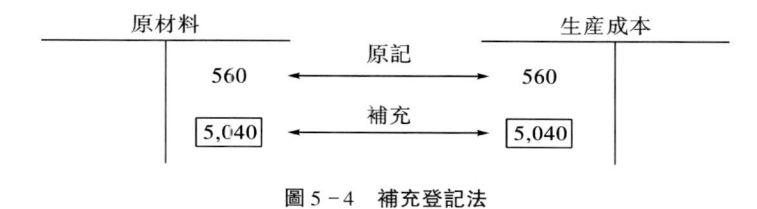

```
        原材料                     生產成本
                    原記
         560      ←——————→     560
                    補充
        5,040     ←——————→    5,040
```

圖5－4　補充登記法

復習思考題

1. 企業為什麼要設置會計帳簿？其設置的原則有哪些？
2. 帳簿按其用途分為哪幾種？
3. 登記帳簿的基本要求有哪些？
4. 如何登記現金日記帳和銀行存款日記帳？它們與總分類帳的登記有何不同？
5. 總帳與明細帳平行登記的要點是什麼？如何進行總帳與明細帳的核對？
6. 錯帳更正的方法有幾種？其各自的適用範圍及其具體方法如何？
7. 對帳的基本內容包括哪些？
8. 結帳包括哪些基本步驟？如何進行結帳？

練習題

一、單項選擇題

1. 帳簿中中必須採用訂本帳的是（　　）。
   A. 原材料總帳　　　　　　　B. 資本公積總帳
   C. 現金日記帳　　　　　　　D. 以上都是
2. 企業結帳的時間應為（　　）。

A. 會計報表編制完畢時   B. 每個工作日終了時
C. 每項經濟業務終了時   D. 一定時期終了時

3. 為了保證會計帳簿記錄的正確性，會計人員必須根據（　　）編制記帳憑證。

    A. 審核無誤的原始憑證   B. 填寫齊全的原始憑證
    C. 蓋有單位財務專用章的原始憑證   D. 金額計算無誤的原始憑證

4. 記帳后，發現所填寫的金額小於應記金額時，應當採用的改正方法是（　　）。

    A. 餘額調節法   B. 劃線更正法
    C. 補充登記法   D. 紅字更正法

二、多項選擇題

1. 可以使用紅色墨水記帳的情況是（　　）。

    A. 結帳時
    B. 衝帳時
    C. 更正會計科目正確，少記金額的記帳憑證
    D. 更正會計科目和金額同時錯誤的記帳憑證

2. 會計帳簿按其外表形式可分為（　　）。

    A. 卡片式帳簿   B. 訂本式帳簿
    C. 活頁式帳簿   D. 總分類帳簿

3. 帳簿都是由（　　）構成。

    A. 封面   B. 扉頁
    C. 帳頁   D. 封底

4. 錯帳更正的方法包括（　　）。

    A. 紅字更正法   B. 補充登記法
    C. 劃線更正法   D. 差數更正法

第六章　企業基本經濟業務核算

6.1　籌資業務的核算

籌集資金是企業資金運動的起點。從性質上看，企業資金籌集包括主權資金籌集和債務資本籌集。主權資本即所有者投入企業的資金，形成企業的所有者權益；債務資本即債權人投入企業的資金，形成企業的負債。

6.1.1　主權資本的核算

1. 企業資本金

資本金是指企業在國家工商行政管理部門註冊登記的註冊資本，是開辦企業的最低本錢，它是由投資者以貨幣資金（現金和銀行存款）、實物財產（存貨、固定資產等）、無形資產等向企業投資，構成企業的所有者權益或者股東權益。中國目前實行實收資本制度，要求投資者的出資額必須等於或大於註冊資本。等於註冊資本的部分形成企業的實收資本（股份公司為股本），超過註冊資本的部分形成企業的資本公積。

2. 主要帳戶設置

（1）「庫存現金」，為資產類帳戶，核算企業的庫存現金。本帳戶借方登記庫存現金的增加，貸方登記庫存現金的減少，期末餘額在借方，反映企業持有的庫存現金。企業應當設置「現金日記帳」，根據收付款憑證，按照業務發生順序逐筆登記。每日終了，會計人員應當計算當日的現金收入合計額、現金支出合計額和結餘額，將結餘額與實際庫存額核對，做到帳款相符。

（2）「銀行存款」，為資產類帳戶，核算企業存入銀行或其他金融機構的各種款項。本帳戶借方登記銀行存款的增加，貸方登記銀行存款的減少，期末餘額在借方，反映企業存在銀行或其他金融機構的各種款項。企業可按開戶銀行和其他金融機構、存款種類等設置「銀行存款日記帳」，根據收付款憑證，按照業務的發生順序逐筆登記。每日終了，會計人員應結出餘額。「銀行存款日記帳」應定期與「銀行對帳單」核對，至少每月核對一次。

（3）「固定資產」，為資產類帳戶，核算企業持有的固定資產原價。本帳戶借方登記購入、建造、接受投入等原因所引起的固定資產的增加，貸方登記出售等原因引起的固定資產的減少，期末餘額在借方，反映企業期末所擁有的固定資產的原價。本帳戶可按固定資產類別和項目進行明細核算。融資租入的固定資產，可在帳戶下設置「融資租入固定資產」明細帳戶。

（4）「無形資產」，為資產類帳戶，核算企業持有的無形資產成本，包括專利權、

非專利技術、商標權、著作權、土地使用權等。本帳戶借方登記取得無形資產等所引起的無形資產增加，貸方登記無形資產的處置等減少，期末餘額在貸方，反映期末無形資產的成本。本帳戶可按無形資產項目進行明細核算。

（5）「實收資本（股本）」，為所有者權益帳戶，核算企業接受投資者投入的實收資本，股份有限公司應將本帳戶改為「股本」。本帳戶借方登記實收資本的減少，貸方登記實收資本的增加，期末餘額在貸方，反映企業實收資本或股本總額。本帳戶可按投資者進行明細核算。

（6）「資本公積」，為所有者權益帳戶，核算企業收到投資者出資額超出其在註冊資本或股本中所占份額的部分以及直接計入所有者權益的利得和損失。本帳戶借方登記轉增資本等原因引起的資本公積的減少，貸方反映資本公積的形成等，期末餘額在貸方，反映企業的資本公積總額。本帳戶應當分別設置「資本溢價（股本溢價）」「其他資本公積」進行明細核算。

3. 主要帳務處理

（1）收到投入資本

企業收到投資者投入的資本金，一方面會引起企業貨幣資金等資產的增加，另一方面會引起所有者權益的增加。因此，借方應登記「庫存現金」「銀行存款」「固定資產」「無形資產」等相關資產帳戶，貸方應登記「實收資本」帳戶。如果投資者實際出資額大於註冊資本份額，還應在貸方登記「資本公積」。

【例6-1】大華公司收到投資者投入的機器設備一臺，評估確認價值為100,000元；同時收到投入的銀行存款1,000,000元。

借：固定資產　　　　　　　　　　　　　　　　　　　　　　　　100,000
　　銀行存款　　　　　　　　　　　　　　　　　　　　　　　1,000,000
　貸：實收資本　　　　　　　　　　　　　　　　　　　　　　　1,100,000

【例6-2】藍天股份有限公司增發股票1,000,000股，每股面值1元，發行價為1.2元（無籌資費用）。

借：銀行存款　　　　　　　　　　　　　　　　　　　　　　　1,200,000
　貸：股本　　　　　　　　　　　　　　　　　　　　　　　　　1,000,000
　　　資本公積　　　　　　　　　　　　　　　　　　　　　　　　200,000

（2）資本公積轉增資本

經批准，企業用資本公積轉增註冊資本，一方面會引起資本公積的減少，另一方面會引起實收資本的增加。因此，借方應登記「資本公積」，貸方應登記「實收資本」。

【例6-3】經批准，大華公司用資本公積金50,000元轉增註冊資本。

借：資本公積　　　　　　　　　　　　　　　　　　　　　　　　　50,000
　貸：實收資本　　　　　　　　　　　　　　　　　　　　　　　　50,000

6.1.2　債務資本的核算

1. 主要帳戶設置

大多數企業債務資本的籌集，主要採用向銀行或其他金融機構借款的方式。按照

償還時間的長短，借款可以分為短期借款和長期借款。短期借款是指償還期在一年以下（含一年）的各種借款，通常是為了滿足正常生產經營的需要；長期借款是指償還期超過一年的借款，一般用於固定資產的購建、改擴建工程、大修理工程等。企業債務資本的核算，應主要設置以下帳戶：

（1）「短期借款」，為負債類帳戶，核算企業向銀行或其他金融機構等借入的期限在1年以下（含1年）的各種借款。本帳戶貸方登記短期借款的取得，借方登記短期借款的償還，期末餘額在貸方，反映企業期末尚未償還的短期借款。本帳戶可按借款種類、貸款人和幣種進行明細核算。

（2）「長期借款」，為負債類帳戶，核算企業向銀行或其他金融機構借入的期限在1年以上（不含1年）的各項借款。本帳戶貸方登記長期借款的取得，借方登記長期借款的償還，期末餘額在貸方，反映企業期末尚未償還的長期借款。本帳戶可按貸款單位和貸款種類，分別按「本金」「利息調整」等進行明細核算。

（3）「財務費用」，為損益類帳戶，核算企業為籌集生產經營所需資金等而發生的籌資費用，包括利息支出（減利息收入）、匯兌損益以及相關的手續費、企業發生的現金折扣或收到的現金折扣等。本帳戶借方登記各項財務費用的發生，貸方登記利息收入、收到的現金折扣等，期末應將本帳戶餘額轉入「本年利潤」帳戶，結轉後本帳戶無餘額。本帳戶可按費用項目進行明細核算。

（4）「應付利息」，為負債類帳戶，核算企業按照合同約定應支付的利息。本帳戶貸方登記期末計算出的應該支付而尚未支付的利息，借方登記實際支付的利息，期末餘額在貸方，反映期末應付而未付的利息。本帳戶可按債權人進行明細核算。

2. 主要帳務處理

與借款相關的業務主要包括借入款項、計算（支付）利息和到期歸還三項。

（1）企業借入款項，一方面會引起銀行存款增加，另一方面會引起負債增加。因此，一般借方登記「銀行存款」帳戶，貸方登記「短期借款」（「長期借款」）帳戶。

（2）企業在期末計算利息時，一方面會增加當期利息費用，另一方面利息尚未支付，會增加負債。因此，一般借方登記「財務費用」等帳戶，貸方登記「應付利息」帳戶。支付利息時，一般借方登記「應付利息」帳戶，貸方登記「銀行存款」等帳戶。

（3）到期歸還借款和借入款項是反向業務，一般借方登記「短期借款」（「長期借款」）帳戶，貸方登記「銀行存款」帳戶。

【例6-4】大華公司2015年1月2日從銀行借入款項200,000元，期限為3個月，年利率為6%，利息按季度結算，所借款項已存入銀行。

（1）1月2日借入款項：

借：銀行存款　　　　　　　　　　　　　　　　　　　　　200,000
　　貸：短期借款　　　　　　　　　　　　　　　　　　　　200,000

（2）1月30日計算利息：

借：財務費用（200,000×6%×1/12）　　　　　　　　　　　1,000
　　貸：應付利息　　　　　　　　　　　　　　　　　　　　1,000

2月28日計算利息同上。

（3）3月31日歸還借款及利息：

借：短期借款　　　　　　　　　　　　　　　　　200,000
　　應付利息　　　　　　　　　　　　　　　　　　2,000
　　財務費用　　　　　　　　　　　　　　　　　　1,000
　　貸：銀行存款　　　　　　　　　　　　　　　　203,000

【例6-5】大華公司2015年1月2日從銀行借入款項200,000元，期限為2年，年利率為6%，到期一次還本付息。該企業按年計算利息，所借款項已存入銀行。

（1）1月2日借入款項：

借：銀行存款　　　　　　　　　　　　　　　　　200,000
　　貸：長期借款　　　　　　　　　　　　　　　　200,000

（2）2015年12月31日計算利息：

借：財務費用（200,000×6%）　　　　　　　　　　12,000
　　貸：應付利息　　　　　　　　　　　　　　　　12,000

（3）2016年12月31日歸還本金及利息：

借：長期借款　　　　　　　　　　　　　　　　　200,000
　　應付利息　　　　　　　　　　　　　　　　　　12,000
　　財務費用　　　　　　　　　　　　　　　　　　12,000
　　貸：銀行存款　　　　　　　　　　　　　　　　224,000

企業籌資業務核算內容如圖6-1所示。

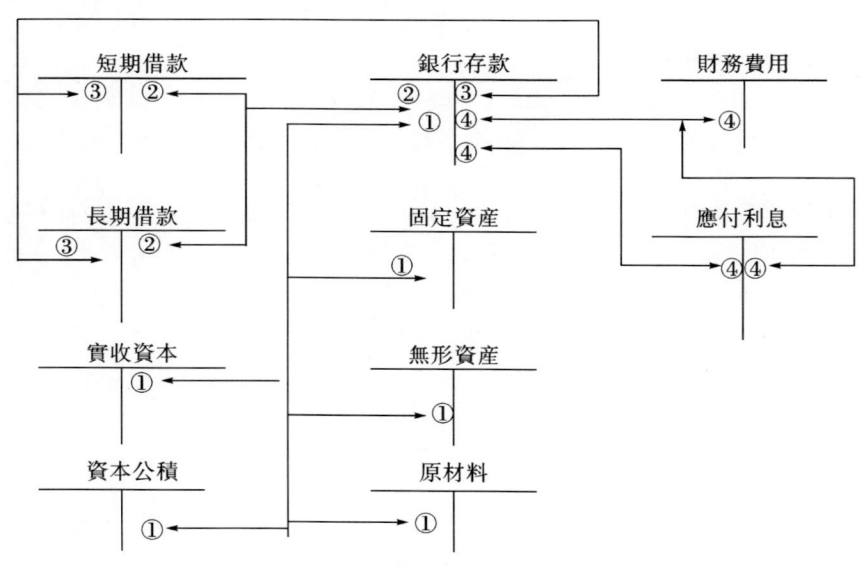

註：①——主權資本帳務處理；②——債務資本帳務處理；
　　③——歸還借款帳務處理；④——支付利息帳務處理

圖6-1　企業籌資業務核算示意圖

6.2　投資業務的核算

企業的對外投資形成企業的金融資產。按照會計準則的規定，企業所持有的金融資產可以劃分為交易性金融資產、可供出售金融資產、持有至到期投資和長期股權投資四類。本書主要介紹交易性金融資產的核算，其他內容將在中級財務會計課程中介紹。

交易性金融資產主要是指企業為了近期內出售而持有的金融資產，比如，企業以賺取差價為目的從二級市場購入的股票、債券、基金等。

6.2.1　主要帳戶設置

1. 交易性金融資產

本帳戶是資產類帳戶，核算企業為交易目的所持有的債券投資、股票投資、基金投資等交易性金融資產的公允價值。本帳戶借方登記取得交易性金融資產的成本，以及資產負債表日交易性金融資產的公允價值高於其帳面餘額的差額調整；貸方反映處置交易性金融資產的成本，以及資產負債表日交易性金融資產的公允價值低於其帳面餘額的差額調整；期末餘額在借方，反映企業持有的交易性金融資產的公允價值。本帳戶可按交易性金融資產的類別和品種，分別按「成本」「公允價值變動」等進行明細核算。

2. 應收股利

本帳戶為資產類帳戶，核算企業應收取的現金股利和應收取的其他單位分配的利潤。本帳戶借方登記被投資企業宣告發放尚未實際支付的現金股利或利潤；貸方登記收回的現金股利或利潤；期末餘額在借方，反映企業尚未收回的現金股利或利潤。本帳戶可按被投資單位進行明細核算。

3. 應收利息

本帳戶為資產類帳戶，核算企業交易性金融資產等應收取的利息。本帳戶借方登記計算出的應計未收利息，貸方反映利息的收回，期末餘額在借方，反映企業尚未收回的利息。本帳戶可按借款人或被投資單位進行明細核算。

4. 公允價值變動損益

本帳戶為損益類帳戶，核算企業交易性金融資產等公允價值變動形成的應計入當期損益的利得或損失。本帳戶借方登記資產負債表日因交易性金融資產公允價值低於其帳面價值的差額而引起的損失，以及出售金融資產時，原計入該金融資產的公允價值變動收益的結轉；貸方登記資產負債表日因交易性金融資產公允價值高於其帳面價值的差額而引起的收益，以及出售金融資產時，原計入該金融資產的公允價值變動損失的結轉；期末，應將本帳戶餘額轉入「本年利潤」帳戶，結轉后本帳戶無餘額。本帳戶可按交易性金融資產、交易性金融負債、投資性房地產等進行明細核算。

5. 投資收益

本帳戶為損益類帳戶，核算企業確認的投資收益或投資損失。本帳戶借方登記確認的投資損失，貸方登記確認的投資收益，期末應將本帳戶餘額轉入「本年利潤」帳戶，結轉后本帳戶無餘額。本帳戶可按投資項目進行明細核算。

6.2.2 主要帳務處理

交易性金融資產的相關業務，主要包括交易性金融資產的取得、資產負債表日的處理和處置等三項。

1. 取得交易性金融資產的帳務處理

企業取得交易性金融資產，一方面會引起企業交易性金融資產的增加，另一方面會引起企業銀行存款等的減少。按規定，購入交易性金融資產時發生的稅費記入「投資收益」，因此，借方一般登記「交易性金融資產——成本」「投資收益」等帳戶，貸方登記「銀行存款」等帳戶。另外，當企業所購入債券包含已到付息期尚未支付的利息或所購入股票含有已宣告發放尚未支付股利時，還會引起債權的增加，此時，借方還應有「應收利息」或「應收股利」帳戶。

【例6-6】企業1月1日按票面價格購入2年期債券50,000元，票面利率為6%，另支付相關稅費200元，款項以銀行存款支付。該債券每半年付息一次，到期還本，企業不打算長期持有，將其劃分為交易性金融資產。其帳務處理為：

借：交易性金融資產——成本　　　　　　　　　　　　50,000
　　投資收益　　　　　　　　　　　　　　　　　　　　 200
　貸：銀行存款　　　　　　　　　　　　　　　　　　 50,200

【例6-7】企業5月3日購入甲公司股票10,000股，成交價格為12元/股，相關稅費為360元，款項以銀行存款支付。甲公司已於4月28日宣告發放現金股利0.1元/股，尚未支付。企業將其劃分為交易性金融資產。其帳務處理為：

借：交易性金融資產——成本　　　　　　　　　　　　119,000
　　應收股利　　　　　　　　　　　　　　　　　　　 1,000
　　投資收益　　　　　　　　　　　　　　　　　　　　 360
　貸：銀行存款　　　　　　　　　　　　　　　　　　120,360

2. 交易性金融資產在資產負債表日的處理

在資產負債表日，企業對於交易性金融資產主要有兩項業務處理：一是分期付息債券的利息計算（現金股利的處理），二是公允價值調整。

（1）利息計算和現金股利處理

企業持有交易性金融資產期間對於被投資單位宣告發放的現金股利或資產負債表日按分期付息、一次還本債券投資的票面利率計算的利息收入，一方面會引起企業債權的增加，另一方面會增加企業投資收益，因此，應借記「應收利息」或「應收股利」帳戶，貸記「投資收益」帳戶。

【例6-8】上述【例6-6】中，6月30日企業應收利息收入為1,500元

（50,000×6%×1/2），其帳務處理為：
　　借：應收利息　　　　　　　　　　　　　　　　　　　　1,500
　　　　貸：投資收益　　　　　　　　　　　　　　　　　　　　1,500
收到利息時再衝減應收利息：
　　借：銀行存款　　　　　　　　　　　　　　　　　　　　1,500
　　　　貸：應收利息　　　　　　　　　　　　　　　　　　　　1,500

【例6-9】企業2月28日以每股10元的價格購入乙公司的股票200,000股，支付交易費用5,000元，企業將其劃分為交易性金融資產。乙公司於3月28日宣告發放現金股利0.2元/股，4月5日支付。企業的帳務處理為：

2月28日購買股票：
　　借：交易性金融資產——成本　　　　　　　　　　　　2,000,000
　　　　投資收益　　　　　　　　　　　　　　　　　　　　5,000
　　　　貸：銀行存款　　　　　　　　　　　　　　　　　2,005,000
3月28日，乙公司宣告發放現金股利：
　　借：應收股利　　　　　　　　　　　　　　　　　　　40,000
　　　　貸：投資收益　　　　　　　　　　　　　　　　　　40,000
4月5日收到股利：
　　借：銀行存款　　　　　　　　　　　　　　　　　　　40,000
　　　　貸：應收股利　　　　　　　　　　　　　　　　　　40,000

（2）公允價值調整

按會計準則規定，企業所持有的交易性金融資產在資產負債表日應按公允價值計量，應將其帳面價值調整為公允價值。此時，一般有兩種可能：公允價值大於帳面價值，公允價值小於帳面價值。

當公允價值大於帳面價值時，說明企業所持有的交易性金融資產產生了收益，同時應調增交易性金融資產的帳面價值，故應借記「交易性金融資產——公允價值變動」帳戶，貸記「公允價值變動損益」帳戶。

當公允價值小於帳面價值時，說明企業所持有的交易性金融資產發生了損失，同時應調減交易性金融資產的帳面價值，故應借記「公允價值變動損益」帳戶，貸記「交易性金融資產——公允價值變動」帳戶。

【例6-10】上述【例6-7】中，企業所持有的甲公司股票6月30日市價已上升到12.5元/股，則應將其帳面價值調整到125,000元，應調增6,000元。其帳務處理為：
　　借：交易性金融資產——公允價值變動　　　　　　　　6,000
　　　　貸：公允價值變動損益　　　　　　　　　　　　　　6,000

（3）交易性金融資產的處置

出售交易性金融資產時，一方面企業交易性金融資產會減少（帳面價值），另一方面銀行存款會增加（實收款項）；同時，實際收取的款項與所出售的帳面價值還會有差

額，該差額應確認為投資收益（損失）。因此，會計人員應按實收款項借記「銀行存款」帳戶，按交易性金融資產帳面價值貸記「交易性金融資產」帳戶，按差額借記或貸記「投資收益」帳戶。此外，會計人員還應將原記入該金融資產的公允價值變動轉出，借記或貸記「公允價值變動損益」帳戶，貸記或借記「投資收益」帳戶。

【例6-11】續【例6-10】，7月15日，企業將所持有的甲公司股票全部售出，實際收到款項128,000元。其帳務處理為：

借：銀行存款　　　　　　　　　　　　　　　　128,000
　　貸：交易性金融資產——成本　　　　　　　　　119,000
　　　　　　　　　　——公允價值變動　　　　　　　6,000
　　　　投資收益　　　　　　　　　　　　　　　　3,000

同時：
借：公允價值變動損益　　　　　　　　　　　　　6,000
　　貸：投資收益　　　　　　　　　　　　　　　　6,000

交易性金融資產業務核算內容如圖6-2所示。

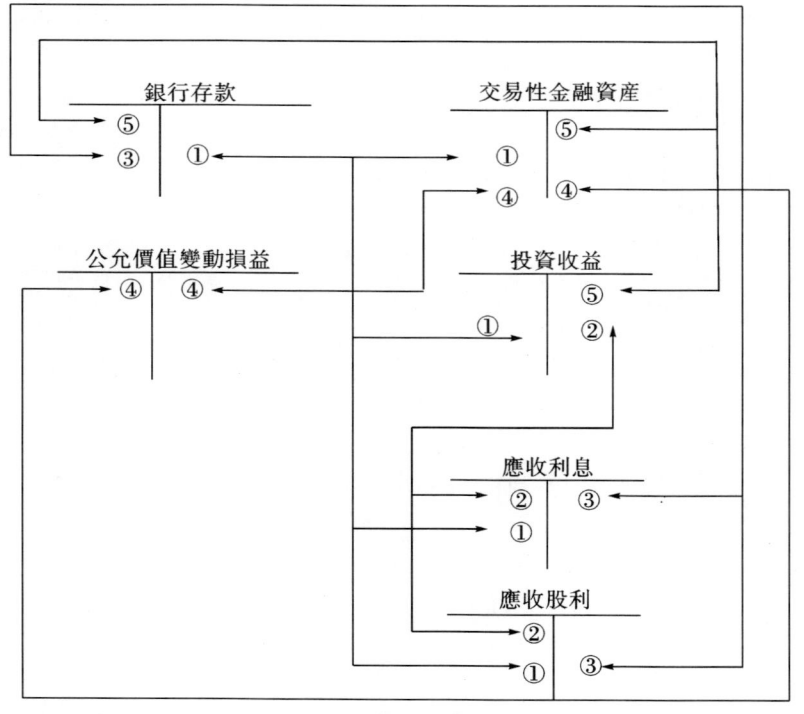

註：①——購買證券帳務處理；　　②——應收股利、利息帳務處理；
　　③——收到股利利息帳務處理；④——公允價值變動帳務處理；
　　⑤——出售證券帳務處理

圖6-2　企業投資業務核算示意圖

6.3 採購業務的核算

工業企業的採購業務主要是採購生產所需要的材料作為生產的儲備。在材料採購過程中，企業應按規定與供貨方辦理結算，支付材料款，並支付運輸費、裝卸費等採購費用。除此之外，企業還要計算材料的採購成本。因此，採購過程的主要經濟業務核算包括採購及結算業務和材料採購成本的計算。

工業企業的材料物資可以按實際成本計價，也可以按計劃成本計價，其核算也不完全一樣，本書只介紹材料物資按實際成本計價的核算。

6.3.1 主要帳戶設置

1. 原材料

本帳戶為資產類帳戶，核算企業庫存的各種材料，包括原料及主要材料、輔助材料、外購半成品（外購件）、修理用備件（備品備件）、包裝材料、燃料等的計劃成本或實際成本。本帳戶借方登記入庫材料的實際成本或計劃成本，貸方反映發出材料的實際成本和計劃成本，期末餘額在借方，反映企業庫存材料的計劃成本或實際成本。本帳戶可按材料的保管地點（倉庫）、材料的類別、品種和規格等進行明細核算。

2. 在途物資①

本帳戶為資產類帳戶，核算企業採用實際成本（進價）進行材料、商品等物資的日常核算、貨款已付尚未驗收入庫的在途物資的採購成本。本帳戶借方登記已購買尚未入庫材料的採購成本，貸方登記入庫材料的成本，期末餘額在借方，反映企業在途材料、商品等物資的採購成本。本帳戶可按供應單位和物資品種進行明細核算。

3. 應交稅費

本帳戶為負債類帳戶，核算企業按照稅法等規定計算應交納的各種稅費，包括增值稅、消費稅、所得稅、資源稅、土地增值稅、城市維護建設稅、房產稅、土地使用稅、車船稅、教育費附加、礦產資源補償費等。企業代扣代交的個人所得稅等，也通過本帳戶核算。本帳戶貸方登記計算出應交未交的各項稅費，借方登記交納的各項稅費，期末餘額一般在貸方，反映企業尚未交納的稅費；期末如為借方餘額，反映企業多交或尚未抵扣的稅費。本帳戶可按應交的稅費項目進行明細核算。應交增值稅還應分別根據「進項稅額」「銷項稅額」「出口退稅」「進項稅額轉出」「已交稅金」等設置專欄。

4. 應付帳款

本帳戶為負債類帳戶，核算企業因購買材料、商品和接受勞務等經營活動應支付的款項。本帳戶貸方登記因購買材料、商品和接受勞務等經營活動所發生的應付未付帳款，借方登記支付的應付帳款，期末餘額一般在貸方，反映企業尚未支付的應付帳

---

①材料按計劃成本計價時設置材料採購帳戶，不設在途物資帳戶。

款餘額。本帳戶可按債權人進行明細核算。

5. 預付帳款

本帳戶為資產類帳戶，核算企業按照合同規定預付的款項。本帳戶借方登記在採購業務發生之前預付的貨款或採購業務發生之后補付的貨款，貸方登記所購貨物或接受勞務的金額退回多付的款項，期末餘額一般在借方，反映企業預付的款項；期末如為貸方餘額，反映企業尚未補付的款項。本帳戶可按供貨單位進行明細核算。

預付款項情況不多的，也可以不設置本帳戶，將預付的款項直接記入「應付帳款」帳戶。

6. 應付票據

本帳戶為負債類帳戶，核算企業購買材料、商品和接受勞務供應等開出、承兌的商業匯票，包括銀行承兌匯票和商業承兌匯票。本帳戶貸方登記開出、承兌的商業匯票，借方登記到期付款或轉出的商業匯票，期末餘額在貸方，反映企業尚未到期的商業匯票的票面金額。

本帳戶可按債權人進行明細核算。企業應當設置「應付票據備查簿」，詳細登記商業匯票的種類、號數、出票日期、到期日、票面金額、交易合同號和收款人姓名或單位名稱、付款日期和金額等資料。應付票據到期結清時，在備查簿中應予以註銷。

6.3.2 主要帳務處理

1. 工業企業材料採購業務的帳務處理

（1）工業企業材料物資採購成本主要包括：

① 買價，即購貨發票上所開列的貨款金額（一般納稅人企業不包括增值稅的進項稅額）。

② 運雜費，具體包括運輸費、裝卸費和保險費等。①

③ 運輸途中的合理損耗。

④ 入庫前的整理挑選費用。

⑤ 所購材料負擔的其他費用。

（2）按貨款結算方式，材料採購業務可分為現款交易、賒購和預付貨款三種。

①現款交易

企業購入材料物資，一般採用現款交易，即購入材料，同時支付貨款。企業支付貨款時，材料物資可能已經到達企業，驗收入庫，也可能尚在運輸途中。

企業購入材料物資后，一方面會引起材料物資的增加，另一方面會支付貨款，引起貨幣資金的減少，因此，應借記「原材料」（材料驗收入庫）、「在途物資」（材料尚在運輸途中）等帳戶，貸記「銀行存款」帳戶。此外，對於增值稅一般納稅人，借方還應登記「應交稅費——應交增值稅（進項稅額）」帳戶。

【例6-12】企業購入甲材料1,000千克，單價為30元，材料已驗收入庫，貨款30,000元及增值稅5,100元已通過銀行轉帳支付。

---

①按稅法規定，企業支付的運輸費用可按7%扣除作為進項稅額，本書對此不加考慮。

借：原材料 30,000
　　應交稅費——應交增值稅（進項稅額） 5,100
　　貸：銀行存款 35,100

【例6-13】企業購入甲材料1,000千克，單價為30元，材料尚在運輸途中，貨款為30,000元及增值稅5,100元已通過銀行轉帳支付。

借：在途物資 30,000
　　應交稅費——應交增值稅（進項稅額） 5,100
　　貸：銀行存款 35,100

【例6-14】上例所購材料到達企業，企業以現金支付運雜費200元，材料驗收入庫。

支付運費：
借：在途物資 200
　　貸：庫存現金 200
結轉入庫材料成本：
借：原材料 30,200
　　貸：在途物資 30,200

②賒購交易

企業購入材料物資也會經常採用賒購方式，即先購入材料，然后按合同或協議延期付款；或者簽發商業匯票（銀行承兌匯票和商業承兌匯票）支付款項，票據到期再支付款項。此時，一方面會引起材料物資的增加，另一方面會引起企業負債的增加。因此，應借記「原材料」「應交稅費」等帳戶，貸記「應付帳款」「應付票據」等帳戶。企業實際付款時再衝銷「應付帳款」「應付票據」等。

【例6-15】企業向A公司購入乙材料一批，材料已驗收入庫，價款20,000元及稅金3,400元暫欠。

借：原材料 20,000
　　應交稅費——應交增值稅（進項稅額） 3,400
　　貸：應付帳款 23,400

【例6-16】企業向A公司購入乙材料一批，材料已驗收入庫，企業開出面額23,400元的銀行承兌匯票一張支付貨款及稅金。

借：原材料 20,000
　　應交稅費——應交增值稅（進項稅額） 3,400
　　貸：應付票據 23,400

③預付貨款交易

對於一些緊俏商品的採購，企業也會採用預付貨款的方式。其相關業務主要包括預付貨款、收到材料、補付貨款（退回餘款）。

企業在採購業務發生以前預付款項，一方面會引起企業貨幣資金減少，另一方面

會引起債權資產增加，因此，應借記「預付帳款」帳戶，貸記「銀行存款」等帳戶。

【例6-17】企業向B公司預付購貨款45,000元。

借：預付帳款　　　　　　　　　　　　　　　　　　　45,000
　　貸：銀行存款　　　　　　　　　　　　　　　　　　45,000

企業收到所購材料物資，確認採購業務成立，一方面材料物資增加，另一方面債權資產已經收回，因此，應借記「原材料」「應交稅費」等帳戶，貸記「預付帳款」等帳戶。此時，如有欠款，在實際工作中一般直接記入「預付帳款」帳戶，等以後補付貨款時再沖減「預付帳款」。

【例6-18】接上例，企業收到所購材料，價款為40,000元，增值稅為6,800元。

借：原材料　　　　　　　　　　　　　　　　　　　　40,000
　　應交稅費——應交增值稅（進項稅額）　　　　　　　6,800
　　貸：預付帳款　　　　　　　　　　　　　　　　　　46,800

企業補付貨款，對企業的影響實際上和預付貨款類似，帳務處理也相同。如果是退回多餘款項，則和支付貨款是相反的業務，帳務處理也相反。

【例6-19】接上例，企業以銀行存款補付尚欠貨款1,800元。

借：預付帳款　　　　　　　　　　　　　　　　　　　1,800
　　貸：銀行存款　　　　　　　　　　　　　　　　　　1,800

（3）共同採購費用分配

企業在採購材料時，有時同時購買兩種或兩種以上的材料，為此發生的共同採購費用應採用一定的標準，在所購買的幾種材料之間分配，記入各種材料成本。

共同採購費用指採購中採購費用由幾種材料承擔，根據「誰受益，誰分配；受益多，分配多」的原則，應選用合適的攤配標準在該批購入的各種材料之間進行分配，以便分別計算確定它們的全部採購成本。攤配標準可採用重量、體積、價值等作為標準。

【例6-20】企業購進甲材料4噸，單位600元；乙材料6噸，單價800元；丙材料10噸，單價1,000元。上述材料的增值稅額共計2,924元。對方代墊運費500元，開出本單位承兌的商業匯票一張抵付。

該例中，我們選用重量作為攤配標準。攤配率計算如下：

$$共同費用攤配率 = \frac{500}{4+6+10} = 25 （元/噸）$$

所以，每種材料應承擔的費用為：

甲材料應攤配的運費 = 4 × 25 = 100（元）

乙材料應攤配的運費 = 6 × 25 = 150（元）

丙材料應攤配的運費 = 10 × 25 = 250（元）

這筆經濟業務表明，甲、乙、丙三種材料的買價及應攤配的運費分別構成了它們各自的採購成本，應記入「在途物資」帳戶及所屬明細帳的借方；企業負擔的增值稅

2,924元，應記入「應交稅費」及所屬明細帳的借方；同時，企業開出承兌的商業匯票，表明企業對供貨單位承擔了一項債務，應記入「應付票據」帳戶的貸方。這筆經濟業務應編制的會計分錄為：

  借：在途物資——甲材料   2,500
      ——乙材料   4,950
      ——丙材料   10,250
    應交稅費——應交增值稅（進項稅額）   2,924
  貸：應付票據   20,624

材料入庫：

  借：原材料——甲材料   2,500
      ——乙材料   4,950
      ——丙材料   10,250
  貸：在途物資——甲材料   2,500
      ——乙材料   4,950
      ——丙材料   10,250

2. 企業採購固定資產的帳務處理

按照最新增值稅有關法規的規定，從2009年1月1日起，企業購買機器設備等固定資產時發生的進項增值稅可以抵扣，所以這類固定資產的初始成本不包含進項增值稅。

【例6-21】企業購買一條生產線，用銀行存款支付，已取得增值稅專用發票。發票上註明金額1,000,000元，稅額170,000元。其會計分錄為：

  借：固定資產——生產設備   1,000,000
    應交稅費——應交增值稅（進項稅額）   170,000
  貸：銀行存款   1,170,000

如果其他購買的固定資產為非生產用機器設備，則不能抵扣進項增值稅。

【例6-22】企業購買一臺辦公用設備，用銀行存款支付，已取得增值稅專用發票。發票上註明金額100,000元，稅額17,000元。其會計分錄為：

  借：固定資產——辦公設備   1,170,000
  貸：銀行存款   117,000

企業採購業務核算內容如圖6-3所示。

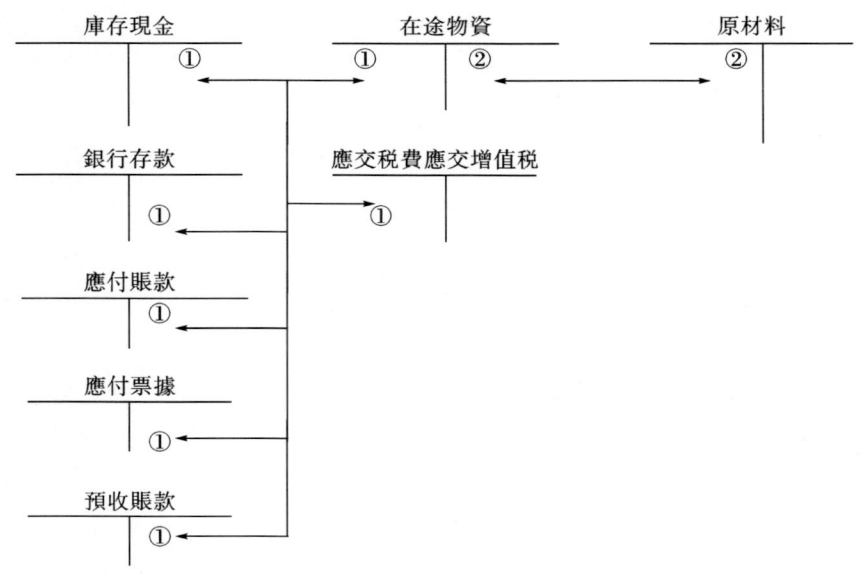

```
        庫存現金              在途物資              原材料
    ────────────      ────────────      ────────────
          │①               │① │②              │②
          ←───────────────→ └──────────────────→

        銀行存款          應交稅費應交增值稅
    ────────────      ────────────────
          │①               │①
          ←────────────────┘

        應付賬款
    ────────────
          │①
          ←────────────┘

        應付票據
    ────────────
          │①
          ←────────────┘

        預收賬款
    ────────────
          │①
          ←────────────┘
```

註：①──採購業務帳務處理；②──材料入庫帳務處理

圖 6-3　採購過程核算示意圖

6.4　生產業務的核算

生產過程是勞動者通過勞動資料對勞動對象進行加工，生產出產品的過程，是一個從倉庫領用材料到產品完工入庫的過程。生產過程既是產品製造過程，又是消耗過程。在產品生產過程中發生的各種生產費用，主要包括材料費用、人工費用、固定資產耗費及其他費用，應按一定種類的產品進行歸集和分配，以確定各種產品的成本。因此，生產過程的主要核算業務就是核算各項生產費用的耗費和分配，並進行產品成本的計算。

6.4.1　主要帳戶設置

1. 生產成本

本帳戶為成本類帳戶，核算企業進行工業性生產發生的各項生產成本，包括生產各種產品（產成品、自製半成品等）、自製材料、自製工具、自製設備等。本帳戶借方登記應記入產品成本的各項費用，貸方登記完工入庫產品的生產成本，期末餘額在借方，反映企業尚未加工完成的在產品成本。本帳戶可按基本生產成本和輔助生產成本進行明細核算。基本生產成本應當分別按照基本生產車間和成本核算對象（產品的品種、類別、訂單、批別、生產階段等）設置明細帳，並按照規定的成本項目設置專欄。

2．製造費用

本帳戶為成本類帳戶，核算企業生產車間（部門）為生產產品和提供勞務而發生的各項間接費用。本帳戶借方登記各項間接費用的發生，貸方登記期末應轉入「生產成本」帳戶的、由各種產品負擔的製造費用，期末一般無餘額。本帳戶可按不同的生產車間、部門和費用項目進行明細核算。

3．管理費用

本帳戶為損益類帳戶，核算企業為組織和管理企業生產經營所發生的管理費用。本帳戶借方登記當月發生的各項管理費用，貸方登記期末轉入「本年利潤」帳戶的管理費用，結轉后本帳戶無餘額。本帳戶可按費用項目進行明細核算。

4．庫存商品

本帳戶為資產類帳戶，核算企業庫存的各種商品的實際成本或計劃成本。本帳戶借方登記驗收入庫產品的生產成本，貸方登記發出產品的生產成本，期末餘額在借方，反映企業庫存商品的實際成本或計劃成本。本帳戶可按庫存商品的種類、品種和規格等進行明細核算。

5．應付職工薪酬

本帳戶為負債類帳戶，核算企業根據有關規定應付給職工的各種薪酬。本帳戶貸方登記已分配計入有關成本費用項目的職工薪酬數額，借方登記實際發放的職工薪酬數額，期末餘額在貸方，反映企業應付未付的職工薪酬。本帳戶可按「工資」「職工福利」「社會保險費」「住房公積金」「工會經費」「職工教育經費」「非貨幣性福利」「辭退福利」「股份支付」等進行明細核算。

6．累計折舊

本帳戶為資產類帳戶，是固定資產的備抵帳戶，核算企業固定資產的累計折舊。本帳戶貸方登記按月計提的固定資產折舊的金額，借方登記因出售、報廢、毀損等所減少的固定資產轉出的折舊數額，期末餘額在貸方，反映企業固定資產的累計折舊額。本帳戶可按固定資產的類別或項目進行明細核算。

7．其他應收款

本帳戶為資產類帳戶，核算企業除存出保證金、應收票據、應收帳款、預付帳款、應收股利、應收利息、長期應收款等以外的其他各種應收及暫付款項。本帳戶借方登記發生的各種應收而未收的其他應收款項，貸方登記款項的收回或轉銷，期末餘額在借方，反映企業尚未收回的其他應收款項。本帳戶可按對方單位（個人）進行明細核算。

8．其他應付款

本帳戶為負債類帳戶，核算企業除應付票據、應付帳款、預收帳款、應付職工薪酬、應付利息、應付股利、應交稅費、長期應付款等以外的其他各項應付、暫收的款項。本帳戶貸方登記發生的各種其他應付款項，借方登記支付或轉銷的其他應付款項，期末餘額在貸方，反映企業應付而未付的其他應付款項。本帳戶可按其他應付款的項目和對方單位（個人）進行明細核算。

6.4.2 主要帳務處理

工業企業產品成本可以分為直接費用和間接費用。直接費用主要包括直接材料和直接工資。直接材料，是指直接用於產品生產並構成產品實體的原料、主要材料、外購半成品以及有助於產品形成的輔助材料等；直接工資，是指企業在生產產品和提供勞務過程中，直接參加產品生產的工人工資以及其他各種形式的職工薪酬。間接費用主要包括生產車間管理人員的工資等職工薪酬、折舊費、機物料消耗、辦公費、水電費、勞動保護費等。其中，直接費用在發生時直接記入「生產成本」帳戶，間接費用在發生時需先通過「製造費用」帳戶進行歸集，期末再分配轉入各種產品生產成本。

工業企業生產業務核算的內容主要包括各項費用的發生、製造費用的分配以及完成產品成本的結轉。

1. 材料費用的核算

企業在生產中領用材料，一方面會引起材料物資的減少，另一方面會增加相關的成本費用。因此，會計人員應按照所領用材料物資的用途，借記「生產成本」「製造費用」「管理費用」等帳戶，貸記「原材料」帳戶。

【例6-23】根據倉庫領料單匯總，本月材料耗用情況如表6-1所示。

表6-1　　　　　　　　　　　　發出材料匯總表

用途	A材料 數量	A材料 金額	B材料 數量	B材料 金額	C材料 數量	C材料 金額
甲產品領用	1,000	8,000	800	9,600		
乙產品領用	500	4,000	500	6,000		
車間一般耗用					50	750
管理部門耗用					40	600
合計	1,500	12,000	1,300	15,600	90	1,350

根據上述匯總表編制會計分錄：

借：生產成本——甲產品　　　　　　　　　　　　　　17,600
　　　　　　——乙產品　　　　　　　　　　　　　　10,000
　　製造費用　　　　　　　　　　　　　　　　　　　　750
　　管理費用　　　　　　　　　　　　　　　　　　　　600
　　貸：原材料——A材料　　　　　　　　　　　　　　12,000
　　　　　　　——B材料　　　　　　　　　　　　　　15,600
　　　　　　　——C材料　　　　　　　　　　　　　　1,350

2. 職工薪酬費用的核算

職工薪酬費用的核算，主要包括薪酬費用的計提（分配）和發放兩項業務。

（1）計提（分配）薪酬。企業計提薪酬費用，一方面會增加相關的成本費用，另一方面會增加負債。因此，會計人員應按所計提的不同人員的工資，借記「生產成本」「製造費用」「管理費用」等帳戶，貸記「應付職工薪酬」帳戶。

【例6－24】月末，企業計算本月職工工資。其中，生產甲產品工人工資為50,000元，生產乙產品工人工資為40,000元，車間管理人員工資為6,000元，企業管理人員工資為4,000元；同時，按工資總額的10%提取職工福利費。

借：生產成本——甲產品　　　　　　　　　　　　　55,000
　　　　　　——乙產品　　　　　　　　　　　　　44,000
　　製造費用　　　　　　　　　　　　　　　　　　6,600
　　管理費用　　　　　　　　　　　　　　　　　　4,400
　　貸：應付職工薪酬——工資　　　　　　　　　　　100,000
　　　　　　　　　——職工福利　　　　　　　　　　10,000

（2）發放薪酬。企業實際發放職工工資（使用職工福利費），一方面會引起貨幣資金的流出，另一方面會減少企業的負債。因此，企業應借記「應付職工薪酬」帳戶，貸記「銀行存款」等帳戶。另外，企業發放工資時，如果有代扣房租、水電等費用，應確認為企業的一項負債，借記「其他應付款」帳戶。

【例6－25】企業以銀行存款發放本月工資95,000元，同時代扣房租5,000元。

借：應付職工薪酬——工資　　　　　　　　　　　　100,000
　　貸：銀行存款　　　　　　　　　　　　　　　　95,000
　　　　其他應付款　　　　　　　　　　　　　　　5,000

【例6－25】企業以銀行存款支付本月職工食堂開支6,000元。

借：應付職工薪酬——職工福利　　　　　　　　　　6,000
　　貸：銀行存款　　　　　　　　　　　　　　　　6,000

3. 折舊費用的核算

企業固定資產在使用過程中，由於存在有形損耗和無形損耗，價值要轉移到相應的成本費用中去，需要計提折舊。企業計提折舊，一方面會增加相應的成本費用，另一方面會增加累計折舊。因此，企業應借記「製造費用」「管理費用」等帳戶，貸記「累計折舊」帳戶。

【例6－26】月末，企業計提當月使用固定資產折舊3,500元。其中，生產車間使用固定資產折舊2,000元，管理部門使用固定資產折舊1,500元。

借：製造費用　　　　　　　　　　　　　　　　　　2,000
　　管理費用　　　　　　　　　　　　　　　　　　1,500
　　貸：累計折舊　　　　　　　　　　　　　　　　3,500

4. 其他費用的核算

企業在生產過程中，除上述費用以外，還會發生其他費用，如辦公費、差旅費、業務招待費、水電費、報刊費、固定資產租金等，對此，企業應區別不同情況，分別計入相關成本費用帳戶。

【例6－27】企業以現金購買辦公用品280元。

借：管理費用　　　　　　　　　　　　　　　　　　280
　　貸：庫存現金　　　　　　　　　　　　　　　　280

【例6-28】企業轉帳支付業務招待費1,600元。

借：管理費用　　　　　　　　　　　　　　　　　　　　　1,600
　　貸：銀行存款　　　　　　　　　　　　　　　　　　　　1,600

【例6-29】企業以現金支付業務員李林出差預借差旅費600元。

借：其他應收款　　　　　　　　　　　　　　　　　　　　　600
　　貸：庫存現金　　　　　　　　　　　　　　　　　　　　600

【例6-30】承接【例6-26】，李林出差回來，報銷差旅費650元，餘款以現金補付。

借：管理費用　　　　　　　　　　　　　　　　　　　　　　650
　　貸：其他應收款　　　　　　　　　　　　　　　　　　　600
　　　　庫存現金　　　　　　　　　　　　　　　　　　　　50

5. 製造費用分配

企業生產車間歸集的製造費用，期末應按一定標準（生產工人工資比例、產品生產工時和機器工時等）分配轉入本車間生產的各種產品成本。此時，一方面會增加生產成本，另一方面會減少製造費用。因此，企業應借記「生產成本」帳戶，貸記「製造費用」帳戶。

【例6-31】生產車間本月歸集的製造費用總額為90,000元。本車間本期生產甲、乙兩種產品，其中甲產品工時為40,000小時，乙產品工時為20,000小時。

$$製造費用分配率 = \frac{90,000}{40,000+20,000} = 1.5（元/小時）$$

甲產品應負擔的製造費用 = 40,000 × 1.5 = 60,000（元）
乙產品應負擔的製造費用 = 20,000 × 1.5 = 30,000（元）

其帳務處理為：

借：生產成本——甲產品　　　　　　　　　　　　　　　　60,000
　　　　　　——乙產品　　　　　　　　　　　　　　　　30,000
　　貸：製造費用　　　　　　　　　　　　　　　　　　　90,000

6. 完工產品成本結轉

企業完工產品驗收入庫，期末應計算所驗收入庫產品的實際成本，進行產品成本的結轉。此時，一方面會增加庫存產品，另一方面歸集的生產成本轉出後減少，因此，應借記「庫存商品」帳戶，貸記「生產成本」帳戶。

企業完工產品的計算及結轉是通過「生產成本」明細帳或成本計算單進行。

【例6-32】2015年1月企業「生產成本」明細帳如表6-2、表6-3所示。

表 6-2　　　　　　　　　　　　生產成本　明細帳
產品名稱：甲產品　　　　　　　2015 年 1 月　　　　　　　　　完工產品：100 臺
　　　　　　　　　　　　　　　　　　　　　　　　　　　　　　月末在產品：0

2011 年 月	日	憑證號	摘要	借方 直接材料	直接人工	製造費用	合計	貸方
1	30	10	直接材料	14,343.70				
		11	工人工資費用		4,000.00			
		14	工人福利費		560.00			
		22	分配製造費月			7,490.12		
			合計	14,343.70	4,560.00	7,490.12	26,393.82	26,393.82
			單位成本	143.44	45.6	74.90	263.94	263.94

表 6-3　　　　　　　　　　　　生產成本　明細帳
產品名稱：乙產品　　　　　　　2015 年 1 月　　　　　　　　　完工產品：200 臺
　　　　　　　　　　　　　　　　　　　　　　　　　　　　　　月末在產品：0

2011 年 月	日	憑證號	摘要	借方 直接材料	直接人工	製造費用	合計	貸方
1	30	10	直接材料	7,171.85				
		11	工人工資費用		5,000.00			
		14	工人福利費		700.00			
		22	分配製造費用			9,362.68		
			合計	7,171.85	5,700.00	9,362.68	22,234.53	22,234.53
			單位成本	35.86	28.50	46.81	111.17	111.17

根據生產成本明細帳作生產成本結轉會計分錄如下：
借：庫存商品——A 產品　　　　　　　　　　　　　26,393.82
　　庫存商品——B 產品　　　　　　　　　　　　　22,234.53
　貸：生產成本——A 產品　　　　　　　　　　　　26,393.82
　　　生產成本——B 產品　　　　　　　　　　　　22,234.53
生產過程業務核算內容如圖 6-4 所示。

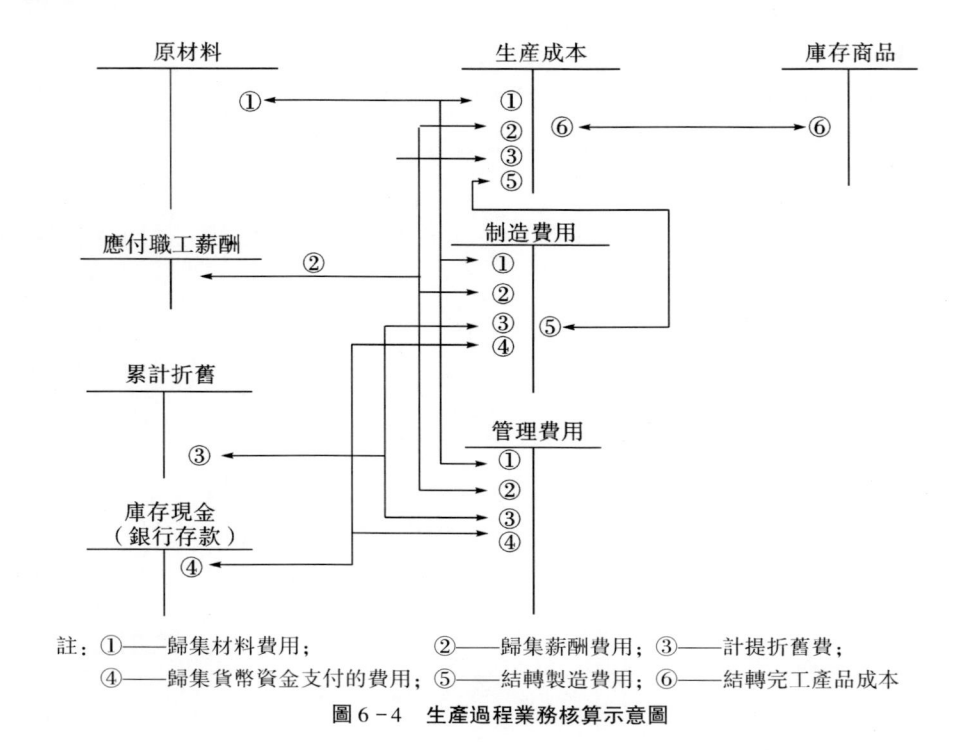

註：①——歸集材料費用； ②——歸集薪酬費用； ③——計提折舊費；
④——歸集貨幣資金支付的費用；⑤——結轉製造費用；⑥——結轉完工產品成本

圖 6-4　生產過程業務核算示意圖

6.5　銷售業務的核算

　　銷售過程是企業生產經營活動的最后階段。在銷售過程中，企業一方面銷售產品取得收入，辦理貨款結算，補償企業的生產耗費；另一方面要結轉銷售成本，支付銷售過程中發生的費用，計算繳納銷售活動應負擔的稅費。此外，企業還會發生一些其他業務，如材料轉讓、固定資產出租等。因此，銷售業務核算的主要內容包括：銷售收入的確認，銷售貨款的結算，銷售成本、費用的確認，銷售稅費的確認、繳納，以及其他業務的處理。

6.5.1　主要帳戶設置

　　1. 主營業務收入

　　本帳戶為損益類帳戶，核算企業確認的主營業務的收入。本帳戶貸方登記企業所實現的主營業務收入，借方登記銷售退回等沖減的主營業務收入及期末轉入「本年利潤」帳戶的主營業務收入，期末結轉后本帳戶無餘額。本帳戶可按主營業務的種類進行明細核算。

　　2. 應收帳款

　　本帳戶為資產類帳戶，核算企業因銷售商品、提供勞務等經營活動應收取的款項。本帳戶借方登記發生的應收而未收帳款，貸方登記收回或轉銷的帳款，期末餘額一般

在借方，反映企業尚未收回的應收帳款。本帳戶可按債務人進行明細核算。

3. 應收票據

本帳戶為資產類帳戶，核算企業因銷售商品、提供勞務等而收到的商業匯票，包括銀行承兌匯票和商業承兌匯票。本帳戶借方登記收到的商業匯票的票面金額，貸方登記到期兌現的商業匯票的票面金額，期末餘額在借方，反映企業持有的商業匯票的票面金額。本科目可按開出、承兌商業匯票的單位進行明細核算。

4. 預收帳款

本帳戶為負債類帳戶，核算企業按照合同規定預收的款項。本帳戶貸方登記企業在銷售之前向購貨方預收的帳款，借方登記實現的銷售收入，期末餘額一般在貸方，反映企業預收的款項；期末如為借方餘額，反映企業尚未轉銷的款項。本帳戶可按購貨單位進行明細核算。

預收帳款情況不多的，也可以不設置本帳戶，將預收的款項直接記入「應收帳款」帳戶。

5. 主營業務成本

本帳戶為損益類帳戶，核算企業確認銷售商品、提供勞務等主營業務收入時應結轉的成本。本帳戶借方登記結轉的主營業務成本，貸方登記期末轉入「本年利潤」帳戶的主營業務成本，期末結轉後本帳戶無餘額。本帳戶可按主營業務的種類進行明細核算。

6. 銷售費用

本帳戶為損益類帳戶，核算企業銷售商品和材料、提供勞務的過程中發生的各種費用，包括保險費、包裝費、展覽費和廣告費、商品維修費、預計產品質量保證損失、運輸費、裝卸費等以及為銷售本企業商品而專設的銷售機構（銷售網點、售後服務網點等）的職工薪酬、業務費、折舊費等經營費用。本帳戶借方登記發生的各項銷售費用，貸方登記期末轉入「本年利潤」帳戶的銷售費用，期末結轉後本帳戶無餘額。本帳戶可按費用項目進行明細核算。

7. 稅金及附加

本帳戶為損益類帳戶，核算企業經營活動發生的消費稅、城市維護建設稅、資源稅和教育費附加等相關稅費。本帳戶借方登記計算確認的各項稅費，貸方登記期末轉入「本年利潤」帳戶的稅金及附加，期末結轉後本帳戶無餘額。

8. 其他業務收入

本帳戶為損益類帳戶，核算企業確認的除主營業務活動以外的其他經營活動實現的收入，包括出租固定資產、出租無形資產、銷售材料等實現的收入。本帳戶貸方登記實現的其他業務收入，借方登記期末轉入「本年利潤」帳戶的其他業務收入，期末結轉後本帳戶無餘額。本帳戶可按其他業務收入種類進行明細核算。

9. 其他業務成本

本帳戶為損益類帳戶，核算企業確認的除主營業務活動以外的其他經營活動所發生的支出，包括銷售材料的成本、出租固定資產的折舊額、出租無形資產的攤銷額等。本帳戶借方登記確認的其他業務成本，貸方登記期末轉入「本年利潤」帳戶的其他業務成本，期末結轉後本帳戶無餘額。本帳戶可按其他業務成本的種類進行明細核算。

6.5.2 主要帳務處理

1. 主營業務的核算

企業銷售商品，其貨款結算可能採用現款交易、賒銷或預收款方式。

（1）現款交易

企業銷售商品，普遍採用現款交易方式，即發出商品，同時收到貨款。此時，一方面企業實現了銷售，應確認收入的實現，另一方面會增加企業的銀行存款等貨幣資金。因此，一般應借記「銀行存款」等帳戶，貸記「主營業務收入」帳戶。除此之外，增值稅一般納稅人還應該貸記「應交稅費——應交增值稅（銷項稅額）」帳戶。

【例6-33】企業銷售甲產品1,000件，單價為50元，貨款50,000元及增值稅8,500元已收存銀行。

借：銀行存款 58,500
　貸：主營業務收入 50,000
　　　應交稅費——應交增值稅（銷項稅額） 8,500

（2）賒銷

為促進產品銷售，企業往往採用賒銷方式（商業匯票結算方式）。此時，一方面企業實現了銷售，應確認收入的實現，另一方面會增加企業的債權資產。因此，企業一般應借記「應收帳款」「應收票據」等帳戶，貸記「主營業務收入」「應交稅費」等帳戶。

【例6-34】企業銷售乙產品1,000件，單價為40元，貨款40,000元及增值稅6,800元未收。

借：應收帳款 46,800
　貸：主營業務收入 40,000
　　　應交稅費——應交增值稅（銷項稅額） 6,800

【例6-35】上例中，假設購買企業簽發一張面額46,800元的商業匯票支付。則帳務處理為：

借：應收票據 46,800
　貸：主營業務收入 40,000
　　　應交稅費——應交增值稅（銷項稅額） 6,800

（3）預收款

對一些供不應求的商品，企業也可能採用預收款方式實現銷售。其相關業務主要包括三項：

① 預收貨款

企業在實現銷售之前預收對方款項，一方面會增加企業貨幣資金，另一方面會增加企業負債。因此，應借記「銀行存款」等帳戶，貸記「預收帳款」等帳戶。

【例6-36】企業收到A單位預付購貨款45,000元存入銀行。

借：銀行存款 45,000
　貸：預收帳款 45,000

② 發出商品

企業發出商品，實際上就是用商品來清償企業負債，一方面實現了收入，另一方面會減少企業負債。因此，企業應借記「預收帳款」帳戶，貸記「主營業務收入」「應交稅費」等帳戶。

【例 6 - 37】接上例，企業發出乙產品 1,000 件，單價為 40 元，增值稅為 6,800 元。

借：預收帳款　　　　　　　　　　　　　　　　　　46,800
　貸：主營業務收入　　　　　　　　　　　　　　　　40,000
　　　應交稅費——應交增值稅（銷項稅額）　　　　　 6,800

③ 收到餘款（退回多餘款項）

企業收到對方補付的餘款，和預收貨款類似，帳務處理也相同。如果是退回多餘款項，則帳務處理相反。

【例 6 - 38】接上例，企業收到 A 單位補付的餘款。帳務處理為：

借：銀行存款　　　　　　　　　　　　　　　　　　 1,800
　貸：預收帳款　　　　　　　　　　　　　　　　　　 1,800

（4）銷售費用處理

企業在銷售產品過程中，會發生需由企業負擔的運雜費、廣告費等銷售費用，一方面會增加企業銷售費用，另一方面會減少企業貨幣資金。因此，企業一般應借記「銷售費用」帳戶，貸記「庫存現金」「銀行存款」等帳戶。

【例 6 - 39】接【例 6 - 33】，企業在銷售甲產品過程中，以現金支付由企業負擔的運雜費 800 元。

借：銷售費用　　　　　　　　　　　　　　　　　　　 800
　貸：庫存現金　　　　　　　　　　　　　　　　　　　 800

需要說明的是，如果運雜費由購買方負擔，則應和貨款一起確認為企業應收未收的債權。

【例 6 - 40】上例中，若運雜費應由購買方負擔，則銷售及代墊運雜費帳務處理為：

借：應收帳款　　　　　　　　　　　　　　　　　　47,600
　貸：主營業務收入　　　　　　　　　　　　　　　　40,000
　　　應交稅費——應交增值稅（銷項稅額）　　　　　 6,800
　　　庫存現金　　　　　　　　　　　　　　　　　　　 800

（5）銷售成本結轉

期末，企業應結轉當期所銷售產品的生產成本，一方面確認當期主營業務成本的增加，另一方面減少庫存商品。因此，企業應借記「主營業務成本」帳戶，貸記「庫存商品」帳戶。

【例 6 - 41】期末，企業結轉當期銷售甲產品 20,000 件（單位生產成本為 40 元）和乙產品 10,000 件（單位生產成本為 30 元）成本。

借：主營業務成本——甲　　　　　　　　　　　　　800,000
　　　　　　　　——乙　　　　　　　　　　　　　300,000

貸：庫存商品——甲　　　　　　　　　　　　　　　　　　　　800,000
　　　　　　　　　——乙　　　　　　　　　　　　　　　　　　　　300,000
　（6）稅金及附加的處理
　　企業在銷售產品過程中，可能會需要繳納消費稅、城建稅及教育費附加等。此時，一方面會增加稅金及附加，另一方面，計算出來的稅費尚未繳納，導致企業負債增加。因此，企業應借記「稅金及附加」帳戶，貸記「應交稅費」帳戶。

【例6-42】期末，計算出企業應交城建稅750元，應交教育費附加200元。
　　借：稅金及附加　　　　　　　　　　　　　　　　　　　　　　950
　　　　貸：應交稅費——應交城市維護建設稅　　　　　　　　　　　　750
　　　　　　　　　——教育費附加　　　　　　　　　　　　　　　　200

2. 其他業務的核算
　　企業除主營業務之外，往往會發生一些附營業務，如轉讓多餘材料、出租固定資產等，其收入通過「其他業務收入」帳戶反映，其成本費用通過「其他業務成本」帳戶反映。

【例6-43】企業轉讓多餘材料一批，價款1,000元及增值稅170元已收存銀行，材料成本為900元。
　（1）收到貨款：
　　借：銀行存款　　　　　　　　　　　　　　　　　　　　　　　1,170
　　　　貸：其他業務收入　　　　　　　　　　　　　　　　　　　　1,000
　　　　　　　應交稅費——應交增值稅（銷項稅額）　　　　　　　　　170
　（2）結轉材料成本：
　　借：其他業務成本　　　　　　　　　　　　　　　　　　　　　　900
　　　　貸：原材料　　　　　　　　　　　　　　　　　　　　　　　900

銷售過程業務核算內容如圖6-5所示。

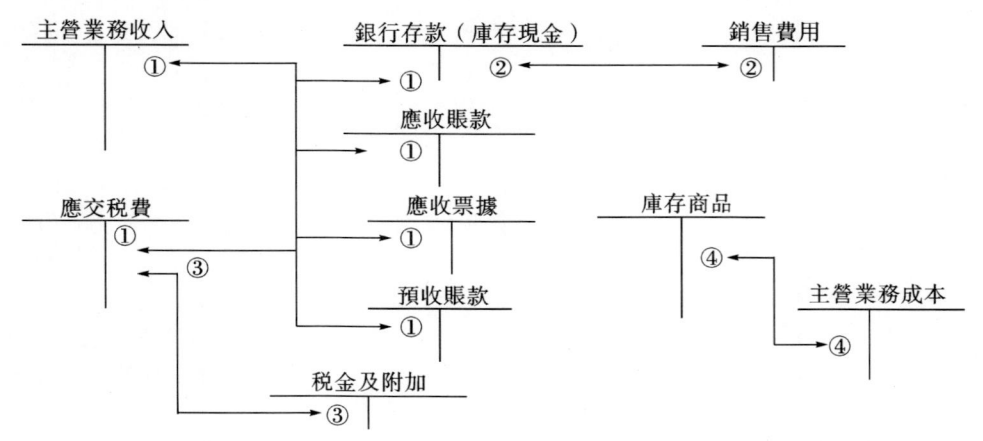

圖6-5　銷售過程核算示意圖

6.6 利潤形成與利潤分配的核算

6.6.1 利潤形成的核算

1. 企業利潤形成步驟

企業利潤形成的計算，一般分以下幾步完成：

營業利潤＝營業收入－營業成本－稅金及附加－銷售費用－管理費用
　　　　－財務費用＋公允價值變動收益＋投資收益

利潤總額＝營業利潤＋營業外收入－營業外支出

淨利潤＝利潤總額－所得稅費用

2. 主要帳戶設置

（1）「營業外收入」帳戶，是損益類帳戶，核算企業發生的各項營業外收入，主要包括非流動資產處置利得、非貨幣性資產交換利得、債務重組利得、政府補助、盤盈利得、捐贈利得等。本帳戶貸方登記發生的營業外收入，借方登記期末轉入「本年利潤」帳戶的營業外收入，結轉後本帳戶無餘額。本帳戶可按營業外收入項目進行明細核算。

（2）「營業外支出」帳戶，是損益類帳戶，核算企業發生的各項營業外支出，包括非流動資產處置損失、非貨幣性資產交換損失、債務重組損失、公益性捐贈支出、非常損失、盤虧損失等。本帳戶借方登記發生的營業外支出，貸方登記期末轉入「本年利潤」帳戶的營業外支出，結轉後本帳戶無餘額。本帳戶可按支出項目進行明細核算。

（3）「所得稅費用」帳戶，是損益類帳戶，核算企業確認的應從當期利潤總額中扣除的所得稅費用。本帳戶借方登記企業按稅法規定的應納稅所得額計算確定的當期應納所得稅，貸方登記期末轉入「本年利潤」帳戶的所得稅額，結轉後本帳戶無餘額。

（4）「本年利潤」帳戶，是所有者權益帳戶，核算企業當期實現的淨利潤（發生的淨虧損）。本帳戶貸方登記期末從「主營業務收入」「其他業務收入」「營業外收入」「公允價值變動損益」（淨收益）以及「投資收益」（投資淨收益）等帳戶轉入的數額，借方登記期末從「主營業務成本」「稅金及附加」「其他業務成本」「銷售費用」「管理費用」「財務費用」「營業外支出」「所得稅費用」「公允價值變動損益」（淨損失）以及「投資收益」（投資淨損失）等帳戶轉入的數額。本期借貸方發生額的差額，表示本期實現的淨利潤（淨虧損）。年度終了，應將本帳戶餘額轉入「利潤分配」帳戶，結轉後本帳戶無餘額。

3. 主要帳務處理

（1）營業外收入的發生

企業取得應計入營業外收入的利得時，一方面會增加營業外收入，另一方面會引起銀行存款等資產的增加。因此，應借記「庫存現金」「銀行存款」等帳戶，貸記「營業外收入」帳戶。

【例 6-44】企業收到職工交來違反企業制度的罰款 200 元。

借：庫存現金　　　　　　　　　　　　　　　　　　　　　　200
　　貸：營業外收入　　　　　　　　　　　　　　　　　　　　　　200

（2）營業外支出的發生

企業發生應計入營業外支出的損失時，一方面會增加營業外支出，另一方面會引起銀行存款等資產的減少。因此，應借記「營業外支出」帳戶，貸記「庫存現金」「銀行存款」等帳戶。

【例 6-45】企業開出轉帳支票一張，向紅十字會捐款 100,000 元。

借：營業外支出　　　　　　　　　　　　　　　　　　　　　100,000
　　貸：銀行存款　　　　　　　　　　　　　　　　　　　　　　100,000

（3）所得稅的計算

企業計算出應交所得稅時，一方面會增加所得稅費用，另一方面會增加負債。因此，應借記「所得稅費用」帳戶，貸記「應交稅費」帳戶。

【例 6-46】年終，企業全年納稅所得額為 1,000,000 元，所得稅稅率為 25%，則：

企業應交所得稅 = 1,000,000 × 25% = 250,000（元）

帳務處理為：

借：所得稅費用　　　　　　　　　　　　　　　　　　　　　250,000
　　貸：應交稅費——應交所得稅　　　　　　　　　　　　　　　250,000

（4）利潤的形成

企業在每期期末，將「主營業務收入」「其他業務收入」「營業外收入」「公允價值變動損益」（淨收益）以及「投資收益」（投資淨收益）等帳戶的貸方餘額轉入「本年利潤」貸方，將「主營業務成本」「稅金及附加」「其他業務成本」「銷售費用」「管理費用」「財務費用」「營業外支出」「所得稅費用」「公允價值變動損益」（淨損失）以及「投資收益」（投資淨損失）等帳戶的借方餘額轉入「本年利潤」借方，結轉後，「本年利潤」帳戶本期借貸方發生額的差額，即為企業當期淨利潤。

【例 6-47】期末，「主營業務收入」貸方餘額為 3,500,000 元，「其他業務收入」貸方餘額為 400,000 元，「營業外收入」貸方餘額為 60,000 元，「主營業務成本」借方餘額為 2,200,000 元，「稅金及附加」借方餘額為 100,000 元，「其他業務成本」借方餘額為 280,000 元，「管理費用」借方餘額為 430,000 元，「銷售費用」借方餘額為 360,000 元，「財務費用」借方餘額為 210,000 元，「營業外支出」借方餘額為 36,000 元，「所得稅費用」借方餘額為 86,000 元。則期末結轉的帳務處理為：

（1）結轉收入類帳戶餘額：

借：主營業務收入　　　　　　　　　　　　　　　　　　　3,500,000
　　其他業務收入　　　　　　　　　　　　　　　　　　　　400,000
　　營業外收入　　　　　　　　　　　　　　　　　　　　　　60,000
　　貸：本年利潤　　　　　　　　　　　　　　　　　　　　3,960,000

（2）結轉費用類帳戶餘額：

借：本年利潤 3,616,000
　　貸：主營業務成本 2,200,000
　　　　稅金及附加 100,000
　　　　其他業務成本 280,000
　　　　管理費用 430,000
　　　　銷售費用 360,000
　　　　財務費用 210,000
　　　　營業外支出 36,000

企業當期利潤總額 = 3,960,000 - 3,616,000 = 344,000（元）

（3）結轉所得稅費用帳戶餘額：

借：本年利潤 86,000
　　貸：所得稅費用 86,000

通過以上核算過程后，「本年利潤」帳戶的餘額為258,000元，即為企業當期的淨利潤。

企業當期淨利潤 = 344,000 - 86,000 = 258,000（元）

6.6.2 利潤分配的核算

1. 企業利潤分配順序

利潤分配是一個法定程序，不能有隨意性，企業必須按照《企業財務通則》和國家其他的有關政策進行利潤分配。

（1）彌補虧損。企業以前年度的虧損，一般按稅法規定的法定年限（一般為5年）先用稅前利潤彌補，超過法定的彌補期后，可用淨利潤來彌補，或者經投資者審議后用盈餘公積彌補虧損。在虧損未彌補完以前，后續分配不予進行。

（2）淨利潤的分配順序。企業年度淨利潤，除法律、行政法規另有規定外，按照以下順序分配：

① 彌補以前年度虧損。

② 提取法定公積金，按淨利潤的10%提取法定公積金。法定公積金累計額達到註冊資本50%以后，可以不再提取。

③ 提取任意公積金。任意公積金提取比例由投資者決議。

④ 向投資者分配利潤。企業以前年度未分配的利潤，並入本年度利潤，在充分考慮現金流量狀況后，向投資者分配。屬於各級人民政府及其部門、機構出資的企業，應當將應付國有利潤上繳財政。

⑤ 形成企業的未分配利潤。

以上②、③、⑤項構成企業的留存收益。

2. 主要帳戶設置

（1）利潤分配帳戶為所有者權益帳戶，核算企業利潤的分配（虧損的彌補）和歷

年分配（彌補）后的餘額。本帳戶借方登記按規定提取的盈餘公積、應付現金股利或利潤，以及從「本年利潤」帳戶貸方轉入的全年累計虧損數額；貸方登記年終時從「本年利潤」帳戶借方轉入的全年實現的淨利潤數額，以及以盈餘公積金彌補虧損的數額，年末餘額一般在貸方，反映企業的累計未分配利潤，若出現借方餘額，表示累計未彌補虧損。本帳戶應當分別設置「提取法定盈餘公積」「提取任意盈餘公積」「應付現金股利或利潤」「轉作股本的股利」「盈餘公積補虧」和「未分配利潤」等進行明細核算。

（2）盈餘公積帳戶為所有者權益帳戶，核算企業從淨利潤中提取的盈餘公積。本帳戶貸方登記盈餘公積的提取數額，借方登記盈餘公積的使用數額，期末餘額在貸方，反映企業的盈餘公積結餘數額。本帳戶應當分別設置「法定盈餘公積」「任意盈餘公積」進行明細核算。

（3）應付股利帳戶為負債類帳戶，核算企業分配的現金股利或利潤。本帳戶貸方登記根據企業經董事會或股東大會或類似機構決議通過的利潤分配方案，確定應分配的現金股利或利潤，借方登記實際支付的股利或利潤，期末餘額在貸方，反映企業應付未付的現金股利或利潤。本帳戶可按投資者進行明細核算。

3. 主要帳務處理

（1）提取盈餘公積。企業提取法定盈餘公積，一方面會增加盈餘公積，另一方面會減少企業未分配利潤。因此，應借記「利潤分配」帳戶，貸記「盈餘公積」帳戶。

【例6-48】年終，企業按全年淨利潤750,000元的10%提取法定盈餘公積。

借：利潤分配——提取法定盈餘公積　　　　　　　　　　　　75,000
　貸：盈餘公積　　　　　　　　　　　　　　　　　　　　　　75,000

（2）分配股利。企業向股東分派現金股利，一方面會減少企業未分配利潤，另一方面會增加企業負債。因此，應借記「利潤分配」帳戶，貸記「應付股利」帳戶。

【例6-49】年終，企業決定向股東分派現金股利500,000元。

借：利潤分配——應付現金股利　　　　　　　　　　　　　　500,000
　貸：應付股利　　　　　　　　　　　　　　　　　　　　　500,000

（3）未分配利潤的結轉。年終，企業應將全年實現的淨利潤轉入「利潤分配」帳戶，因此，應借記「本年利潤」帳戶，貸記「利潤分配」帳戶（如果全年虧損，則作相反分錄）。

【例6-50】年終，結轉企業全年實現淨利潤750,000元。

借：本年利潤　　　　　　　　　　　　　　　　　　　　　　750,000
　貸：利潤分配——未分配利潤　　　　　　　　　　　　　　750,000

年終，企業還應將「利潤分配」帳戶的其他明細帳戶餘額轉入「未分配利潤」明細帳戶，結轉後，「利潤分配——未分配利潤」帳戶餘額表示企業累計未分配利潤（如為借方餘額，表示累計未彌補虧損）。此時，一般應借記「利潤分配——未分配利潤」帳戶，貸記「利潤分配——提取法定盈餘公積、應付現金股利」等帳戶。

【例6-51】結轉【例6-45】、【例6-46】已分配利潤。

借：利潤分配——未分配利潤　　　　　　　　　　　575,000
　　貸：利潤分配——提取法定盈餘公積　　　　　　　75,000
　　　　　　　　——應付現金股利　　　　　　　　　500,000

利潤及其分配過程的核算內容如圖6-6所示。

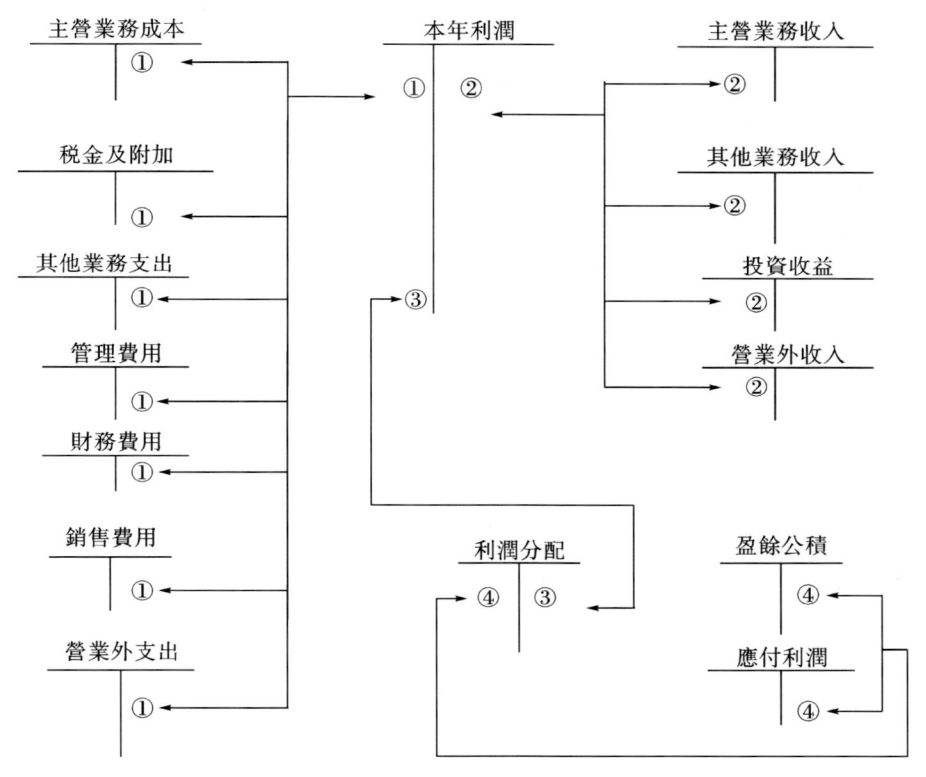

註：①——結轉成本、費用、支出；②——結轉收入；
　　③——利潤轉入利潤分配；　④——進行利潤分配

圖6-6　利潤及利潤分配核算示意圖

復習思考題

1. 企業籌資業務的主要內容有哪些？對其核算主要應當設置哪些帳戶？如何進行帳務處理？

2. 企業投資業務的主要內容有哪些？對其核算主要應當設置哪些帳戶？如何進行帳務處理？

3. 工業企業的採購成本包括哪些內容？

4. 對企業採購業務核算應當設置哪些主要帳戶？如何進行帳務處理？

5. 企業籌資業務的主要內容有哪些？對其核算主要應當設置哪些帳戶？如何進行帳務處理？

6. 對企業生產過程的核算應當設置哪些主要帳戶？如何進行正確的帳務處理？

7. 對企業銷售業務的核算應當設置哪些主要帳戶？如何進行帳務處理？

8. 利潤是怎樣形成的？如何正確核算企業的利潤形成？

9. 利潤的分配順序是什麼？如何正確進行利潤分配的帳務處理？

練習題

一、單項選擇題

1. 企業將庫存商品銷售后，填制記帳憑證時，與主營業務收入帳戶對應的帳戶是（　　）。

    A. 庫存商品　　　　　　　　B. 主營業務成本
    C. 應收票據　　　　　　　　D. 稅金及附加

2. 未分配利潤的數額等於（　　）。

    A. 留存收益
    B. 當年實現的淨利潤
    C. 當年實現的淨利潤加上年年初未分配利潤
    D. 當年實現的淨利潤加上年年初未分配利潤，減去當年提取的「兩金」和分配給股東的利潤后的餘額

3. 企業購買生產用機器設備時發生的增值稅額，應當記入的帳戶是（　　）。

    A. 固定資產
    B. 應交稅費——應交增值稅（進項稅額）
    C. 在建工程
    D. 應交稅費——應交增值稅（銷項稅額）

4. 企業購買上市公司的股票作為交易性金融資產，其發生的相關稅費記入（　　）帳戶。

    A. 交易性金融資產——成本　　B. 短期投資
    C. 公允價值變動損益　　　　　D. 投資收益

5. 一般納稅人企業，下列項目中不屬於外購材料實際成本的是（　　）。

    A. 材料買價　　　　　　　　B. 運雜費
    C. 途中合理損耗　　　　　　D. 增值稅款

6. 企業預收到房屋租金款時，貸方登記的帳戶是（　　）。

    A. 預收收入　　　　　　　　B. 應收帳款
    C. 預收帳款　　　　　　　　D. 其他應付款

二、多項選擇題

1. 應收票據帳戶核算是指因銷售商品等而收到的（　　）。
   A. 銀行本票　　　　　　　　B. 商業承兌匯票
   C. 支票　　　　　　　　　　D. 銀行承兌匯票

2. 按照權責發生制基礎，下列哪些項目屬於本月的收入與支出（　　）。
   A. 用銀行存款支付本月的水電費
   B. 本月銷售產品但貨款尚未收回
   C. 用銀行存款支付下半年的倉庫租金
   D. 收回上月的銷售款

3. 企業接受投資者作為資本投入的資產，可以是（　　）。
   A. 現金　　　　　　　　　　B. 固定資產
   C. 原材料　　　　　　　　　D. 土地

4. 製造企業的生產成本主要由（　　）項目構成。
   A. 直接材料　　　　　　　　B. 直接人工
   C. 製造費用　　　　　　　　D. 管理費用

5. 小規模納稅人企業，外購材料的實際成本包括（　　）。
   A. 材料買價　　　　　　　　B. 增值稅款
   C. 途中合理損耗　　　　　　D. 運雜費

6. 企業所有者權益的內容包括（　　）。
   A. 實收資本　　　　　　　　B. 資本公積
   C. 盈餘公積　　　　　　　　D. 未分配利潤

第七章　期末帳項調整與結轉

7.1　存貨盤存制度

7.1.1　存貨的概念及內容

1. 存貨的定義

存貨，是指企業在日常活動中持有以備出售的產成品或商品、處在生產過程中的在產品、在生產過程或提供勞務過程中耗用的材料和物料等。存貨屬於流動資產，是企業一項很重要的資產。

2. 存貨的確認

企業的資產在符合存貨定義的同時，滿足下列條件的，才能予以確認為存貨：

（1）該存貨包含的經濟利益很可能流入企業；

（2）該存貨的成本能夠可靠計量。

3. 存貨的內容

（1）原材料，是指企業在生產過程中經加工改變其形態或性質並構成產品主要實體的各種原料及主要材料、輔助材料、外購半成品（外購件）、修理用備件、包裝材料、燃料等。

（2）在產品，是指企業正在製造尚未完工的產品，包括正在各個生產工序加工的產品和已經加工完畢但尚未檢驗或已檢驗但尚未辦理入庫手續的產品。

（3）半成品，是指經過一定生產過程並已檢驗合格交付半成品倉庫保管，但尚未製造完工成為產成品，仍需進一步加工的中間產品。

（4）產成品，是指工業企業已經完成全部生產過程並驗收入庫，可以按照合同規定的條件送交訂貨單位，或者可以作為商品對外銷售的產品。

（5）商品，是指商品流通企業外購或委托加工完成驗收入庫用於銷售的各種商品。

（6）週轉材料，是指企業能夠多次使用、逐漸轉移其價值但仍然保持原有形態不確認為固定資產的材料，如包裝物和低值易耗品。

7.1.2　存貨盤存制度

存貨盤存制度是指在會計核算中確定各項存貨的帳面結存數（額）的具體方式。企業確定各項存貨帳存數量的方法有兩種：永續盤存制和實地盤存制。

1. 永續盤存制

（1）永續盤存制又稱帳面盤存制，是通過設置存貨明細帳，逐筆或逐日登記其收入數、發出數，並通過帳簿記錄隨時計算和反映各項存貨帳面結存數量的方法。在這種方法下，存貨明細帳按品種規格設置，存貨的增加和減少，平時都要根據會計憑證連續登記入帳，不僅要登記數量，還要登記金額，隨時可以根據帳簿記錄結出帳面結存數。具體計算公式如下：

$$發出存貨價值 = 發出存貨數量 \times 存貨單價$$

$$期末帳面結存額 = 期初帳面結存額 + 本期收入存貨額 - 本期發出存貨額$$

（2）永續盤存制的優點在於有利於加強對存貨的管理。設置存貨明細帳，可以隨時反映存貨的收入、發出和結存情況，對其數量和金額雙重控制；並可以通過實地盤點，將存貨的帳存數與實存數進行比較，查明帳實是否相符，若不相符，找出帳實不符的原因並及時糾正；另外，還可以通過將存貨明細帳上的結存數與存貨的最高和最低限額進行比較，查明存貨是否積壓或不足，以便採取措施，使存貨數量合理，有利於加速資金週轉。

（3）永續盤存制的缺點是存貨的明細分類核算工作量較大，需要較多的人力和費用。

與實地盤存制相比，永續盤存制在保護存貨安全完整等方面具有明顯的優越性。所以，企業一般都採用永續盤存制。本章第二節中的例子就是在永續盤存制下進行的。

2. 實地盤存制

（1）實地盤存制又稱實地盤存法，是期末通過盤點實物來確定存貨數量，然後計算出期末存貨成本，以便倒計算出本期已耗或已銷存貨成本的一種方法。實地盤存制下，會計人員平時只在帳簿中登記存貨增加數量，不登記減少數量，期末通過實地盤點來確定實存數量。這一般分兩個步驟進行：

一是在本期生產經營活動結束後，下期生產經營活動開始以前進行實地盤點，將盤存數量登記在盤存表上；

二是對月末幾日的購銷單據或收發憑證進行整理，調整盤存數量，進而確定存貨的實際盤點數量。其計算公式如下：

$$期末存貨結存額 = 單位存貨成本 \times 期末存貨盤點數量$$

$$期末存貨盤點數量 = 實地盤點數量 + 已提未銷存貨數量 - 已銷未提存貨數量$$

$$本期減少存貨額 = 期初帳面結存額 + 本期存貨增加額 - 期末存貨結存額$$

（2）實地盤存制的優缺點。採用實地盤存制，由於平時不反映存貨的已耗或已銷數量，無須逐日軋計結存數量，所以核算工作比較簡單，但這種盤存制度不能從帳面上隨時反映存貨的收入、發出和結存情況，只能通過定期盤點，計算、結轉發出存貨的成本。由於倒計發出存貨的成本，使發出存貨成本中可能包含由於存貨短缺、毀損、盜竊或浪費等原因造成的非正常損失，不利於存貨的控制和管理，影響了成本計算的正確性，因此，實地盤存制只適用於一些價值較低、品種複雜、交易頻繁的存貨和一些損耗大、數量不穩定的鮮活存貨。

7.2 存貨計價方法

7.2.1 取得存貨的計價方法

存貨應當按照成本計量。存貨成本包括採購成本、加工成本和其他成本。

1. 外購存貨的成本

外購存貨的成本就是存貨的採購成本，是指從採購到入庫前所發生的全部支出，包括購買價款、進口關稅和其他稅費、運輸費、裝卸費、保險費以及其他可歸屬於存貨採購成本的費用。

（1）存貨的購買價款，是指企業購入的材料或商品的發票帳單上列明的價款，但不包括按規定可以抵扣的增值稅額。

（2）存貨的相關稅費，是指企業購買、自製或委託加工存貨的進口關稅、消費稅、資源稅和不能抵扣的增值稅進項稅額等應當計入存貨採購成本的稅費。

（3）其他可歸屬於存貨採購成本的費用，是指採購成本中除上述各項以外的歸屬於採購成本的費用，如在存貨採購中發生的倉儲費、包裝費，運輸途中的合理損耗，入庫前的挑選整理費用等。

2. 加工取得存貨的成本

加工取得存貨的成本即存貨的加工成本，包括直接人工以及按照一定方法分配的製造費用。

（1）直接人工，是指企業在生產產品過程中直接從事產品生產的工人的職工薪酬。

（2）製造費用，是指企業為生產產品和提供勞務而發生的各項間接費用，包括生產車間管理人員的工資等職工薪酬、折舊費、辦公費、水電費、機物料消耗、勞動保護費、季節性和修理期間的停工損失等。企業應當根據製造費用的性質，合理地選擇製造費用分配方法。

3. 其他成本

其他成本是指除採購成加工成本以外的，使存貨達到目前場所和狀態所發生的其他支出。

另外，企業接受投資者投資、非貨幣性資產交換、債務重組、企業合併等存貨成本的確認方法將在以后的中級財務會計課程中介紹。

7.2.2 發出存貨的計價方法

《企業會計準則第1號——存貨》明確規定：「企業應當採用先進先出法、加權平均法或者個別計價法確定發出存貨的實際成本。」「對於性質和用途相似的存貨，應當採用相同的成本計算方法確定發出存貨的成本。」

1. 先進先出法

（1）先進先出法，是以先入庫的存貨先發出這種存貨實務流轉假設為前提，對發

出存貨進行計價。採用該法，先購入的存貨成本在后購入存貨成本之前轉出，據此確定發出存貨和期末存貨的成本。

【例 7－1】大華公司 2015 年 2 月發出甲原材料的有關資料如表 7－1 所示。

表 7－1　　　　　　　　　　　　甲原材料發出情況表　　　　　　金額單位：元

	數量	單價	金額
期初結存	500	50	25,000
5 日購進	300	52	15,600
9 日發出	400		
11 日購進	300	55	16,500
18 日發出	300		
26 日發出	200		

根據上述資料，具體計算過程和登記的材料明細帳如表 7－2 所示。

表 7－2　　　　　　　　　　　　　　原材料明細帳

材料名稱：甲材料

計量單位：件　　　　　　　　　　　　　　　　　　　　　　　　金額單位：元

2015 年		摘要	收入			發出			結存		
月	日		數量	單價	金額	數量	單價	金額	數量	單價	金額
2	1	期初餘額							500	50.00	25,000.00
	5	購進	300	52.00	15,600.00				500	50.00	40,600.00
									300	52.00	
	9	發出				400	50.00	20,000.00	100	50.00	20,600.00
									300	52.00	
	11	購進	300	55.00	16,500.00				100	50.00	37,100.00
									300	52.00	
									300	55.00	
	18	發出				100	50.00	5,000.00	100	52.00	21,700.00
						200	52.00	10,400.00	300	55.00	
	26	發出				100	52.00	5,200.00	200	55.00	11,000.00
						100	55.00	5,500.00			
	28	合計	600		32,100.00	900		46,100.00	200	55.00	11,000.00

大華公司本期：

發出材料成本＝46,100（元）

期末材料存貨成本＝11,000（元）

（2）先進先出法的優缺點。先進先出法的優點是使存貨的帳面結存價值更接近於近期市場價格；缺點是由於每次發貨都要計算其實際成本，因而工作量非常繁重，在

物價上漲時期，會減少當期成本，造成收入與成本不配比，致使當期財務成果不夠真實。

（3）先進先出法只適用於永續盤存制。

2. 加權平均法

（1）加權平均法，又稱全月一次加權平均法，是根據每種存貨的期初存貨數量與本期入庫數量之和作為權數，去除期初存貨成本和本期入庫成本，計算出存貨的加權平均成本，以此為基礎來計算本期發出存貨的成本與期末存貨的實際成本的一種計算方法。

採用加權平均法，日常按存貨入庫數量、單價、金額登記，本期發出存貨，平時只登記數量，不登記單價和金額，期末按加權平均單價一次計算發出存貨和期末存貨的成本。

加權平均法下，計算公式為：

$$發出存貨成本 = 存貨加權平均單價 \times 發出存貨數量$$

$$存貨加權平均單價 = \frac{期初存貨成本 + 本期存貨入庫成本}{期初存貨數量 + 本期存貨入庫數量}$$

$$期末存貨成本 = 期初存貨成本 + 本期入庫存貨成本 - 本期發出存貨成本$$

【例7-2】仍以【例7-1】的資料為例，說明加權平均法下發出原材料成本和期末原材料帳面結存價值的計算方法。

根據上述資料計算：

$$材料加權平均單價 = \frac{25,000 + 32,100}{500 + 600} = 51.909（元）$$

發出材料成本 = $900 \times 51.909 = 46,718.10$（元）

期末材料成本 = $25,000 + 32,100 - 46,718.10 = 10,381.90$（元）

具體登記明細帳如表7-3所示。

表7-3　　　　　　　　　　　　原材料明細帳

材料名稱：A材料

計量單位：件　　　　　　　　　　　　　　　　　　　　　　金額單位：元

2015年		摘要	收入			發出			結存		
月	日		數量	單價	金額	數量	單價	金額	數量	單價	金額
1	1	期初餘額							500	50.00	25,000.00
	5	購進	300	52.00	15,600.00						
	9	發出				400					
	11	購進	300	55.00	16,500.000						
	18	發出				300					
	26	發出				200					
	29	合計	600		32,100.00	900		46,718.10	200	51.909,0	10,381.90

（2）加權平均法的優缺點。加權平均法的優點是月末一次計算發出存貨和期末結存存貨成本，減少了日常核算工作量；缺點是發出存貨成本到月末才能計算確定，影響了成本計算的及時性，不利於存貨的日常管理。另外，加權平均成本與現行成本有一定差距，一定程度上影響了財務成果的真實性。

（3）加權平均法在實地盤存制和永續盤存制下都可採用。

3．個別計價法

（1）個別計價法，又稱分批實際法、個別認定法，是以某批材料收入時的實際成本作為該批材料存貨發出的實際成本的一種計價方法。採用這種方法，必須使每一批購入的存貨都要分別計量，明細分類帳能分別反映每批存貨購進數量、單價、金額，並能分別存放，出庫時能準確認定。個別計價法下，發出存貨和期末存貨計價的計算公式如下：

$$發出某批存貨的價值 = 發出該批存貨數量 \times 該批存貨實際單位成本$$

$$本期發出存貨總成本 = \sum 各批發出存貨成本$$

期末存貨價成本 = 期初存貨結存成本 + 本期收入存貨成本 − 本期發出存貨成本

【例7−3】仍以【例7−1】的資料，假如每次發出材料都能夠準確知道是哪一批材料，具體情況如表7−4所示。

表7−4　　　　　　　　　　甲原材料發出情況表

	數量	單價	金額
期初結存	500	50	25,000
5日購進	300	52	15,600
9日發出 其中：期初的 　　　5日購進	400 200 200		
11日購進	300	55	16,500
18日發出 其中：期初的 　　　5日購進 　　　11日購進	300 150 50 100		
26日發出 其中：5日購進 　　　11日購進	200 50 150		

按個別計價法計算：

發出存貨成本 = (200×50 + 200×52) + (150×50 + 50×52 + 100×55)

　　　　　　　+ (50×52 + 150×55)

　　　　　　= 20,400 − 15,600 + 10,850

　　　　　　= 46,850（元）

期末存貨成本 = 150×50 + 50×55 = 7,500 + 2,750 = 10,250（元）

（或）= 25,000 + (15,600 + 16,500) - 46,850 = 10,250（元）

具體登記原材料明細帳如表 7 - 5 所示。

表 7 - 5　　　　　　　　　　　　原材料明細帳

材料名稱：甲材料

計量單位：件　　　　　　　　　　　　　　　　　　　　　　　　　金額單位：元

2015年		摘要	收入			發出			結存		
月	日		數量	單價	金額	數量	單價	金額	數量	單價	金額
6	1	期初餘額							500	50.00	25,000.00
	5	購進	300	52.00	15,600.00				500	50.00	40,600.00
									300	52.00	
	9	發出				200	50.00	10,000.00	300	50.00	20,200.00
						200	55.00	11,000.00	100	52.00	
	11	購進	300	55.00	16,500.00				300	50.00	36,700.00
									100	52.00	
									300	55.00	
	18	發出				150	50.00	7,500.00	150	50.00	21,100.00
						50	52.00	2,600.00	50	52.00	
						100	55.00	5,500.00	200	55.00	
	26	發出				50	52.00	2,600.00	150	50.00	10,250.00
						150	55.00	8,250.00	50	55.00	
	30	合計	600		32,100.00	900		46,850.00	150	50.00	10,250.00
									50	55.00	

（2）個別計價法的優缺點。個別計價法的優點是能正確、真實地反映出庫成本；缺點是對於購入次數多、領用頻繁、存貨品種太多的情況下，工作量太大，難以分清批次，不易採用。

（3）個別計價法只適宜於存貨品種較少、大宗成批進貨又成批發出的企業。個別計價法在實地盤存制和永續盤存制下都可採用。

對於不能替代使用的存貨、為特定項目專門購入或製造的存貨以及提供勞務的成本，通常應當採用個別計價法確定發出存貨的成本。

7.2.3　期末存貨的計價方法

資產負債表日，企業存貨應當按照成本與可變現淨值孰低計量。

當存貨成本低於可變現淨值時，存貨按成本計量；當存貨成本高於其可變現淨值時，存貨按可變現淨值計量，同時按照成本高於可變現淨值的差額計提存貨跌價準備，計入當期損益。

可變現淨值，是指在日常活動中，以存貨的估計售價減去至完工時將要發生的成本、銷售費用以及相關稅費後的金額。

有關期末存貨計量的具體內容是財務會計課程的重要內容，將在該門課程中詳細介紹。

7.3 期末帳項調整與結轉

7.3.1 期末帳項調整

1. 期末帳項調整的意義

期末帳項調整是指按照權責發生制原則的要求，在會計期末對帳簿日常記錄中的有關收入、費用進行必要的調整。

權責發生制是根據權責關係的實際發生和影響期間來確認企業的收入和費用的，它能夠恰當地反映某一會計期間企業的經營成果。權責發生制是會計的基本原則之一，是會計核算的記帳基礎，會計制度規定企業必須按照這一原則記帳。

儘管權責發生制是較為合理的記帳基礎，但是由於會計實務在處理上存在著一定困難，企業不可能在日常的會計工作中對每項經濟業務都按權責發生制來記錄，因而，平時也對一些交易事項按現金收支活動發生的時日記錄。例如，企業購買的機器設備，在購入時，就必須按該項資產的實際成本記入「固定資產」帳戶，當機器設備全部耗用後，就會全部轉化為費用，但是企業不可能在平時的會計核算中，每天都去計算機器的耗費，而是在期末，根據該機器的實際耗用情況，計提折舊並轉入費用。再如，企業平常收到了其他單位交來的今後 6 個月的房屋租金時，收到時，是按收付實現制記帳的，到了期末才能確認為本期的具體收入。

正因為企業平時對部分經濟業務按現金收支的行為予以入帳的，所以在每個會計期間都應當根據權責發生制原則進行調整，以便合理地確認企業當期的收入和承擔的費用，正確核算其經營成果。這種在期末按權責發生制要求對平時按現金收支入帳的有關收入、費用等進行調整的行為，就是期末帳項的調整；調整時編制的會計分錄稱為調整分錄。

期末帳項調整是編制會計報表的必要前提。它的主要作用在於通過帳項調整，嚴格劃清會計期間的界限，如實反映各會計期間的收入和費用，正確計算各期損益，為編制高質量的會計報表、準確反映企業各期財務狀況打下良好的基礎。

一個企業需要調整多少帳項，要根據企業的規模及相關經濟業務發生的多少而定，但是對於大多數企業來講，期末通常調整的帳項主要包括應計收入、應計費用、預收收入、預付費用和其他事項調整等內容。

2. 期末帳項調整的主要內容

（1）應計收入的調整

應計收入是指企業在當期已向其他單位或個人提供商品、勞務或財產物資使用權

但尚未收到款項的應該計入當期的各項收入，如銀行存款利息收入、應收的銷售貨款等。在每一會計期末，對於這些款項尚未實際收到的應計收入，會計人員都應通過帳項調整使其歸屬於所對應的會計期間。

應計收入主要通過「應收帳款」和「其他應收款」兩個帳戶來核算。其中：「應收帳款」主要用來核算企業因銷售產品、材料、提供勞務等業務，應向購貨單位或接受勞務單位收取的款項；「其他應收款」主要核算企業提供商品或勞務之外的其他各種應收、暫付款項，包括各種賠款、罰款、應向職工收取的各種墊付款項等。這兩個帳戶均屬於資產類帳戶，借方登記增加數，貸方登記減少數，期末餘額在借方。

【例7-4】2015年1月，大華公司向C公司出租包裝物一批，每月租金1,000元，按協議規定，大華公司季末向C公司收取租金3,000元。

企業在1、2月月末，應分別做如下調整分錄：

借：應收帳款　　　　　　　　　　　　　　　　　　　　　　　　1,000
　　貸：其他業務收入　　　　　　　　　　　　　　　　　　　　　　1,000

3月底收到租金時，做如下分錄：

借：銀行存款　　　　　　　　　　　　　　　　　　　　　　　　3,000
　　貸：應收帳款　　　　　　　　　　　　　　　　　　　　　　　　2,000
　　　　其他業務收入　　　　　　　　　　　　　　　　　　　　　　1,000

【例7-5】銀行按季度支付企業的存款利息。大華公司在1、2月份估計應收的銀行利息均為2,000元。第一季度末收到銀行存款利息6,150元。

公司在1、2月月末，應做如下調整分錄：

借：其他應收款　　　　　　　　　　　　　　　　　　　　　　　　2,000
　　貸：財務費用　　　　　　　　　　　　　　　　　　　　　　　　2,000

3月底收到銀行存款利息時，做如下分錄：

借：銀行存款　　　　　　　　　　　　　　　　　　　　　　　　6,150
　　貸：其他應收款　　　　　　　　　　　　　　　　　　　　　　　4,000
　　　　財務費用　　　　　　　　　　　　　　　　　　　　　　　　2,150

（2）應計費用的調整

應計費用是指企業在當期已經耗用，或當期已受益但尚未實際發生款項支出的應計入當期的各項費用，如銀行借款利息、應付的各種稅金等。在每一會計期末，對於這些款項尚未實際支出的應計費用，會計人員都應通過帳項調整使其歸屬於所對應的會計期間。

應計費用主要通過「應付利息」「應交稅費」「其他應付款」等帳戶來核算。它們主要核算有確切歸集對象的應計入當期但尚未實際支付的費用。這幾個帳戶均屬於負債類帳戶，借方登記減少數，貸方登記增加數，期末餘額在貸方。

【例7-6】大華公司第一季度末支付銀行貸款利息9,320元，公司在1、2月份估計應付的銀行利息均為3,000元。

企業在1、2月月末，應做如下調整分錄：

借：財務費用 3,000
　　貸：應付利息 3,000
3月底支付銀行貸款利息時，做如下分錄：
借：應付利息 6,000
　　財務費用 3,320
　　貸：銀行存款 9,320

【例7-7】大華公司經測算，本月應交車船稅2,389元，尚未繳納。
借：管理費用——稅金 2,398
　　貸：應交稅費——應交車船使用稅 2,398

(3) 預收收入的調整

預收收入，又稱遞延收入，是指企業在當期或以前各期已經收款入帳，但尚未交付和提供服務的收入，隨著企業向其他單位或個人提供商品或勞務，或財產物資使用權而應逐步轉化為各期收入的各項預收款項，如預收客戶貨款、預收出租包裝物租金等。在每一會計期末，對於相應的經濟業務已經完成的預收款項，會計人員都應通過帳項調整使其歸屬於所對應的會計期間。

按照權責發生制的要求，雖然企業已經收到款項，但相應的業務未履行，這筆收入就不能作為企業已實現的收入。這類預收收入，一部分代表已於當期履行了的義務，是屬於已經實現的收入，應當轉為當期的收入，期末調整的就是這一部分；另外一部分代表當期未履行的經濟義務，是尚未實現的收入，要繼續保留在帳上，作為遞延收入轉讓以后各期，仍列為負債。

預收收入主要通過「預收帳款」「其他應付款」等帳戶來核算。

【例7-7】大華企業與D公司簽訂一批產品銷售合同，D公司按合同約定預付貨款20,000元，此款已到帳。本月，A企業按進度向D公司提供5,000元的產品。
收到預付貨款時，大華公司做如下會計處理：
借：銀行存款 20,000
　　貸：預收帳款 20,000
本月提供5,000元產品，月末調整分錄為：
借：預收帳款 5,000
　　貸：主營業務收入 5,000

【例7-8】大華公司在1月份將一間倉庫出租給M公司，每月租金為2,000元，2日M公司用支票支付上半年的租金12,000元。
大華公司收到租金：
借：銀行存款 12,000
　　貸：其他應付款——租金 12,000
1月31日調整分錄：
借：其他應付款 2,000
　　貸：其他業務收入 2,000

(4) 預付費用的調整

預付費用是指企業已經支付用於購買商品或勞務的款項，由於所對應的受益期較長，因而應由各個受益的會計期間共同負擔的費用。在每一會計期末，對於這些款項已經實際支出的預付費用，會計人員都應通過帳項調整使其歸屬於所對應的會計期間。

預付費用主要通過「長期待攤費用」和「預付帳款」等帳戶來核算。

【例7-9】大華公司1月2日用銀行存款支付公司租用的辦公室半年租金60,000元，31日確認本月分攤費用。大華公司做如下會計處理：

支付租金：

借：預付帳款　　　　　　　　　　　　　　　　　　　　　　60,000
　　貸：銀行存款　　　　　　　　　　　　　　　　　　　　　　60,000

1月31日編制調整分錄：

借：管理費用　　　　　　　　　　　　　　　　　　　　　　10,000
　　貸：預付帳款　　　　　　　　　　　　　　　　　　　　　　10,000

【例7-10】大華公司1月2日完成一項經營租賃方式租入機器設備的改良，用銀行存款支付累計改良費用24,000元，公司在未來2年內進行分攤。大華公司做如下會計處理：

支付改良費用：

借：長期待攤費用　　　　　　　　　　　　　　　　　　　　24,000
　　貸：銀行存款　　　　　　　　　　　　　　　　　　　　　　24,000

1月31日確認當期攤銷費用，編制調整分錄：

借：製造費用　　　　　　　　　　　　　　　　　　　　　　1,000
　　貸：長期待攤費用　　　　　　　　　　　　　　　　　　　　1,000

(5) 折舊費用的調整

固定資產在使用過程中其服務潛力會逐步衰竭或消逝，因此，企業必須在固定資產的有效使用期限內將固定資產的價值進行分攤，作為折舊費用。這樣處理一是為了收回固定資產投資，二是按照權責發生制原則促使各會計期間的收入與費用能正確配比，以便更加準確地反映企業各會計期間的財務狀況。

固定資產折舊主要通過「固定資產」和「累計折舊」兩個帳戶來加以反映。「固定資產」是資產類帳戶，用以核算固定資產的原值，借方登記固定資產增加數，貸方登記固定資產報廢或轉出數，期末餘額在借方。「累計折舊」是「固定資產」的備抵調整帳戶，借方登記折舊減少數或轉銷數，貸方登記折舊增加數，期末餘額在貸方。

【例7-11】大華公司本月計提應負擔的折舊費用8,000元，其中管理部門應負擔的折舊費用為3,000元，生產部門應負擔的折舊費用為5,000元。

借：管理費用　　　　　　　　　　　　　　　　　　　　　　3,000
　　製造費用　　　　　　　　　　　　　　　　　　　　　　5,000
　　貸：累計折舊　　　　　　　　　　　　　　　　　　　　　　8,000

7.3.2 期末帳項的結轉

1. 月末帳項結轉

企業在日常發生的各項收入和各項支出，是通過損益類帳戶發表進行登記的，期末為正確反映當期的經營成果即利潤，應將各損益類帳戶的本期發生額進行加總，並轉入「本年利潤」帳戶，結平各損益類帳戶（虛帳戶）。

具體的結轉方法是，將所有收入類帳戶貸方匯集的應屬於本期實現的收入總額從借方轉入「本年利潤」帳戶的貸方；將所有費用類帳戶借方匯集的應由本期負擔的成本、費用、支出從貸方轉入「本年利潤」的借方。

通過「本年利潤」帳戶，企業就可以核算出本期實現的淨利潤和本年累計的淨利潤。

若「本年利潤」的貸方本期發生額大於借方本期發生額，其差額就是本期實現的淨利潤；反之，貸方本期發生額小於本期借方發生額，其差額就是企業本期的虧損額。再結合該帳戶的期初餘額，就可結出「本年利潤」帳戶的期末餘額，表示企業本年累計實現的淨利潤數合累計虧損額。

平時，每月末的帳項結轉會計分錄：

（1）結平有關費用類帳戶：

借：本年利潤
　　貸：主營業務成本
　　　　稅金及附加
　　　　其他業務成本
　　　　銷售費用
　　　　管理費用
　　　　財務費用
　　　　資產減值損失
　　　　營業外支出
　　　　所得稅費用

（2）結平有關收入類帳戶：

借：主營業務收入
　　其他業務收入
　　公允價值變動損益
　　投資收益
　　補貼收入
　　營業外收入
　　貸：本年利潤

2. 年終帳項結轉

由於企業的利潤分配一般是在年末進行，所以在各月末結帳時，企業一般採用表結法，即不需要將每個月的淨利潤或虧損額轉入「利潤分配」帳戶，而是留在「本年利潤」帳戶上，只是在編制月度資產負債表時列入所有者權益項目下的未分配利潤。

年末，企業除了進行收入和費用類帳項的結轉外，還要將「本年利潤」帳戶的餘額即當年實現的淨利潤和虧損額結轉至「利潤分配——未分配利潤」帳戶，結平「本年利潤」帳戶；再將「利潤分配」帳戶所屬的各個明細帳的餘額對轉，即將「利潤分配——未分配利潤」明細帳戶以外的其他各個利潤分配明細帳的餘額轉入「利潤分配——未分配利潤」明細帳，與從「本年利潤」帳戶轉來的淨利潤或虧損對沖後，只保留「利潤分配——未分配利潤」明細帳。該明細帳有餘額反映企業年末累計的未分配利潤額和累計未彌補的虧損額，「利潤分配」的其他明細帳均已結平。至此，所有帳戶的記錄都處理完畢，就可以編制會計報表了。

年終帳項結轉的會計分錄為：
(1) 結平「本年利潤」帳戶：
借：本年利潤
　　貸：利潤分配——未分配利潤
(2) 結平有關「利潤分配」帳戶的明細帳戶：
借：利潤分配——未分配利潤
　　貸：利潤分配——提取法定盈餘公積
　　　　　　　　——提取任意盈餘公積
　　　　　　　　——應付現金股利或利潤
　　　　　　　　——轉作股本的股利
　　　　　　　　——盈餘公積補虧

復習思考題

1. 工業企業的存貨是什麼？其內容主要有哪些？
2. 什麼是企業的存貨盤存制度？有哪兩種存貨盤存制度？基本原理為何？
3. 取得存貨的成本是怎樣確定的？
4. 《企業會計準則——存貨》規定企業可選擇採用的發出存貨的計價方法有哪幾種？各種方法的基本原理是什麼？
5. 先進先出法下，如何正確計算發出存貨成本和期末存貨成本，並登記原材料明細帳？
6. 加權平均法下，如何正確計算發出存貨成本和期末存貨成本，並正確登記原材料明細帳？
7. 個別計價法下，如何正確計算發出存貨成本和期末存貨成本，並登記原材料明細帳？
8. 為什麼要進行期末帳項調整？調整的內容主要有哪些？
9. 為什麼要進行期末帳項結轉？主要結轉哪些帳戶的內容？平時月末結轉與年終結轉有何不同？

練習題

一、單項選擇題

1. 企業在發出存貨的計價方法中，不能採用的是（　　）。
   A. 先進先出法　　　　　　　B. 個別計價法
   C. 加權平均法　　　　　　　D. 后進先出法
2. 下列方法屬於企業簽訂存貨帳存數量的方法是（　　）。
   A. 永續盤存制　　　　　　　B. 個別計價法
   C. 加權平均法　　　　　　　D. 先進先出法
3. 期末存貨的計價方法是（　　）。
   A. 永續盤存制　　　　　　　B. 公允價值
   C. 淨值法　　　　　　　　　D. 成本與可變現淨值孰低法

二、多項選擇題

1. 企業在發出存貨的計價方法中，能採用的是（　　）。
   A. 先進先出法　　　　　　　B. 個別計價法
   C. 加權平均法　　　　　　　D. 后進先出法
2. 下列方法不屬於企業簽訂存貨帳存數量的方法是（　　）。
   A. 永續盤存制　　　　　　　B. 個別計價法
   C. 加權平均法　　　　　　　D. 先進先出法
3. 期末帳項調整的主要內容包括（　　）。
   A. 應計收入的調整　　　　　B. 應計費用的調整
   C. 預收收入的調整　　　　　D. 預付費用的調整
4. 企業財產的盤存制度三要有（　　）。
   A. 永續盤存制　　　　　　　B. 收付實現制
   C. 權責發生制　　　　　　　D. 實地盤存制

第八章 財產清查

8.1 財產清查的意義和種類

8.1.1 財產清查的概念

財產清查就是通過對貨幣資金、存貨、固定資產和各項債權等的盤點或核對，確定其實存數，查明實存數與其帳存數是否相符的一種會計核算專門方法。

企業日常發生的各項經濟業務，通過填制和審核會計憑證、登記帳簿、試算平衡和對帳等會計處理后，理論上講帳簿記錄的數字應該同實際情況一致，即帳實相符。

但是實際工作中一些主觀和客觀的原因會使帳簿記錄的結存數與各項財產的實存數不相一致，出現差異，即帳實不符。造成帳實不符的原因主要有以下幾個方面：

（1）財產物資在保管過程中發生自然損溢，如因干耗、銷蝕、升重等自然現象而發生的數量或質量上的變化。這種變化在日常會計核算中是不反映的，於是出現了帳實不符。

（2）財產物資在收發時，由於計量、計算、檢驗不準確而發生的品種、數量、質量上的差錯，使得所填制的憑證與實際情況不符。

（3）財產物資增減變動時，沒有及時地填制憑證、登記帳簿，或者在填制憑證和登記帳簿時發生了計算上或登記上的錯誤。

（4）由於管理不善或工作人員失職而造成財產物資的損壞、變質短缺，以及貨幣資金、往來款項的差錯。

（5）由於不法分子貪污盜竊、營私舞弊等造成的財產物資損失。

（6）自然災害造成的非常損失。

（7）未達帳項引起的帳實不符等。

帳實不符會影響會計信息的真實性和準確性，為了確保帳簿記錄真實，財產物資安全完整，就必須通過財產清查這一會計核算方法。會計人員對各項財產定期或不定期地進行盤點或核對，對實存數與帳存數不相符的差異，要調整帳簿記錄，查明原因和責任，按有關規定進行處理，做到帳實相符，為定期編制會計報表提供準確、完整、系統的核算信息。

8.1.2 財產清查的意義

1. 確保會計核算資料的真實性

通過財產清查，會計人員可以查明各項財產物資的實存數、實存數與帳存數的差異以及發生差異的原因，以便及時調整帳存記錄，使其帳實相符，從而保證會計資料的真實可靠。

2. 保護財產物資的安全完整

通過財產清查，會計人員可以發現財產管理上存在的問題。比如各項財產物資的保管情況是否良好，有無損失浪費、霉爛變質和非法挪用、貪污盜竊等情況，以便查明原因進行處理；同時，促使企業不斷改進財產物資管理，健全財產物資管理制度，確保財產物資的安全和完整。

3. 挖掘財產物資潛力，合理有效地使用資本

通過財產清查，會計人員可以查明各種財產物資的儲備、保管、使用情況，以及有無超儲、積壓和呆滯等情況，儲存不足的應及時補足，多餘積壓的應及時處理，充分發揮財產物資的潛力，加速資金週轉，提高物資使用效率。

4. 維護財經法規，遵守財經紀律

通過對財產、物資、貨幣資金及往來帳項的清查，會計人員可以查明單位業務人員是否遵守財經紀律，有無貪污盜竊、挪用公款的情況；查明各項資金使用是否合理，是否符合相關的法律法規，從而使工作人員自覺遵守財經紀律，自覺維護財經法規。

5. 保證結算制度的貫徹執行

通過財產清查，會計人員查明各種往來款項的結算情況，對於各種應收帳款應及時結算，已確認的壞帳要按規定處理，避免長期拖欠和掛帳，維護結算紀律和商業信用。

8.1.3 財產清查的種類

財產清查種類很多，可以按不同的標準進行分類，主要有以下幾種：

1. 全面清查和局部清查

財產清查按其清查的範圍大小，可以分為全面清查和局部清查。

（1）全面清查，就是對本單位所有的財產物資、貨幣資金和各項債權債務進行全面的清查、盤點和核對。就製造企業來講，全面清查的對象主要包括以下幾個方面：

① 現金、銀行存款等各種貨幣資產；
② 材料、在產品、半成品、產成品等流動資產；
③ 房屋、建築物、機器設備等各種固定資產及在建工程；
④ 各種應收、應付、預收、預付的債權、債務和有關繳撥結算款項；
⑤ 在途物資；
⑥ 各種股票、國庫券、債券等有價證券及各項投資；
⑦ 受託加工、保管的各種財產物資；
⑧ 委托加工保管的材料物資；

⑨ 需要清查、核實的其他內容。

全面清查由於內容多、範圍廣，工作量大，一般在以下幾種情況下，才需要進行全面清查。

① 年終決算之前；

② 單位撤銷、合併或改變隸屬關係；

③ 開展資產評估、清產核資等活動。

（2）局部清查，就是根據管理的需要或依據有關規定，對部分財產物資、債權債務進行盤點和核對。一般情況下，對於流動性大的材料物資，除年度清查外，年內還要輪流盤點或重點抽查；對於各種貴重物資，每月都應清查盤點一次；對於現金，應由出納人員當日清點核對；對於銀行存款，每月至少要同銀行核對一次；對各種應收帳款，每年至少核對一至兩次。

2. 定期清查和不定期清查

財產清查按照清查的時間，可分為定期清查和不定期清查。

（1）定期清查，是在規定時期對財產物資、債權債務進行的清查，一般是在年度、半年度、季度或月度結帳時進行。這種清查可以是全部清查，也可以是局部清查。

（2）不定期清查，是指根據實際情況的需要而臨時進行的財產清查。同定期清查一樣，它可以是全面清查，也可以是局部清查。一般在以下幾種情況下，才進行不定期清查：

① 更換財產、物資和現金經管人員時；

② 財產發生非常災害或意外損失時；

③ 上級主管單位、財政部門等對企業進行會計檢查時；

④ 進行臨時性清產核資工作時；

⑤ 單位撤銷、合併或改變隸屬關係時。

3. 內部清查和外部清查

財產清查按照清查的執行單位，可分為內部清查和外部清查。

（1）內部清查，是由企業自行組織清查工作小組所進行的財產清查工作。多數的財產清查都屬於內部清查。

（2）外部清查，是由上級主管部門、審計機關、司法部門、註冊會計師根據國家的有關規定或情況的需要對企業所進行的財產清查。如註冊會計師對企業報表進行審計，審計、司法機關對企業在檢查、監督中所進行的清查工作等。

8.2 財產清查的程序、方法和內容

8.2.1 財產清查的一般程序

財產清查是改善經營管理和加強會計核算的重要手段，也是一項涉及面較廣、工作量較大、既複雜又細緻的工作。因此，為了做好財產清查工作，使其發揮應有的積

極作用，會計人員必須按照規定的程序進行。財產清查的一般程序如下：

第一步，做好組織準備

財產清查，尤其是進行全面清查，涉及面較廣，工作量較大，為了能使財產清查工作順利進行，在進行財產清查前要根據財產清查工作的實際需要組建財產清查專門機構，具體負責財產清查的組織和管理。清查機構應由主要領導負責，會同財會部門，財產管理、財產使用等有關部門人員組成，以保證財產清查工作在統一領導下，分工協作，圓滿完成。

第二步，做好業務準備

為了使財產清查工作順利進行，清查之前會計部門和有關業務部門要在清查組織的指導下，做好以下準備工作：

（1）會計部門必須把有關帳目登記齊全，結出餘額，並且核對清楚，做到帳證相符，帳帳相符，為財產清查提供準確、可靠的帳簿資料。

（2）物資保管和使用等業務部門必須對所要清查的財產物資進行整理、排列、標註標籤（品種、規格、結存數量等），以便在進行清查時與帳簿記錄核對。

（3）清查前必須按國家標準計量、校正各種度量衡器具，減少誤差。

（4）準備好各種空白的清查盤存報告表，例如「盤點表」「實存帳存對比表」「未達帳項登記表」等。

第三步，實施財產清查

在做好各項準備工作以後，應由清查人員根據清查對象的特點，依據清查的目的，採用相應的清查方法，實施財產清查。

第四步，清查結果的處理

實地清查完畢，清查人員應將清查的結果及處理意見向企業的董事會或者相應機構報告，並根據《企業會計準則》的規定進行相應的會計處理。

8.2.2 財產清查的一般方法

財產清查是確定其實存數，查明實存數與帳存數是否相符的一種專門方法。因此，會計人員進行財產清查，首先就要清查其實存數量和金額，確定其帳存數量和金額，有了實存數與帳存數的比較，便可以查明實存數與其帳存數是否相符。

1. 清查財產物資實存數量的方法

對於各項財產物資實存數量的清查，一般採用實地盤點法或技術推算法。

（1）實地盤點法，是通過實地逐一點數或用計量器具確定實存數量的一種常用方法，如用逐臺清點有多少臺機床，用秤計量庫存原材料的重量等。

（2）技術推算法，是通過技術推算確定實存數量的一種方法。對有些價值低、數量大的材料物資，如露天堆放的原煤、沙石等，會計人員不便於逐一過磅、點數的，可以在抽樣盤點的基礎上，進行技術推算，從而確定其實存數量。

2. 清查財產物資金額的方法

在清查對象的實存數量確定後，就要進一步確定其金額。有些財產物資沒有實存數量，只有金額時，可直接確定其金額。

對於各項財產物資實存金額的清查，一般可採用帳面價值法、評估確認法和查詢核實法等。

（1）帳面價值法，是根據財產物資的帳面單位價值來確定實存金額的方法。即根據各項財產物資的實存數量乘以單位帳面價值，計算出各項財產物資的實存金額。

（2）評估確認法，是根據資產評估的價值確定財產物資實存金額的方法。這種方法根據資產的特點，由專門的評估機構依據資產評估方法對有關的財產物資進行評估，以評估確認的價值作為財產物資實存金額。這種方法適用於企業改組、隸屬關係改變、聯營、單位撤銷、清產核資等情況。

（3）查詢核實法，是依據帳簿記錄，以一定的查詢方式，清查財產物資、貨幣資金、債權債務數量及價值量的方法。這種方法根據查詢結果進行分析，來確定有關財產物資、貨幣資金、債權債務的實物數量和價值量，適用於債權債務、出租出借的財產物資以及外埠存款的查詢核實。

8.2.3 財產清查的主要內容

1. 實物資產的清查

實物資產的清查是指對原材料、產成品、在產品、貨幣資金、固定資產以及受外單位委托加工、代管的各項資產進行的清點檢查工作。對於實物資產的清查一般分為存貨的清查和固定資產的清查兩大類。

（1）存貨的清查。存貨的清查主要採用實地盤點法和技術推算法，一般按下列步驟進行：

第一，要由清查人員協同材料物資保管人員在現場對材料物資採用上述相應的清查方法進行盤點，確定其實有數量，並同時檢查其質量情況。

第二，對盤點的結果要如實登記在「盤存單」（格式如表 8-1 所示）上，並由盤點人員、檢查負責人和實物保管人員簽章，以明確經濟責任。

表 8-1 　　　　　　　　　盤　存　單
單位名稱：　　　　　　　　　年　月　日　　　　　　　　　　單位：元

編號	名稱	規格	計量單位	數量	單價	金額	備註

盤點：　　　　　　　保管：　　　　　　　負責人：

第三，根據「盤存單」和有關帳簿記錄，編制「帳存實存對比表」（格式如表 8-2 所示）。該表只填列帳實不符的存貨，它是用來調整帳簿記錄的重要原始憑證，也是分析產生帳實差異的原因、明確經濟責任的重要依據。

表 8-2　　　　　　　　　　　帳 存 實 存 對 比 表
單位名稱：　　　　　　　　　　　　年　月　日

編號	名稱	規格	計量單位	單價	實存 數量	實存 金額	帳存 數量	帳存 金額	對比結果 盤盈 數量	盤盈 金額	盤虧 數量	盤虧 金額	備註

盤點人：　　　　　　保管人：　　　　　　負責人：

第四，對帳實不符的存貨，分析差異原因，作出相應的會計處理。

（2）固定資產的清查。固定資產的清查主要採用實地盤點法，一般按下列步驟進行：

首先，應查明固定資產的實物是否與帳面記錄相符，防止固定資產的丟失。

其次，要查明固定資產在保管、維護及核算上是否存在問題，確保企業固定資產核算的正確性。

最後，還要查清固定資產的使用情況，以便有關部門及時處理，保證固定資產的合理、有效使用。

對於盤盈或盤虧的固定資產應編制「固定資產盤盈盤虧報告單」，格式如表 8-3 所示。

表 8-3　　　　　　　　　　　固定資產盤盈盤虧報告單
部門：　　　　　　　　　　　　　年　月　日

固定資產編號	固定資產名稱	固定資產規格及型號	盤盈 數量	盤盈 重置價值	盤盈 累計折舊	盤虧 數量	盤虧 原始價值	盤虧 已提折舊	毀損 數量	毀損 原始價值	毀損 已提折舊	原因
處理意見	審批部門				清查小組				使用保管部門			

盤點：　　　　　　記帳：　　　　　　　　　　負責人：

2. 貨幣資金的清查

貨幣資金是指企業所擁有的在週轉過程中處於貨幣形態的資產，主要包括庫存現金、銀行存款等項目。因此，對於貨幣資金的清查一般分為庫存現金的清查和銀行存款的清查兩大類。

(1) 庫存現金的清查

庫存現金的清查是通過清點庫存現金的實有額，再與現金日記帳進行核對，以便查明帳實是否相符，一般採用實地盤點法。在進行庫存現金的盤點時，清查人員與出納必須同時在場。庫存現金的清查一般按下列步驟進行：

首先，盤點前，應由出納人員將現金收付憑證全部登記入帳，並結出餘額。

其次，盤點時，出納人員必須在場，盤點後如發現盤盈、盤虧，必須會同出納人員核實清楚。

最後，盤點結束後，相關人員應根據盤點的結果，及時填制「庫存現金盤點報告表」，格式如表8-4所示，由盤點人員、出納人員及有關負責人在表上簽字蓋章，並據以調整帳簿記錄。

表8-4　　　　　　　　　　　庫存現金盤點報告表

單位名稱：　　　　　　　　　　　年　月　日

實存數額	帳存數額	實存帳存對比結果		備註
		盤盈	盤虧	

盤點：　　　　　　　出納：　　　　　　　負責人：

(2) 銀行存款的清查

銀行存款的清查主要採用核對法，通過將本企業的銀行存款日記帳與開戶銀行所出具的銀行存款對帳單進行逐筆核對，以查明帳實是否相符。銀行存款清查一般按下列步驟進行：

首先，核對前，記帳人員應詳細檢查銀行存款日記帳的正確性與完整性，確保將已有的銀行存款收付憑證全部登記入帳，並結出餘額。

其次，核對時，應將銀行存款日記帳與銀行對帳單進行逐步核對，查明未達帳項。

最後，核對結束後，應編制「銀行存款餘額調節表」，格式如表8-5所示，對未達帳項進行調整。

所謂未達帳項，是指由於企業與銀行雙方由於接收憑證的時間差造成一方已入帳而另一方尚未入帳的款項。企業與銀行之間的未達帳項，主要有以下四種情況：

① 企業在收到款項或收取帳款憑據的同時，已作企業存款增加入帳，而銀行還未取得入帳的依據，尚未入帳。

② 企業在開出支票或其他支款憑據的同時，已作企業存款減少入帳，而銀行還未取得入帳的依據，尚未入帳。

③ 銀行已收到代企業收取的款項或支付給企業存款利息的同時，已作企業存款增加入帳，而企業還未取得入帳的依據，尚未入帳。

④ 銀行已支付代企業支付的款項或扣取企業貸款利息的同時，已作企業存款減少入帳，而企業還未取得入帳的依據，尚未入帳。

一般情況下，未達帳項調整后，企業的存款餘額應與銀行對帳單的存款餘額相符，如仍不符，應查明原因。

表 8-5　　　　　　　　　　　　銀行存款餘額調節表

年　月　日　　　　　　　　　　　　　　　　　　　　　單位：元

項目	金額	項目	金額
企業銀行存款日記帳帳面餘額		銀行對帳單的存款餘額	
加：銀行已記增加，企業尚未記增加的款項		加：企業已記增加，銀行尚未記增加的款項	
減：銀行已記減少，企業尚未記減少的款項		減：企業已記減少，銀行尚未記減少的款項	
調整后的存款餘額		調整后的存款餘額	

3. 往來款項的清查

往來款項的清查包括應收應付款項、預收預付款項的清查，其清查一般採用查詢核實法，應通過電函、信函或面詢等方式，核對各種應收、應付款項，確認往來帳款的時間、數量。往來款項清查一般按下列步驟進行：

首先，清查前，記帳人員應將各項應收、應付等往來款項全部登記入帳，並結出餘額。

其次，清查時，相關人員應逐戶編制對帳單，寄送對方單位進行核對，根據對方單位寄回的對帳單，及時查明往來款項餘額不一致的原因。

最后，核對結束后，相關人員根據清查結果編制「往來款項核對登記表」，格式如表 8-6 所示。

表 8-6　　　　　　　　　　　　往來款項核對登記表

單位名稱：　　　　　　　　　　　年　月　日　　　　　　　　　　　　單位：元

總分類帳戶	明細分類帳戶	帳面結餘	對方結餘	對比結果		差異原因	備註
				相符	不相符		

盤點：　　　　　　　　　　記帳：　　　　　　　　　　負責人：

8.3　財產清查的帳務處理

8.3.1　財產清查結果的帳務處理內容

財產清查完成後，會出現兩種結果：

第一種是清查出來的實存數與帳存數一致，帳實相符，在這種情況下，就不需要進行帳務處理。

第二種情況是清查出來的實存數與帳存數不一致，出現了盤盈、盤虧或毀損的情況，這就需要進行帳務調整。

盤盈，是指實存數大於帳存數，因此，盤盈時應調整帳存數，使之增加；盤虧，是指帳存數大於實存數；毀損則是指雖然帳存數與實存數一致但實存的財產物資有質量問題，不能按照正常的財產物資使用。

無論是盤虧還是毀損，都需要調整帳存數，使之減少。需要指出的是，財產清查後，出現盤盈、盤虧或毀損的情況都說明企業的管理中存在一定程度的問題，對於清查中發現的差異應在核准數字的基礎上，進一步分析形成的原因，明確責任，並提出相應的處理意見，經規定的程序批准後，才能進行帳務調整。

在會計上，對於財產清查中出現的帳實不符差異的具體處理，分兩個步驟進行：

第一，對於已查明屬實的財產盤盈、盤虧或毀損的數字，相關人員根據「帳存實存對比表」編制記帳憑證，據以登記有關帳簿，調整帳簿記錄，使各項財產物資的實存數和帳存數一致。

第二，待查清原因、明確責任以後，相關人員再根據審批的處理決定，編制記帳憑證，分別記入有關帳戶。

8.3.2　財產清查結果的帳務處理

1. 帳戶設置

為了核算企業財產清查中查明的各種財產物資的盤盈、盤虧或毀損數額以及處理的情況，企業應設置「待處理財產損溢」帳戶。該帳戶屬於雙重性質的帳戶，其借方用來核算各項財產發生的待處理盤虧數或毀損數以及經批准處理的盤盈財產的轉銷數；貸方用來核算各項財產發生的待處理盤盈數以及經批准處理盤虧或毀損財產的轉銷數。按規定企業的各項盤盈、盤虧和毀損必須於期末結帳前處理完畢，所以該帳戶期末一般無餘額。該帳戶應設置「待處理流動資產損溢」和「待處理固定資產損溢」兩個明細帳戶。

「待處理財產損溢」帳戶的結構如表 8-7 所示。

表 8-7　　　　　　　　　　　　　待處理財產損溢

發生額： 　各項財產發生的盤虧數或毀損數額 　轉銷的盤盈數額	發生額： 　各項財產發生的盤盈數額 　轉銷的盤虧、毀損數額

2. 存貨清查結果的帳務處理

造成存貨帳實不符的原因很多,其損失主要包括定額內的盤虧、責任事故造成的損失、自然災害造成的損失等。應分不同情況進行處理。

(1) 對於存貨盤盈,經批准後,一般衝減管理費用。

【例8-1】大華公司財產清查中盤盈 A 材料 1,000 千克,單價為 8 元/千克。經查明,這是由於收發計量出錯造成的。

批准前,調整材料帳存數額:

借:原材料——A 材料　　　　　　　　　　　　　　　　　8,000
　貸:待處理財產損溢——待處理流動資產損溢　　　　　　　8,000

批准後,衝減管理費用:

借:待處理財產損溢——待處理流動資產損溢　　　　　　　8,000
　貸:管理費用　　　　　　　　　　　　　　　　　　　　　8,000

(2) 存貨盤虧或毀損是定額內的合理損耗,經批准可計入管理費用。

(3) 存貨盤虧或毀損超過定額損耗的部分,是過失人的責任由其賠償;屬於保險責任範圍,應向保險公司索賠;扣除過失人或保險公司賠款和殘料價值後的餘額,應記入管理費用。

(4) 屬於非常損失造成的存貨毀損,扣除保險公司賠款和殘料價值後的餘額,應記入營業外支出。

【例8-2】大華公司「帳存實存對比表」所列盤虧 B 材料 1,000 元,經查屬於定額內損失。

批准前,調整材料帳存數:

借:待處理財產損溢——待處理流動資產損溢　　　　　　　1,170
　貸:原材料——B 材料　　　　　　　　　　　　　　　　　1,000
　　　應交稅費——應交增值稅(進項稅額轉出)　　　　　　　170

批准後,計入管理費用:

借:管理費用　　　　　　　　　　　　　　　　　　　　　1,170
　貸:待處理財產損溢——待處理流動資產損溢　　　　　　　1,170

【例8-3】大華公司「帳存實存對比表」所列盤虧 C 材料 3,000 元,經查屬於管理人員王其的責任,應由其賠償 2,800 元。

批准前,調整材料帳存數:

借:待處理財產損溢——待處理流動資產損溢　　　　　　　3,510
　貸:原材料——C 材料　　　　　　　　　　　　　　　　　3,000
　　　應交稅費——應交增值稅(進項稅額轉出)　　　　　　　510

批准后:

借:其他應收款——王其　　　　　　　　　　　　　　　　2,800
　　管理費用　　　　　　　　　　　　　　　　　　　　　　710
　貸:待處理財產損溢——待處理流動資產損溢　　　　　　　3,510

【例8-4】大華公司「帳存實存對比表」所列毀損D材料2,000元，經查屬於自然災害造成的損失，保險公司同意賠付1,300元。

批准前，調整材料帳存數：

借：待處理財產損溢——待處理流動資產損溢　　　　2,340
　　貸：原材料——D材料　　　　　　　　　　　　　　2,000
　　　　應交稅費——應交增值稅（進項稅額轉出）　　　340

批准後：

借：其他應收款——保險公司　　　　　　　　　　　1,300
　　營業外支出　　　　　　　　　　　　　　　　　　1,040
　　貸：待處理財產損溢——待處理流動資產損溢　　　2,340

3. 固定資產清查結果的帳務處理

在固定資產清查過程中，對於盤盈或盤虧的固定資產，應查明原因，填制固定資產盤盈盤虧報告單。報經企業領導批准後，盤虧的固定資產淨額應記入營業外支出；盤盈的固定資產，應作為以前年度損益處理。

【例8-5】某企業根據「固定資產盤盈盤虧報告單」所列盤虧設備一臺，原值為30,000元，累計折舊為8,000元，編制記帳憑證。

批准前，調整固定資產帳存數：

借：待處理財產損溢——待處理固定資產損溢　　　22,000
　　累計折舊　　　　　　　　　　　　　　　　　　 8,000
　　貸：固定資產　　　　　　　　　　　　　　　　30,000

批准後，計入營業外支出：

借：營業外支出　　　　　　　　　　　　　　　　22,000
　　貸：待處理財產損溢——待處理固定資產損溢　 22,000

企業盤盈的固定資產，一般是以前年度發生的會計差錯，應根據重置價值借記「固定資產」科目，貸記「以前年度損益調整」帳戶。具體的帳務處理內容將在財務會計課程中介紹。

4. 庫存現金清查結果的帳務處理

在庫存現金清查中，會計人員發現現金短缺或盈餘時，除了設法查明原因外，還應及時根據「庫存現金盤點報告表」進行帳務處理。

【例8-6】大華公司進行現金清查，發現長款102元，編制記帳憑證。

批准前，調整庫存現金帳存數：

借：庫存現金　　　　　　　　　　　　　　　　　　　102
　　貸：待處理財產損溢——待處理流動資產損溢　　　　102

經反覆核查，未查明原因，經批准做營業外收入處理：

借：待處理財產損溢——待處理流動資產損溢　　　　　102
　　貸：營業外收入　　　　　　　　　　　　　　　　　102

【例 8-7】大華公司進行現金清查，發現短款 320 元，編制記帳憑證。
批准前，調整庫存現金帳存數：
借：待處理財產損溢——待處理流動資產損溢　　　　320
　　貸：庫存現金　　　　　　　　　　　　　　　　　　　　320
經查，屬於出納人員李蜜的責任，應由其賠償：
借：其他應收款——李蜜　　　　　　　　　　　　　320
　　貸：待處理財產損溢——待處理流動資產損溢　　　　　320

5. 往來款項清查結果的帳務處理

（1）在財產清查中查明確實無法收回的應收款項，不是通過「待處理財產損溢」帳戶進行核算，而是在原來帳面記錄的基礎上，按規定程序報經批准後，直接轉銷，轉銷方法通常採用備抵法。備抵法是指按期對應收款項估計壞帳損失，形成壞帳準備，當壞帳實際發生時，應根據其金額衝減壞帳準備，同時轉銷應收款項的一種方法。

採用備抵法，企業應設置「壞帳準備」帳戶。企業計提壞帳準備時，借記「資產減值損失」帳戶，貸記「壞帳準備」帳戶；實際發生壞帳時，借記「壞帳準備」帳戶，貸記「應收帳款」等帳戶。

【例 8-8】某企業 2010 年年末對應收款項經過分析計算，應計提壞帳準備 10,000 元，編制記帳憑證。
2010 年年末帳務處理如下：
借：資產減值損失　　　　　　　　　　　　　　10,000
　　貸：壞帳準備　　　　　　　　　　　　　　　　　10,000
2011 年 2 月一筆應收帳款確實無法收回，發生壞帳損失 2,000 元，帳務處理如下：
借：壞帳準備　　　　　　　　　　　　　　　　　2,000
　　貸：應收帳款　　　　　　　　　　　　　　　　　　2,000

（2）在財產清查中查明確實無法支付的應付款項，一般直接轉為營業外收入。

【例 8-9】大華公司清理出長期無法支付的應付帳款 2,500 元，經查實對方單位已破產，經批准作銷帳處理，編制記帳憑證。
借：應付帳款　　　　　　　　　　　　　　　　　2,500
　　貸：營業外收入　　　　　　　　　　　　　　　　　2,500

復習思考題

1. 財產清查定義為何？企業為什麼要進行財產清查？
2. 實物清查的方法有哪幾種？如何進行？
3. 什麼是未達帳項？企業與銀行之間發生未達帳項有哪幾種基本類型？
4. 如何編制「銀行存款餘額調節表」？
5. 如何對各類財產清查的結果進行帳務處理？

練習題

一、單項選擇題

1. 對於銀行已經入帳而企業尚未入帳的未達帳項，企業應當（　　）。
   A. 在編制「銀行存款餘額調節表」時同時入帳
   B. 根據「銀行對帳單」記錄的金額入帳
   C. 根據「銀行對帳單」編制記帳憑證入帳
   D. 待結算憑證到達后入帳
2. 對應收帳款進行清查時採取的方法是（　　）。
   A. 實地盤存法　　　　　　　　B. 技術推算法
   C. 帳實核對法　　　　　　　　D. 查詢核實法

二、多項選擇題

1. 財產物資盤盈在進行帳務處理時，應當計入（　　）會計帳戶中。
   A. 營業外收入　　　　　　　　B. 管理費用
   C. 其他業務收入　　　　　　　D. 製造費用
2. 清查財產物資實存數量採取的方法是（　　）。
   A. 實地盤存法　　　　　　　　B. 技術推算法
   C. 帳實核對法　　　　　　　　D. 查詢核實法
3. 清查財產物資金額採取的方法是（　　）。
   A. 帳面價值法　　　　　　　　B. 評估確認法
   C. 帳實核對法　　　　　　　　D. 查詢核實法

第九章　會計核算形式

9.1　會計核算形式的意義和種類

9.1.1　會計核算形式的意義

1. 會計核算形式的含義

會計核算形式，又叫會計核算組織形式，是指在會計核算中，會計憑證組織、會計帳簿組織和帳務處理程序相互結合的會計核算工作的方式。

會計憑證組織是指會計核算中使用的會計憑證的種類、格式和各種憑證之間的相互關係；會計帳簿組織是指在會計核算中使用的會計帳簿的種類、格式和各種帳簿之間的相互關係；帳務處理程序是指從填制會計憑證到登記帳簿，最后形成會計報表的方法和步驟。所以，會計核算形式實質上是將會計方法、會計技術和會計工作的組織融會在一起的技術組織方式。

2. 會計核算形式的意義

為了搞好會計核算，把帳務處理工作組織得井然有序，任何單位都必須選擇一個科學合理的、適合本單位的會計核算形式。其主要意義是：

（1）有利於提高會計工作質量。企業建立科學合理的會計核算形式，形成加工和整理會計信息的正常機制，是提高會計信息質量的重要保障，有利於提高會計核算工作質量。

（2）有利於規範企業的會計核算工作。企業建立科學合理的會計核算形式，是對整個會計核算工作各方面、各環節、各步驟作了統一的規範，使整個會計核算工作按照一定的步驟和方法有條不紊地進行，加強了會計工作各環節的相互配合和監督，最大限度地減少和避免差錯，因而是綜合治理會計核算中混亂現象、提高會計信息質量的有效措施。

（3）有利於提高會計核算工作效率。科學適用的會計核算形式，合理地安排了從記帳準備工作起到最終編制會計報表並提供會計信息為止的全部工作程序，可以避免多餘環節，減少記帳工作中的重複勞動，節約核算費用和時間；同時，有利於各項會計核算工作得到最佳的協調配合，並節約核算費用，從而使會計記錄正確、及時、完整，提高會計工作的效率。

（4）有利於提高會計資料的有用性。科學適用的會計核算形式可以對企業的經濟活動作出正確及時的核算和監督，為分析經濟活動中存在的問題，為企業的經營決策

提供可靠的依據，從而提高會計核算資料的有用性；會計人員也才有時間進一步加強會計管理，發揮會計監督的作用。

9.1.2 建立會計核算形式的原則

1. 必須符合會計基本理論和方法的原則

會計基本理論和方法是在長期的會計工作實踐中逐漸形成的，是對會計實踐的科學總結。它來源於會計實踐，反之又指導會計實踐。

首先，企業在建立會計核算形式時，以不違背會計帳務處理的基本程序為前提。會計核算形式所要解決的中心問題是如何合理組織和安排會計核算工作中帳務處理的步驟和方法。帳務處理的基本程序是：從會計憑證的填制與審核到登記會計帳簿，最後到編制會計報表。這一基本程序的各個環節缺一不可，而且不能任意顛倒。它是建立會計核算形式的前提條件。

其次，企業在建立會計核算形式時，必須貫徹序時核算與分類核算相結合、總分類核算與明細分類核算相結合、日常零星核算與期末匯總核算相結合的原則。任何核算形式既要有對經濟業務以會計分錄和摘要記錄為主的形式所作的序時記錄，又要有分門別類反映會計對象增減變化及結果的分類記錄；分類記錄中既要有總括的、統馭性的總分類記錄，又要有從屬的、補充說明總括記錄的明細記錄；在日常經濟業務發生時必須及時記錄，而且在期末又須對日常的記錄既要設置序時帳簿，又要設置分類帳簿；既要設置總分類帳簿，又要設置明細分類帳簿；既要進行日常零星核算，又要進行期末匯總核算。與此同時，會計憑證的組織也要與之適應。因此，遵循三個結合的原則是建立科學、合理的會計核算形式的必要條件。

2. 必須遵循實事求是的原則

實事求是是企業建立科學、合理的會計核算形式的指導性原則。該原則要求企業必須根據自身的生產經營特點、企業規模的大小、業務繁雜程度以及現有的會計人員數量和質量來建立會計核算形式。所以，每一個企業都不能照搬別人的形式，而應當按本單位的實際加以改造，並隨著企業的發展而不斷改進和完善。

3. 必須符合精簡節約的原則

企業單位建立的會計核算形式要在保證會計核算質量的前提下，盡可能簡化會計核算手續，剔除不必要的功能，減少帳務處理中的重複勞動，提高會計核算工作的效率，節約會計核算工作中的人力、物力和財力的耗費。

4. 有利於建立會計工作崗位責任制的原則

建立會計核算形式要有利於會計部門和會計人員的分工與協作，有利於明確會計人員工作崗位的職責；同時，又有利於不同程序之間的相互牽制。

5. 必須滿足會計電算化的要求

會計電算化是會計核算工作的發展方向和必由之路。它以電子計算機為主要手段，將當代電子技術和信息技術應用到會計事務中，利用計算機代替人工記帳、算帳和報帳，以及替代部分由人腦完成的對會計信息的分析和判斷。各企業建立會計核算形式必須適應這種會計現代化發展的需要，其憑證的組織和帳簿的選擇及帳務處理程序的

設定必須適應電子計算機處理會計業務的要求。

9.1.3　會計核算形式的種類

在會計實務中，由於會計憑證、會計帳簿和帳務處理程序有多種多樣的結合形式，因而就形成了各種各樣的會計核算形式。每個企業、單位可根據自身的特點，選擇適合的會計核算形式。

中國目前常用的會計核算形式主要有記帳憑證核算形式、科目匯總表核算形式、匯總記帳憑證核算形式、多欄式日記帳核算形式、日記總帳核算形式以及普通日記帳核算形式等。這些核算形式儘管在憑證組織、帳簿組織及具體的帳務處理步驟上各有不同，但其基本的核算程序是共同的。這些共同的程序可用圖 9－1 所示。

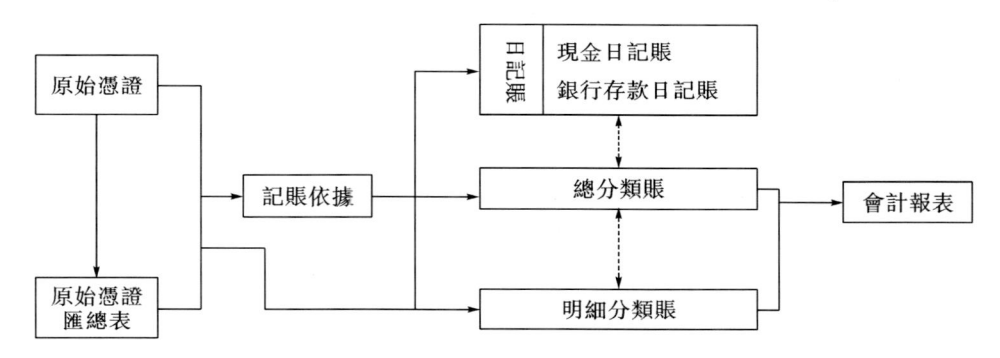

說明：──→ 表示制證、登帳、編表；┄┄▶ 表示核對

圖 9－1　會計核算形式的基本程序

這幾種會計核算形式的主要區別是登記總帳的依據和方法不同，因而帶來了會計憑證和帳簿的組織差異。

9.2　記帳憑證核算形式

9.2.1　記帳憑證核算形式的基本內容

1. 記帳憑證核算形式的特點

記帳憑證核算形式是指對於企業發生的所有經濟業務都應當根據原始憑證或原始憑證匯總表編制記帳憑證，再根據記帳憑證逐筆登記總帳的一種會計核算形式。其特點是直接根據每張記帳憑證逐筆登記總分類帳。由於這一特點能夠與其他核算形式相區別，因此人們就突出這一特點而將其命名為記帳憑證核算形式。這是中國目前最基本的一種會計核算形式，它幾乎包含了其他核算形式的基本內容，其他核算形式是在它的基礎上根據會計管理的需要發展演變而成的。

2. 記帳憑證核算形式的內容
(1) 會計憑證組織
　　在記帳憑證核算形式下應當設置兩類會計憑證。一類是原始憑證,包括經濟業務發生完成時填制、取得的原始憑證以及根據這些原始憑證匯總編制的原始憑證匯總表和會計人員編制的各種費用分配表等。另一類是記帳憑證,可以設置單式記帳憑證,也可以設置復式記帳憑證;復式記帳憑證可以採用通用格式,也可以採用專用格式即分別設置收款憑證、付款憑證和轉帳憑證。
　　各類憑證之間的關係是:原始憑證匯總表根據原始憑證編制;記帳憑證主要根據原始憑證編制,當原始憑證匯集為原始憑證匯總表時,就主要根據該匯總表編制記帳憑證。更正錯誤、帳項調整、結轉等業務不能取得原始憑證時,這些業務需要填制的記帳憑證則根據有關帳簿資料編制。
(2) 會計帳簿組織
　　在記帳憑證核算形式下應分別設置日記帳和分類帳兩類會計帳簿。日記帳通常設置借貸餘三欄式現金日記帳和銀行存款日記帳,分別序時記錄庫存現金、銀行存款的收付款業務。日記帳必須採用訂本式帳簿。分類帳分別設置總帳和明細帳兩種。總帳按照使用的一級會計科目分別開設帳戶,採用借貸餘三欄式訂本帳。明細帳按照會計準則的有關規定,結合本企業會計管理的需要,根據各類經濟業務的特點,分別採用三欄式、多欄式、數量金額式等格式;明細帳一般使用活頁式或者卡片式帳簿。
　　各類帳簿之間的關係是:總分類帳與明細分類帳按照平行登記的原則,各自根據會計憑證進行獨立登記,不能根據總帳過入明細帳,也不能根據明細帳過入總帳,期末,總帳與所屬明細帳的本期借、貸方發生額及期初、期末餘額核對相符;現金和銀行存款日記帳根據原始憑證或收款憑證和付款憑證逐筆連續登記,期末與庫存現金總帳和銀行存款總帳核對。凡設有日記帳的帳戶,其本期發生額和餘額與相應的日記帳本期發生額和餘額一致,日記帳與分類帳只有核對關係,不能相互轉錄。
(3) 帳務處理程序
　　在記帳憑證核算形式下,整個帳務處理程序是:
　　① 根據原始憑證或原始憑證匯總表編制記帳憑證;
　　② 根據收、付款憑證登記現金日記帳和銀行存款日記帳;
　　③ 根據記帳憑證並結合原始憑證登記明細帳;
　　④ 根據記帳憑證登記總分類帳;
　　⑤ 月末,總分類帳簿與日記帳簿的有關記錄相核對,總分類帳簿與明細分類帳簿的有關記錄相核對;
　　⑥ 月末進行結帳,試算平衡和編制會計報表。
　　記帳憑證核算形式下的憑證組織、帳簿組織和帳務處理程序有機結合如圖 9－2 所示。

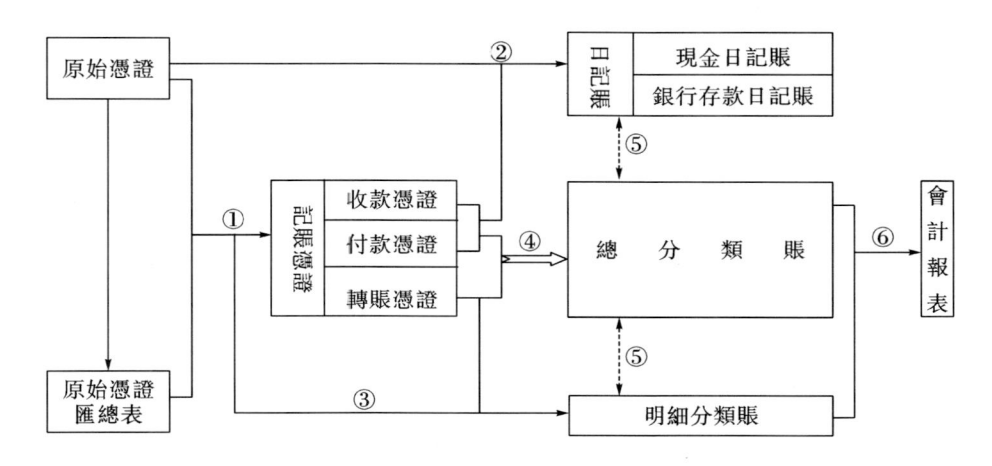

說明：──→ 表示製證、登賬、編表； ←---→ 表示核對； ⇒ 表示登記總賬

圖 9－2　記帳憑證核算形式圖示

9.2.2　記帳憑證核算形式的優缺點及適用範圍

1. 記帳憑證核算形式的優點

記帳憑證核算形式的主要優點是層次清楚，簡單明了，手續簡便，容易掌握；總分類帳由於是依據記帳憑證逐筆登記的，故較為詳細，有利於對帳和查帳。

記帳憑證核算形式的憑證組織、帳簿組織和帳務處理程序是最一般的，記帳程序簡單，方法容易掌握；同時，這種核算形式完整、清晰地體現了會計核算的一切基本要素和帳務處理的基本程序，因此是其他核算形式的基礎。

2. 記帳憑證核算形式的缺點

記帳憑證核算形式的主要缺點是：總分類帳根據記帳憑證登記，過帳的工作量大。為了克服這種缺點，應當盡量採用原始憑證匯總表，以減少記帳憑證的數量。

3. 記帳憑證核算形式的適用範圍

記帳憑證核算形式的缺點限制了它的使用範圍。它主要適用於規模較小、業務量較少、記帳憑證不多的企業。

9.3　科目匯總表核算形式

9.3.1　科目匯總表核算形式的基本內容

1. 科目匯總表核算形式特點

科目匯總表核算形式是指定期將所有記帳憑證編制成科目匯總表，然后再根據科目匯總表直接登記總分類帳的一種核算形式。它是在記帳憑證核算形式的基礎上，通過增設科目匯總表，並以該表作為登記總帳的直接依據而形成的，這也是科目匯總表

核算形式區別於其他核算形式的最大特點。

2. 科目匯總表核算形式的內容

（1）會計憑證的組織

在科目匯總表核算形式下，會計憑證的組織與記帳憑證核算形式的憑證組織基本上是一致的，但是，科目匯總表形式下，為了便於匯總，會計人員可以編制簡單會計分錄和單式憑證。除此之外，會計人員還需要獨立設置一種記帳憑證匯總表即科目匯總表作為登記總帳的直接依據。

科目匯總表是根據記帳憑證定期繪制編制，以表格的形式列示有關總帳戶的本期發生額合計數，據以登記總帳的一種記帳憑證匯總表，這已在第四章中介紹。

科目匯總表的格式根據匯總的次數不同可分別選擇不同的兩種格式：如果每月匯總的次數不固定，或者每5天、每周、半個月或者一個月匯總一次編制一張，可選擇採用第四章中的表4-16的格式；如果每旬匯總一次，每月編制一張，可選擇表9-1的格式。

表9-1　　　　　　　　　　科　目　匯　總　表
　　　　　　　　　　　　　　　年　　　月

會計科目	記帳	1日至10日		1日至10日		1日至10日		本月合計	
		借方	貸方	借方	貸方	借方	貸方	借方	貸方
庫存現金									
銀行存款									
原材料									
……									
合　計									

（2）會計帳簿組織

在科目匯總表核算形式下，其帳簿組織與記帳憑證核算形式基本相同，但由於科目匯總表不反映各帳戶的對應關係，因而總帳可採用借貸餘三欄式，明細帳根據需要採用三欄式、多欄式和數量金額式。

現金日記帳和銀行存款日記帳也採用三欄式。總分類帳可以根據每次匯總編制的科目匯總表隨時進行登記，也可以在月末時，根據科目匯總表各會計科目借方發生額和貸方發生額的全月數一次登記。

（3）帳務處理程序

科目匯總表核算形式與記帳憑證形式下的帳務處理程序基本相同，只是在第④步中增加編制科目匯總表的步驟，即將原來登記總帳的一步變為兩步，先根據記帳憑證編制科目匯總表，再依據科目匯總表登記總帳，其餘步驟完全相同。

科目匯總表形式下的憑證組織、帳簿組織和帳務處理程序的有機結合如圖9-3所示。

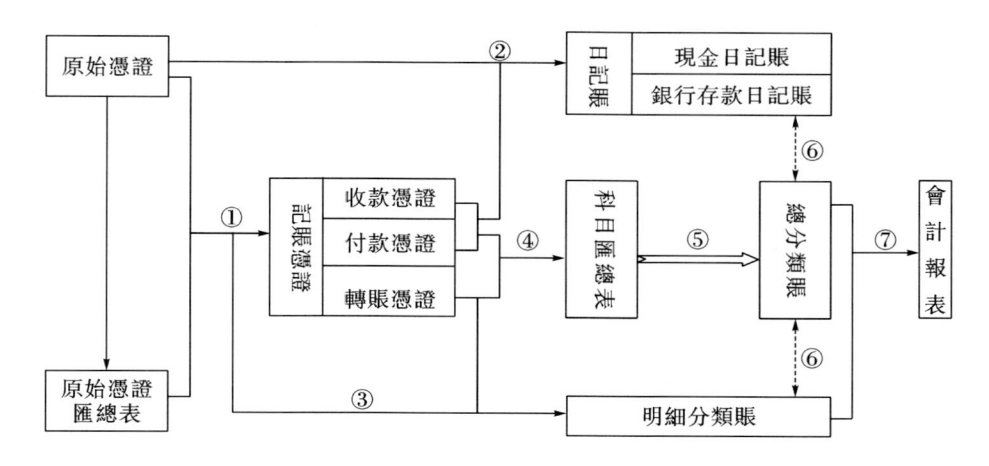

說明：──→ 表示制證、登賬、編表；◄------ 表示核對；═══▶ 表示登記總賬

圖9-3　科目匯總表核算形式圖示

9.3.2　科目匯總表核算形式的優缺點及適用範圍

1. 科目匯總表核算形式的優點

科目匯總表核算形式的最明顯的優點是：由於根據科目匯總表來登記總分類帳，所以大大減少了登記總帳的工作量；記帳的層次比較清楚，手續比較簡單；編制科目匯總表還可以進行試算平衡，有利於保證總帳資料的準確性。

2. 科目匯總表核算形式的缺點

科目匯總表的主要缺點是在科目匯總表中只反映各帳戶的借方發生額和貸方發生額，不能反映各個帳戶的對應關係及經濟業務的來龍去脈，不便於根據帳簿記錄檢查分析經濟業務情況，不便於查對帳目。如果企業規模較大、業務量較多，記帳憑證的匯總工作量也較大。

3. 科目匯總表核算形式的適用範圍

科目匯總表核算形式適用於經濟業務比較頻繁，但又不是很複雜的中型企業和其他經濟單位。

9.4　匯總記帳憑證核算形式

9.4.1　匯總記帳憑證核算形式的基本內容

1. 匯總記帳憑證核算形式的概念

匯總記帳憑證核算形式是指定期將記帳憑證匯總編制各種匯總記帳憑證，然后根

據匯總記帳憑證登記總分類帳的一種核算形式。此種核算形式的主要特點是先根據記帳憑證定期（5 天或 10 天）編制匯總記帳憑證，再據此登記總分類帳。

2. 匯總記帳憑證核算形式的基本內容

（1）會計憑證組織

在匯總記帳憑證核算形式下，會計憑證的組織與前幾種形式差不多，但應當採用專用記帳憑證，不僅要分別設置收款憑證、付款憑證和轉帳憑證，還必須分別設置匯總收款憑證、匯總付款憑證以及匯總轉帳憑證這三種匯總記帳憑證。由於匯總轉帳憑證的帳戶對應關係是一個貸方帳戶與一個或幾個借方帳戶相對應，因此為了便於進行匯總，要求轉帳憑證只填制一借一貸的簡單分錄和一貸多借的複合分錄，不能填制一借多貸的複合分錄，它不便於匯總。

（2）會計帳簿組織

匯總記帳憑證核算形式下的帳簿組織與前兩種基本一致，分別設置現金日記帳、銀行存款日記帳和有關總分類帳以及明細分類帳。

（3）帳務處理程序

匯總記帳憑證核算形式的帳務處理程序是在科目匯總表形式的帳務處理程序的基礎上，對匯總方式加以改進而形成的。在此帳務處理程序中，會計人員將分析性較差記帳憑證匯總表——「科目匯總表」改變為能夠反映帳戶對應關係的累計性匯總記帳憑證——「匯總記帳憑證」，從而形成了匯總記帳憑證核算形式的帳務處理程序。

比較匯總記帳憑證形式與科目匯總表形式的帳務處理程序，主要是第④步不同，其餘各步驟完全一致。在匯總記帳憑證形式下的第④步是分別根據收、付、轉記帳憑證編制匯總收款憑證、匯總付款憑證和匯總轉帳憑證；然后第⑤步，再根據三種匯總記帳憑證登記有關總帳。其登記方法是：

①根據匯總收款憑證的合計數，記入總分類帳中的「庫存現金」「銀行存款」帳戶的借方，以及相關帳戶的貸方；

②根據匯總付款憑證的合計數，記入總分類帳中「庫存現金」「銀行存款」帳戶的貸方，以及相關帳戶的借方；

③根據匯總轉帳憑證的合計數，記入總分類帳中有關帳戶的借方和相關帳戶的貸方。

因為匯總記帳憑證一般是按月匯總編制的，所以，以此來登記總帳一般也是在月終。

匯總記帳憑證核算形式下的憑證組織、帳簿組織和帳務處理程序的有機結合形式如圖 9-4 所示。

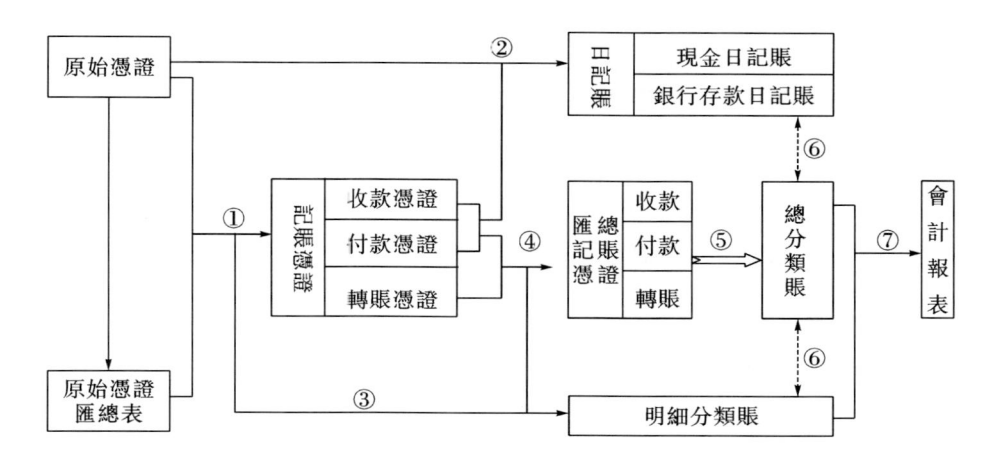

```
                                    ②    ┌──┬──────────────┐
┌──────────┐                             │日│   現金日記賬   │
│ 原始憑證  │─────────────────────→   │記├──────────────┤
└──────────┘                             │賬│ 銀行存款日記賬 │
      │                                  └──┴──────────────┘
      │                                                ↑
      │                                                ⑥
      │                                                ↓
      │       ┌──┬──────────┐     ┌──┬────┐       ┌────┐       ┌──┐
      │       │記│ 收款憑證 │     │匯│收款│       │ 總 │       │會│
      │   ①   │賬├──────────┤ ④  │總├────┤  ⑤    │ 分 │  ⑦    │計│
      ├──────→│憑│ 付款憑證 │────→│記│付款│═════→│ 類 │──────→│報│
      │       │證├──────────┤     │賬├────┤       │ 賬 │       │表│
      │       │  │ 轉賬憑證 │     │憑│轉賬│       │    │       │  │
      │       └──┴──────────┘     │證│    │       └────┘       └──┘
      ↓                            └──┴────┘                       ↑
┌──────────┐                                                        ⑥
│ 原始憑證  │                                                        ↓
│ 匯總表    │──────────③────────→┌────────────────┐
└──────────┘                      │   明細分類賬    │
                                  └────────────────┘
```

說明：──── 表示制證、登賬、編表； ┈┈┈ 表示核對； ═══> 表示登記總賬

圖 9-4　匯總記帳憑證核算形式圖示

9.4.2　匯總記帳憑證的編制方法

　　匯總記帳憑證是一種累計記帳憑證，是多次填制完成的，分別為匯總收款憑證、匯總付款憑證和匯總轉帳憑證三種。

　　1. 匯總收款憑證

　　匯總收款憑證是根據現金收款憑證、銀行存款收款憑證定期匯總編制的匯總記帳憑證。其編制方法是按現金、銀行存款帳戶的借方設置匯總收款憑證，根據匯總期內（5 天或 10 天）全部庫存現金和銀行存款收款憑證，分別按與設證帳戶（庫存現金或銀行存款）相對應的貸方帳戶進行歸類、匯總填列一次，月終時，結算出匯總收款憑證的合計數，據此登記總分類帳。可見，凡是與庫存現金和銀行存款收入有關的業務，都匯集於匯總收款憑證，反映「庫存現金」和「銀行存款」帳戶借方相對應各帳戶的貸方發生額。只有庫存現金送存銀行和從銀行提取現金兩種業務的借方發生額是在匯總付款憑證中。

　　2. 匯總付款憑證

　　匯總付款憑證是根據現金付款憑證、銀行存款付款憑證定期匯總編制的匯總記帳憑證。其編制方法是按庫存現金、銀行存款帳戶的貸方設置匯總付款憑證，根據匯總期內全部現金和銀行存款付款憑證，分別按與設證帳戶（庫存現金或銀行存款）相對應的借方帳戶進行歸類、匯總填列一次，月終時，結算出匯總付款憑證的合計數，據此登記總分類帳。可見，凡是與庫存現金和銀行存款付出有關的業務，都匯集於匯總付款憑證，反映「庫存現金」和「銀行存款」帳戶貸方相對應各帳戶的借方發生額。

　　3. 匯總轉帳憑證

　　匯總轉帳憑證是根據轉帳憑證定期匯總編制的一種匯總記帳憑證。其編制方法是按轉帳憑證中涉及的每一個貸方帳戶為主體，分別設置匯總轉帳憑證，並按與設證帳

戶對應的借方帳戶進行歸類、匯總填列；月終，結算出匯總轉帳憑證的合計數，據此登記總分類帳中有關帳戶的借方和設證帳戶的貸方。可見，凡是與庫存現金和銀行存款無關的經濟業務，都匯總於匯總轉帳憑證，反映不與庫存現金和銀行存款帳戶發生對應關係的各種帳戶借方發生額和貸方發生額。但是，如果在月份內某一貸方帳戶的轉帳憑證為數不多，或者有些原始憑證匯總表已按貸方帳戶設置，反映了一個貸方帳戶與幾個借方帳戶的對應關係（「耗用材料匯總表」），那麼就可以不編制匯總轉帳憑證，直接以原始憑證或原始憑證匯總表登記總分類帳，以簡化核算手續。

9.4.3 匯總記帳憑證核算形式的優缺點及適用範圍

1. 匯總記帳憑證核算形式的主要優點

由於設置了匯總記帳憑證，它將許多記帳憑證定期分段（按匯總期）歸類匯總（按對應帳戶），月末根據歸類匯總數過入總分類帳，因而可以減少登記總帳的工作量，提高工作效率；同時，通過編制匯總記帳憑證的方式歸類匯總，並根據歸類匯總數逐項過入總帳，無論是在匯總記帳憑證上面，還是過入總帳後，都能清晰地反映帳戶之間的對應關係，可以清楚地反映經濟業務的相互關係，以便查對帳目。

2. 匯總記帳憑證核算形式的主要缺點

一是記帳憑證的匯總手續比較複雜，對於規模較小、業務量較少的單位來說，編制匯總記帳憑證對於減少登記總帳工作的作用不大，反而會增加核算的工作量；

二是匯總轉帳憑證是按貸方帳戶歸類的，而不是按經濟業務的性質歸類匯總，所以不利於對日常核算工作的合理分工。

3. 匯總記帳憑證核算形式的適用範圍

匯總記帳憑證核算形式主要適用於規模較大、業務發生頻繁而且較為複雜的企業和其他單位使用。

9.5　日記帳核算形式

日記帳核算形式的特點是設置日記帳來登記總分類帳或者用日記帳代替總分類帳。它具體又分為多欄式日記帳核算形式、日記總帳核算形式和普通日記帳核算形式。

9.5.1　多欄式日記帳核算形式

1. 多欄式日記帳核算形式的基本內容

多欄式日記帳核算形式是指設置多欄式日記帳，並根據它來登記總分類帳的一種會計核算形式。此種核算形式的主要特點是設置多欄式現金日記帳和多欄式銀行存款日記帳，並在月末根據這些日記帳各專欄的合計數直接登記總分類帳，以反映現金和銀行存款的收、付業務。至於轉帳業務，則可根據轉帳憑證逐筆登記總分類帳，也可根據轉帳憑證編制匯總記帳憑證或科目匯總表，再據此登記總帳。

(1）會計憑證組織

多欄式日記帳核算形式下的憑證組織與前述幾種核算形式的憑證組織是相同的。

(2）會計帳簿組織

在多欄式日記帳核算形式下，現金日記帳和銀行存款日記帳均採用多欄式；總分類帳採用匯總式總帳，其格式如表9－2所示。

表9－2　　　　　　　　　　　總分類帳（匯總式）

帳戶	期初餘額		本期發生額								期末餘額	
			借　方				貸　方					
	借方	貸方	現金業務	銀行存款業務	轉帳業務	合計	現金業務	銀行存款業務	轉帳業務	合計	借方	貸方

在多欄式日記帳核算形式下，由於現金日記帳和銀行存日記帳都按其對應帳戶設置專欄，具備了庫存現金和銀行存款科目匯總表的功能，月終時，可以直接根據這些日記帳的本月借、貸方發生額和對應帳戶的發生額登記總帳。登記時，會計人員根據多欄式日記帳借方合計欄的本月發生數，記入總分類帳庫存現金和銀行存款帳戶的借方，並根據借方欄下各專欄對應帳戶的本月發生數記入各有關總帳帳戶的借方；同時根據多欄式日記帳貸方合計欄的本月發生額記入總分類帳現金和銀行存款帳戶的貸方，並根據貸方欄下各專欄對應帳戶的本月發生額，記入有關總分類帳帳戶的借方。對於庫存現金和銀行存款的劃轉數額，因已經分別包括在有關日記帳的借方和貸方合計欄的本月發生額之內，所以會計人員無須再根據有關對應帳戶專欄的合計數登記總分類帳，以免重複。對於轉帳業務，會計人員則根據記帳憑證或者科目匯總表登記總帳。

除此之外，其他帳簿的組織與其他核算形式相同。

(3）帳務處理程序

多欄式日記帳核算形式的帳務處理程序除了將第②步改為登記多欄式日記帳，以及第④步是依據多欄式日記帳和轉帳憑證登記總帳外，其他各步驟的順序和內容同前。

多欄式日記帳核算形式下的憑證組織、帳簿組織和帳務處理程序的有機結合如圖9－5所示。

2．多欄式日記帳核算形式的優缺點及適用範圍

(1）多欄式日記帳核算形式的優點

① 多欄式現金日記帳和銀行存款日記帳在序時記錄庫存現金和銀行存款收、付業務的同時，也對這些業務按照對應的總分類帳進行了歸類，因而起到了庫存現金和銀行存款的匯總收付憑證的作用，可以大大簡化總帳的登記工作。

② 多欄式日記帳清楚地反映了現金與銀行存款收入的來源和支出的用途，對應關

係清晰，便於分析用帳。

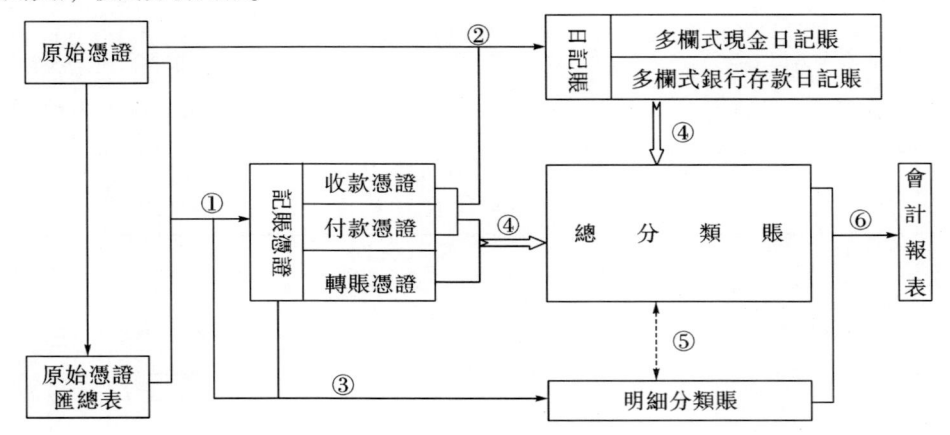

```
原始憑證 ──②──→ ┌日記賬┐ 多欄式現金日記賬
                         多欄式銀行存款日記賬
                           ↕④
         ┌─記賬憑證─┐
         │ 收款憑證 │
    ①───→│ 付款憑證 │──④──→ 總 分 類 賬 ──⑥──→ 會計報表
         │ 轉賬憑證 │
         └─────────┘
                           ⋮⑤
原始憑證
匯總表  ────③────→ 明細分類賬
```

說明：───→ 表示制證、登賬、編表；　⋯⋯→ 表示核對；　⇒ 表示登記總賬

圖 9-5　多欄式日記帳核算形式圖示

（2）多欄式日記帳核算形式的缺點

①如果企業的經濟業務量大，涉及的帳戶多，則日記帳的專欄就多、帳頁過長，不便於記帳（改進的方法可以分別設置現金收入、現金支出的多欄式日記帳以及分別設置銀行存款收入和銀行存款支出的多欄式日記帳）。

②月末直接根據日記帳登記總帳，破壞了日記帳與貨幣資金核算總分類帳的核對關係，不利於實行會計的內部牽制制度。

（3）多欄式日記帳核算形式的適用範圍

多欄式日記帳核算形式一般適用於經濟業務較多，特別是收付業務較多的企業單位。

9.5.2　日記總帳核算形式

1. 日記總帳核算形式的基本內容

日記總帳核算形式是指對於企業單位的所有經濟業務均在日記總帳中同時進行序時登記和分類登記的一種核算形式。此種核算形式的主要特點是設置序時與分類相結合的日記總帳，進行總分類記錄。它是在記帳憑證核算形式的基礎上，通過改變帳簿組織而成的。

（1）會計憑證組織

日記總帳核算形式的憑證組織與記帳憑證核算形式的憑證組織基本相同。

（2）會計帳簿組織

在日記總帳核算形式下，設置了日記總帳，仍需單獨設置現金日記帳和銀行存款日記帳。這些日記帳可採用三欄式訂本帳簿，也可採用多欄式訂本帳簿。

設置三欄式現金、銀行存款日記帳時，日記總帳應根據收款憑證、付款憑證和轉帳憑證逐日逐筆直接登記，現金、銀行存款日記帳只用於期末同日記總帳中的庫存現

金、銀行存款帳戶核對。

設置多欄式現金、銀行存款日記帳時，轉帳業務應根據轉帳憑證逐日逐筆登記日記總帳，而收、付款業務，則可根據多欄式現金、銀行存款日記帳的各專欄的全月合計數，月終過入日記總帳，以減少登記日記總帳的工作量。

（3）帳務處理程序

日記總帳核算形式與記帳憑證核算形式的帳務處理程序基本相同。

日記總帳核算形式的憑證組織、帳簿組織和帳務處理程序的有機結合如圖9－6所示。

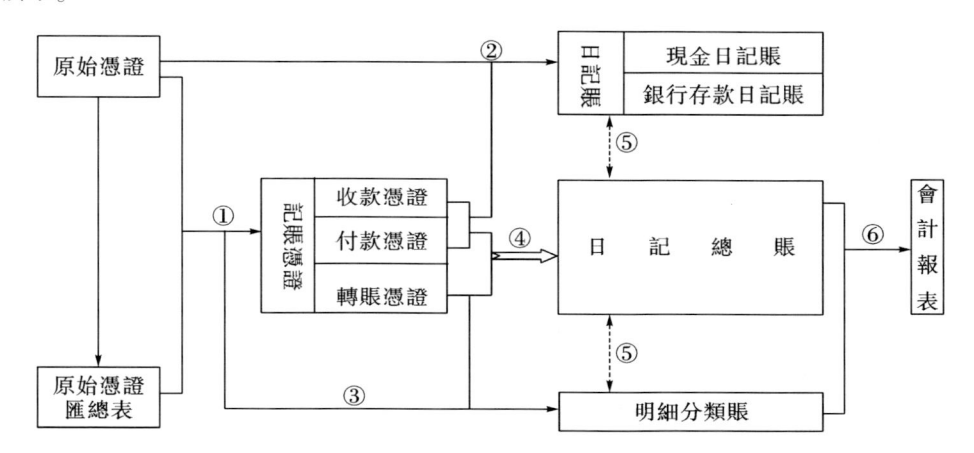

圖9－6 日記總帳核算形式圖示

說明：──→ 表示制證、登帳、編表；◀┄┄ 表示核對；══▶ 表示登記總帳

2. 日記總帳的編制方法

日記總帳是一種日記帳與總分類帳相結合的聯合帳簿，它把所有總分類帳集中在同一帳頁上，既按經濟業務的順序進行序時記錄，又根據經濟業務的性質，按照帳戶對應關係進行分類記錄。日記總帳的格式如表9－3所示。

日記總帳的格式，可劃分為序時核算和分類核算兩部分：左方從日期到發生額欄，用來進行序時核算的日記帳部分；帳頁的其餘部分按總分類帳戶分設借、貸方欄，用於按照帳戶對應關係進行分類核算。

登記日記總帳時，每一筆業務的發生額，應該以同樣的數值，既在「發生額」欄進行登記，又在同一行的有關帳戶借方欄及其對應帳戶的貸方欄進行登記。

月末，加記各帳戶的借、貸方發生額，並分別計算出各帳戶的月末借方餘額和貸方餘額。此時，各帳戶借方發生額之和應當與貸方發生額之和相等，並與「發生額」欄的合計數也相等。如果上列三項數字不相符，說明記帳有誤或者計算有誤，應查明更正。如果三項數字相符，也應注意有無漏記、重記、反方向串戶等現象，以確保帳簿記錄的正確性。

表9-3　　　　　　　　　　　　日 記 總 帳

2011年		憑證字號	摘　　要	發生額	庫存現金		銀行存款		其他應收款		管理費用	
月	日				借方	貸方	借方	貸方	借方	貸方	借方	貸方
1	1		期初餘額		200		1,500					
	1	銀付1	提取現金	500	500			500				
	2	現付1	張化領差旅費	300		300			300			
	2	銀付2	支付電費	1,750				1,750			1,750	
	4	現付2	買辦公品	98		98					98	
	5	轉1	張化報差旅費	300						300	300	
	31	轉15	結轉利潤	5,300								5,300
	31		本月發生額	250,000	7,800	7,100	14,000	9,350	1,800	1,853	5,300	5,300
	31		月末餘額		900		15,500		247			

3. 日記總帳核算形式的優缺點及適用範圍

（1）日記總帳核算形式的優點

① 手續簡便，易於操作。由於直接根據記帳憑證登記日記總帳，省去了匯總記帳憑證的環節，因而操作簡便。

② 清晰明了，便於核對。由於日記總帳將全部會計帳戶都集中在一張帳頁上，對所有經濟業務都按業務發生的先后進行序時登記，並按經濟業務的性質和帳戶對應關係進行總分類記錄，因此便於記帳、查帳和瞭解企業一定時期的全部經濟活動情況。

③ 便於編制會計報表。由於日記總帳包括全部總分類帳戶，月末時，全部帳戶的本期發生額和月末餘額集中在一張帳頁上，因而為編制會計報表提供方便。

（2）日記總帳核算形式的缺點

① 因為總分類帳集中在同一張帳頁上，日記總帳只能由一個會計人員登記，所以不便於會計人員分工協作。

② 如果使用的總分類帳戶過多，就會使得日記總帳帳頁過長，登記時容易串行串欄，給記帳工作帶來不便。

（3）日記總帳核算形式的適用範圍

日記總帳核算形式主要適用於規模不大、經濟業務比較簡單、使用帳戶不多的單位。

9.5.3　普通日記帳核算形式

1. 普通日記帳核算形式的基本內容

普通日記帳核算形式是指通過設置普通日記帳（分錄簿）代替記帳憑證，並根據普通日記帳來登記總分類帳和現金日記帳、銀行存款日記帳的一種核算形式。

（1）會計憑證和會計帳簿組織

在普通日記帳核算形式下，企業不再設置記帳憑證，而是設置普通日記帳來代替記帳憑證。普通日記帳的格式、作用及登記方法已經在第五章中進行了介紹。除此之外，憑證和其他帳簿的組織同前。

（2）帳務處理程序

在普通日記帳核算形式下，由於不設置記帳憑證，因而當經濟業務發生後，是根據該業務的原始憑證直接在普通日記帳上編制會計分錄，所以，普通日記帳又稱為分錄簿；然後根據普通日記帳上的會計分錄逐筆過入有關的總分類帳、明細分類帳和現金日記帳、銀行存款日記帳。其他步驟同前。

普通日記帳核算形式的會計憑證、會計帳簿和帳務處理程序結合形式如圖9-7所示。

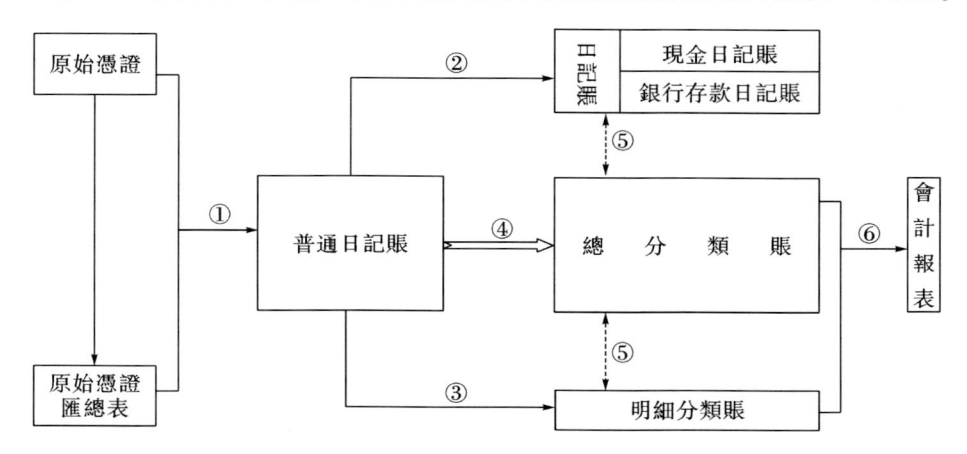

說明：────→ 表示制證、登賬、編表；　◀┄┄┄▶ 表示核對；　══▶ 表示登記總賬

圖9-7　普通日記帳核算形式圖示

2. 普通日記帳核算形式的優、缺點和適用範圍

（1）普通日記帳核算形式的優、缺點

普通日記帳的優點是將全部經濟業務的會計分錄記錄於一本普通日記帳上，便於瞭解經濟活動的全貌，方便查閱，同時簡單明了，起到了簡化工作的作用。

缺點是根據一本日記帳來登記總帳、明細帳和特種日記帳不便於記帳的分工協作，記帳工作量大，也容易造成重複記帳現象；再者，原始憑證和會計分錄的分離，不利於會計檔案的管理。

（2）普通日記帳核算形式的適用範圍

普通日記帳核算形式主要適用於規模較小、業務量不多且簡單的企業、單位。

復習思考題

1. 何謂會計核算形式？它的作用有哪些？
2. 確立科學合理的會計核算形式應當遵循哪些基本原則？
3. 中國目前常用的會計核算形式有幾種？它們之間的主要區別是什麼？
4. 記帳憑證核算形式的基本內容包括哪些？其優缺點有哪些？適用範圍如何？
5. 科目匯總表核算形式的基本內容包括哪些？其優缺點有哪些？適用範圍如何？

6. 匯總記帳憑證核算形式的基本內容包括哪些？其優缺點有哪些？適用範圍如何？
7. 多欄式日記帳核算形式的基本內容有哪些？其優缺點有哪些？適用範圍如何？

練習題

一、單項選擇題

1. 科目匯總表是一種（　　）。
   A. 原始憑證　　　　　　　　B. 記帳憑證
   C. 會計帳簿　　　　　　　　D. 會計報表
2. 各種會計核算形式的主要區別是（　　）。
   A. 原始憑證不同　　　　　　B. 記帳憑證不同
   C. 登記總帳的依據和方法不同　D. 核算的程序不同
3. 科目匯總表核算形式主要適用於（　　）。
   A. 經濟業務比較頻繁，但又不很複雜的企業
   B. 經濟業務比較頻繁，且複雜的大型企業
   C. 規模較小，會計憑證不多的企業
   D. 規模較大，業務發生頻繁，且複雜的企業
4. 匯總記帳憑證核算形式主要適用於（　　）。
   A. 經濟業務比較頻繁，但又不很複雜的企業
   B. 經濟業務比較頻繁，且複雜的大型企業
   C. 規模較小，會計憑證不多的企業
   D. 規模較大，業務發生頻繁，且複雜的企業

二、多項選擇題

1. 下列內容不是記帳憑證核算形式的特點的是（　　）。
   A. 直接根據每張記帳憑證逐筆登記總帳
   B. 直接根據科目匯總表登記總帳
   C. 直接根據匯總記帳憑證登記總帳
   D. 直接根據日記帳登記總帳
2. 科目匯總表核算形式不適用於（　　）。
   A. 經濟業務比較頻繁，但又不很複雜的企業
   B. 經濟業務比較頻繁，且複雜的大型企業
   C. 規模較小，會計憑證不多的企業
   D. 規模較大，業務發生頻繁，且複雜的企業
3. 記帳憑證核算形式不適用於（　　）。
   A. 經濟業務比較頻繁，但又不很複雜的企業
   B. 經濟業務頻繁，但不複雜的大型企業
   C. 規模較小，會計憑證不多的企業
   D. 規模較大，業務發生頻繁，且複雜的企業

第十章　財務報表

10.1　財務報表的意義和報表體系

10.1.1　財務報表的意義

　　財務報表是對企業財務狀況、經營成果和現金流量的結構性表述。它是反映企業某一特定日期的財務狀況和某一會計期間經營成果、現金流量的書面文件。編制財務報表是會計核算方法體系中一種重要的專門方法。

　　編制財務報表的主要目的，就是為財務報表使用者進行經濟決策提供有用的會計信息。財務報表所提供的會計信息對企業的投資者、債權人、經營管理者、國家宏觀管理部門，乃至社會公眾瞭解企業的生產經營情況，分析、評價企業的財務狀況、經營管理業績和可持續發展能力等具有重要的意義。財務報表與會計憑證等其他會計資料相比，具有更集中、更概括和更系統的特點，因此，具有其他會計資料無法比擬的重要作用。具體表現在以下幾個方面：

　　1. 財務報表是投資者、債權人評價企業財務狀況和經營業績的重要依據

　　企業外部的投資者、債權人通過企業定期提供的財務報表，可以瞭解企業的財務狀況和經營業績，分析、評價企業的償債能力、盈利能力、獲取現金的能力和可持續發展能力，並據此對企業經營管理當局的工作業績作出評價和做出相應的經濟決策。

　　2. 財務報表是企業管理當局改善經營管理的重要依據

　　財務報表是企業管理當局掌握企業情況，做出正確決策的重要依據。通過企業定期編制的財務報表，管理當局可以全面掌握企業的財務狀況、經營情況、現金流量以及所有者權益變動情況，通過進一步分析，可以發現經營管理中存在的問題，探究問題存在的原因，並有針對性地採取有效措施，以改善經營管理，提高經營管理效益，增強可持續發展能力。

　　3. 財務報表是國家進行宏觀調控的重要資料來源

　　企業定期報送的財務報表是財政、工商、稅務、審計等國家有關行政管理部門監督國民經濟運行情況，實施宏觀調控的主要依據。通過財務報表，它們可以瞭解企業生產經營情況的好壞、管理水平的高低，監督企業執行國家財政方針、政策，遵守財經紀律和稅收法規的情況；通過匯總企業財務報表，瞭解整個部門、地區，乃至整個國民經濟的運行狀況，並據以進行相應的宏觀調控。

4. 財務報表是社會公眾瞭解企業財務狀況和經營情況的重要依據

企業的財務報表是證券分析、會計師事務所等社會仲介機構和工會、社區以及企業員工瞭解企業基本情況的主要信息來源。社會公眾通過企業財務報表提供的會計信息，評價企業的財務狀況、經營業績、社會責任的履行和經濟效益情況，並據以作出判斷和做出相應的決策。

10.1.2　財務報表的內容

企業財務報表是按照《企業會計準則》的規定，為滿足多方面的需要編制的，是向財務報表使用者提供會計信息的主要載體。財務報表是反映企業在某一特定日期的財務狀況和某一會計期間的經營成果、現金流量和所有者權益變動情況信息的書面文件。

按照新會計準則的要求，中國企業的對外財務報表由兩部分構成：一是會計報表，包括資產負債表、利潤表、現金流量表和所有者權益變動表；二是附註。

1. 會計報表

（1）資產負債表，也稱為財務狀況表，是反映企業在某一特定日期財務狀況的財務報表。財務狀況是指企業在某一時點的資產、負債、所有者權益相互對照揭示的關係。資產負債表以「資產＝負債＋所有者權益」這一會計恒等式為理論依據編制，對日常工作中形成的大量數據進行高度濃縮整理後編制而成，是反映企業財務狀況的一種靜態報表。

資產負債表在整個財務報表體系中占據著重要地位，被稱為第一報表。資產負債表將企業的財務狀況，包括資產結構、負債結構和資本（權益）結構等會計信息，通過報表形式提供給使用者，特別是投資者、債權人，供他們決策使用。

（2）利潤表，又稱為損益表，是反映企業一定期間生產經營成果的財務報表。利潤表根據收入與費用配比原則，將一定期間企業所取得的收入與發生的費用進行配比，從而揭示出該期間經營成果（盈利額或虧損額）。利潤表是反映企業在一定時期所取得經營成果的動態報表。

利潤表是企業財務報表體系中的重要報表，被稱為第二報表。利潤表向報表使用者提供揭示企業盈利結構和盈利能力的會計信息，財務報表的使用者可據此對企業的經營管理業績及其未來發展趨勢作出分析、判斷。

（3）現金流量表，是以現金為基礎編制的，反映企業在一定會計期間內現金和現金等價物流入和流出的報表。現金流量表是以收付實現制原則為基礎編制的反映企業一定時期生產經營情況的財務報表。

現金流量表從經營活動、投資活動和籌資活動三個方面反映企業在一定期間的現金流動情況，揭示企業財務狀況變動情況及其原因。現金流量表可為報表使用者提供反映企業支付能力及收益質量的會計信息，為評價其財務彈性，預測其未來現金流量提供依據。

（4）所有者權益（股東權益，下同）變動表，是反映構成所有者權益的各組成部分當期的增減變動情況的報表。所有者權益變動表為報表使用者提供企業當期所有者

權益各組成部分發生增減變動的情況及其原因等會計信息。

2. 附註

附註是為便於報表使用者理解財務報表的內容而對財務報表的編制基礎、編制依據、編制原則和方法及重要項目所作的解釋。附註是財務報表的重要組成部分。

10.1.3 企業財務報表的種類

1. 靜態財務報表和動態財務報表

財務報表按其提供指標的性質可分為靜態財務報表和動態財務報表。

（1）靜態財務報表，是綜合反映企業某一特定日期的資產、負債和所有者權益等財務狀況的財務報表，如資產負債表，它提供的是時點指標。

（2）動態財務報表，是綜合反映企業一定時期的經營情況或現金流量以及所有者權益變動情況的財務報表，如利潤表、現金流量表和所有者權益變動表，它提供的是時期指標。

2. 中期報表和年度報表

財務報表按編制的時間不同可分為中期報表和年度報表。

（1）中期報表，是企業在短於一個會計年度的報告期間編制的財務報表，包括月度報表、季度報表和半年度報表。

（2）年度報表，是企業在年末編制的，反映企業從年初（新成立企業為開業）至年末的一個完整會計年度的生產經營、財務狀況、經營成果、現金流量以及所有者權益變動情況的財務報表。

3. 單位報表和匯總報表

財務報表按編製單位不同可以分為單位報表和匯總報表。

（1）單位報表是指由獨立核算的基層企業在自身會計核算基礎上對帳簿記錄進行加工而編制的財務報表，反映企業個體的財務狀況、經營成果、現金流量以及所有者權益變動情況。

（2）匯總報表是由企業上級機關或主管部門，根據所屬單位編制的財務報表，連同本單位財務報表綜合編制的財務報表。

4. 內部報表和外部報表

財務報表按服務對象不同，可以分為內部報表和外部報表。

（1）內部報表，是適應企業經營管理需要而編制的各種報表。內部報表不需要對外公開，無須統一規定種類、格式、內容，由企業根據需要自行規定，比如成本報表、管理會計報表等。

（2）外部報表，是提供給企業外部，供投資者、債權人、政府有關部門和證券機構等使用的財務報表。外部報表的種類、格式、內容和報送時間等均有國家相應的法律法規規定，企業必須嚴格按照規定編制和報送。

5. 個別報表和合併報表

財務報表按報表各項目反映的數字內容不同，可以分為個別報表和合併報表。

（1）個別報表，是只反映企業本身的財務狀況、經營成果、現金流量以及所有者

權益變動情況的財務報表。

（2）合併報表，是由企業集團中對其他單位擁有控製權的母公司編制的綜合反映企業集團整體的財務狀況、經營成果、現金流量以及所有者權益變動情況的財務報表。

10.1.4 編制財務報表的基本要求

國務院頒布的《企業財務會計報告條例》和《企業會計準則第 30 號——財務報表列報》《企業會計準則第 31 號——現金流量表》《企業會計準則第 32 號——中期財務報告》等準則均對企業編制財務報表作出了規範。編制財務報表的基本要求主要包括以下幾項：

1. 數字真實

財務報表信息真實可靠，是會計信息具有使用價值的前提和基礎。企業要確保財務報表數字真實，企業必須根據實際發生的交易或事項進行會計核算，根據客觀、真實的帳簿記錄編制財務報表，不得任意估計、篡改數字、弄虛作假，應如實反映生產經營活動和財務收支情況。

2. 內容完整

企業財務報表的種類、格式和內容是根據多方面需要制定的，只有按照規定的報表種類、項目和內容進行編報，才能全面反映企業的財務狀況和經營成果，使有關各方獲得必要的會計信息資料。因此，企業必須完整地按照規定的報表種類、格式和內容編報，不得漏編漏報、漏填漏列。

3. 計算準確

準確、可靠是財務報表信息有助於報表使用者據以做出有效經濟決策的前提條件，因此，企業編制財務報表必須確保各項目的數額按照企業會計準則或統一會計制度中規定的方法計算填列，以保證報表數字準確無誤。

4. 報送及時

信息的特徵就是具有時效性，只有及時編報的財務報表，才有助於使用者做出迅速、準確的經濟決策。為確保財務報表的及時編報，企業必須在業務發生時及時進行會計核算、及時登記帳簿、及時進行匯總。

10.1.5 對外提供財務報表的規定

《企業財務會計報告條例》《企業會計制度》《企業會計準則第 30 號——財務報表列報》《企業會計準則第 31 號——現金流量表》《企業會計準則第 32 號——中期財務報告》等新準則對企業對外提供財務報表均作了明確的規定。

1. 財務報表的提供期限

月度財務報表應當於月度終了後 6 天（節假日順延，下同）對外提供；季度財務報表應當於季度終了後 15 天對外提供；半年度財務報表應當於年度中期結束後 60 天對外提供；年度財務報表應當於年度終了後 4 個月對外提供。

2. 財務報表的金額單位

企業編制的財務會計報告應當以人民幣「元」為金額單位（以某種外幣為記帳本

位幣的企業，編制的財務會計報告在向中華人民共和國境內的單位或個人提供時，也應當換算為人民幣單位「元」），「元」以下填至「分」。

3. 財務報表的格式要求

企業對外提供的財務會計報告應當依次編定頁碼，加具封面，裝訂成冊，並加蓋公章。封面上應當註明企業名稱、統一代碼、組織形式、地址、報告所屬年度或者月份、報告日期，並由企業負責人和主管會計工作的負責人、會計機構負責人（會計主管人員）簽名並蓋章；設置總會計師的企業，還應當由總會計師簽名並蓋章。

10.2 資產負債表

10.2.1 資產負債表的作用

資產負債表將企業的財務狀況，包括資產結構、負債結構和資本（權益）結構等會計信息，通過報表形式提供給使用者，特別是投資者、債權人，供他們決策使用。資產負債表的主要作用包括以下幾個方面：

1. 反映企業所掌握的經濟資源及其分佈情況

企業資產的種類和數量（價值量）都通過資產負債表，以報表的形式反映在報表使用者之前。這為報表使用者瞭解、分析和評價企業的資產（經濟資源）總量及其分佈提供了方便。

2. 反映企業資金的來源渠道和構成情況

企業的資金來源於債權人提供的負債和投資人提供的所有者權益兩個渠道。其中，根據債權人的不同，企業的負債又由金融機構提供的貸款、供應商提供的商業信用和通過發放企業債券籌集的應付債券款等構成；根據所有者權益資金的來源不同，企業的所有者權益又由投資者直接投入企業的資本金和企業通過經營累積形成的盈餘公積金，以及未限定用途可留作以后期間股利分配的未分配利潤等構成。通過資產負債表，報表使用者可以瞭解、分析、評價企業資金的來源渠道和構成情況。

3. 反映企業管理當局的經營業績

資產負債表提供了反映企業財務狀況的資產、負債及所有者權益的總額及其相互關係的相應指標。通過對資產負債表所反映的企業資產、負債及所有者權益總額及其構成的變化，不僅可以反映、分析、評價企業當期通過實現盈利所增加的所有者權益，還可以反映、分析、評價企業管理當局當期通過經營策略的貫徹與調整，實現的財務狀況的改善情況，特別是通過與其他報表結合，可為全面分析評價管理當局經營業績提供資料。

4. 反映企業的財務實力及發展趨勢

通過對資產負債表經濟資源及其構成、權益資金來源及其構成的分析，可以獲得反映企業財務實力的資產總額、權益總額及其構成等指標。通過對資產負債表前后期間（期初、期末）資產、負債及所有者權益總額及其構成情況的比較分析，可以把握

企業的發展趨勢，預測企業的發展前景。

10.2.2 資產負債表的結構

1. 資產負債表的組成

資產負債表通常包括表頭和表體。

表頭主要包括報表名稱、編製單位、編制日期和金額單位；表體是資產負債表的主要部分，分左右兩方列示資產、負債和所有者權益的期末餘額和年初餘額。

2. 資產負債表的格式

資產負債表是以「資產 = 負債 + 所有者權益」這一會計恒等式為理論依據來編制的，其各種會計要素均按流動性來排列。資產和負債的各項目按流動性大小依次從上到下列示。資產負債表的格式有帳戶式和報告式兩種。中國企業會計準則規定，企業的資產負債表採用帳戶式，其格式如表 10-1 所示。

表 10-1　　　　　　　　　　資 產 負 債 表　　　　　　　　　　會企 01 表

編製單位：　　　　　　　　　　　　年　　月　　日　　　　　　　　　　單位：元

資產	期末餘額	年初餘額	負債及所有者權益（股東權益）	期末餘額	年初餘額
流動資產			流動負債		
貨幣資金			短期借款		
交易性金融資產			交易性金融負債		
應收票據			應付票據		
應收帳款			應付帳款		
預付帳款			預收款項		
應收利息			應付職工薪酬		
應收股利			應交稅費		
其他應收款			應付利息		
存貨			應付股利		
一年內到期的非流動資產			其他應付款		
其他流動資產			一年內到期的非流動負債		
流動資產合計			其他流動負債		
非流動資產			流動負債合計		
可供出售金融資產			非流動負債		
持有至到期投資			長期借款		
長期應收款			應付債券		
長期股權投資			長期應付款		
投資性房地產			專項應付款		
固定資產			預計負債		
在建工程			遞延所得稅負債		

表10-1(續)

資產	期末餘額	年初餘額	負債及所有者權益（股東權益）	期末餘額	年初餘額
工程物資			其他非流動負債		
固定資產清理			非流動負債合計		
無形資產			負債合計		
開發支出			所有者權益（或股東權益）		
商譽			實收資本（或股本）		
長期待攤費用			資本公積		
遞延所得稅資產			盈餘公積		
其他非流動資產			未分配利潤		
非流動資產合計			所有者權益(股東權益)合計		
資產總計			負債及所有者權益總計		

10.2.3　資產負債表的編制

資產負債表是反映企業在特定時日財務狀況的報表，企業在月末、季末和年末都需要編制，以全面反映企業在會計期末的全部資產、負債和所有者權益及其變動情況。因此，資產負債表的各項目均需填列「年初餘額」和「期末餘額」兩欄。

1. 資產負債表項目的填列方法

（1）「年初餘額」的填列方法

資產負債表「年初餘額」欄內各項數字，應根據上年末資產負債表的「期末餘額」欄內所列數字填列。如果上年度資產負債表規定的各個項目的名稱和內容與本年度不一致，應對上年年末資產負債表各項目的名稱和數字按照本年度的規定進行調整，填入本表「年初餘額」欄內。

（2）「期末餘額」的填列方法

資產負債表的「期末餘額」欄內各項數字的填列方法如下：

① 根據總帳帳戶的餘額填列。資產負債表中的有些項目可直接根據有關總帳帳戶的餘額填列，如「交易性金融資產」「短期借款」「應付票據」「應付職工薪酬」等項目。有些項目則需要根據幾個總帳帳戶的餘額計算填列，如「貨幣資金」項目需根據「庫存現金」「銀行存款」「其他貨幣資金」三個總帳帳戶餘額計算填列。

② 根據有關明細帳戶的餘額計算填列。資產負債表中的有些項目需要根據明細帳戶餘額填列，如「應付帳款」項目需要分別根據「應付帳款」和「預付帳款」兩個帳戶所屬明細帳戶的期末貸方餘額計算填列。

③ 根據總帳帳戶和明細帳戶的餘額分析計算填列。資產負債表中的有些項目需要根據總帳帳戶和明細帳戶二者的餘額分析填列，如「長期借款」項目應根據「長期借款」總帳帳戶餘額扣除「長期借款」帳戶所屬的明細帳戶中將在資產負債表日起一年內到期，且企業不能自主地將清償義務展期的長期借款后的金額填列。

④ 根據有關帳戶餘額減去其備抵帳戶餘額后的淨額填列。如資產負債表中的「應收帳款」「長期股權投資」等項目，應根據「應收帳款」「長期股權投資」等帳戶的期末餘額減去「壞帳準備」「長期股權投資減值準備」等帳戶餘額后的淨額填列。「固定資產」「無形資產」項目應分別根據「固定資產」「無形資產」帳戶期末餘額減去「累計折舊」「累計攤銷」「固定資產減值準備」「無形資產減值準備」帳戶餘額后的淨額填列。

⑤ 綜合運用上述填列方法分析填列。如資產負債表中的「存貨」項目需要根據「原材料」「庫存商品」「委托加工物資」「週轉材料」「材料採購」「在途物資」「發出商品」「材料成本差異」等總帳帳戶期末餘額的分析匯總數，再減去「存貨跌價準備」備抵帳戶餘額后的金額填列。

2. 資產負債表各項目期末餘額的具體填列說明

第一類，資產項目的填列說明：

（1）「貨幣資金」項目，反映企業庫存現金、銀行結算帳戶存款、外埠存款、銀行匯票存款、銀行本票存款、信用卡存款、信用證保證金存款等的合計數。本項目應根據「庫存現金」「銀行存款」「其他貨幣資金」帳戶期末餘額的合計數填列。

（2）「交易性金融資產」項目，反映企業持有的以公允價值計量且其變動計入當期損益的為交易目的所持有的債券投資、股票投資、基金投資、權證投資等金融資產。本項目應根據「交易性金融資產」帳戶的期末餘額填列。

（3）「應收票據」項目，反映企業因銷售商品、提供勞務等收到的商業匯票。本項目應根據「應收票據」帳戶的期末餘額減去「壞帳準備」帳戶中有關應收票據計提的壞帳準備期末餘額后的金額填列。

（4）「應收帳款」項目，反映企業因銷售商品、提供勞務等經營活動應收取的款項。本項目應根據「應收帳款」和「預收帳款」帳戶所屬各明細帳戶的期末借方餘額合計減去「壞帳準備」帳戶中有關應收帳款計提的壞帳準備期末餘額后的金額填列。如「應收帳款」帳戶所屬明細帳戶期末有貸方餘額，應在本表「預收帳款」項目內填列。

（5）「預付帳款」項目，反映企業按照購貨合同規定預付給供應單位的款項等。本項目應根據「預付帳款」和「應付帳款」帳戶所屬各明細帳戶的期末借方餘額合計減去「壞帳準備」帳戶中有關預付款項計提的壞帳準備期末餘額后的金額填列。如「預付帳款」帳戶所屬明細帳戶期末有貸方餘額，應在本表「應付帳款」項目內填列。

（6）「應收利息」項目，反映企業應收取的債券投資的利息。本項目應根據「應收利息」帳戶的期末餘額減去「壞帳準備」帳戶中有關應收利息計提的壞帳準備期末餘額后的金額填列。

（7）「應收股利」項目，反映企業應收取的現金股利和應收取的其他單位分配的利潤。本項目應根據「應收股利」帳戶的期末餘額減去「壞帳準備」帳戶中有關應收股利計提的壞帳準備期末餘額后的金額填列。

（8）「其他應收款」項目，反映企業除應收票據、應收帳款、預付帳款、應收股利、應收利息等經營活動以外的其他各種應收、暫付的款項。本項目應根據「其他應

收款」帳戶的期末餘額減去「壞帳準備」帳戶中有關其他應收款計提的壞帳準備期末餘額后的金額填列。

(9)「存貨」項目，反映企業期末在庫在途和在加工中的各種存貨的可變現淨值。本項目應根據「原材料」「庫存商品」「委托加工物資」「委托代銷商品」「週轉材料」「材料採購」「在途物資」「發出商品」「生產成本」等總帳帳戶期末餘額合計減去「受托代銷商品款」「存貨跌價準備」帳戶期末餘額后的金額填列。材料採用計劃成本核算以及庫存商品採用計劃成本核算或售價核算的企業，還應按加或減材料成本差異、商品進銷差價后的金額填列。

(10)「一年內到期的非流動資產」項目，反映企業將於一年內到期的非流動資產金額。本項目應根據有關帳戶的期末餘額填列。

(11)「長期股權投資」項目，反映企業持有的對子公司、聯營企業和合營企業的長期股權投資。本項目應根據「長期股權投資」帳戶的期末餘額減去「長期股權投資減值準備」帳戶的期末餘額后的金額填列。

(12)「固定資產」項目，反映企業各種固定資產原價減去累計折舊和累計減值準備后的淨額。本項目應根據「固定資產」帳戶的期末餘額減去「累計折舊」和「固定資產減值準備」帳戶的期末餘額后的金額填列。

(13)「在建工程」項目，反映企業期末各項未完工工程的實際支出，包括交付安裝的設備價值、未完建築安裝工程已經耗用的材料、工資等費用支出、預付出包工程的價款等的可收回金額。本項目應根據「在建工程」帳戶的期末餘額減去「在建工程減值準備」帳戶的期末餘額后的金額填列。

(14)「工程物資」項目，反映企業尚未使用的各項工程物資的實際成本。本項目應根據「工程物資」帳戶的期末餘額填列。

(15)「固定資產清理」項目，反映企業因出售、毀損、報廢等原因轉入清理但尚未清理完畢的固定資產的淨值，以及固定資產清理過程中所發生的清理費用和變價收入等各項金額的差額。本項目應根據「固定資產清理」帳戶的期末借方餘額填列。如果「固定資產清理」帳戶的期末為貸方餘額，以「－」號填列。

(16)「無形資產」項目，反映企業持有的各種固定資產，包括專利權、非專利技術、商標權、著作權、土地使用權等。本項目應根據「無形資產」帳戶的期末餘額減去「累計攤銷」和「無形資產減值準備」帳戶的期末餘額后的金額填列。

(17)「開發支出」項目，反映企業開發無形資產過程中能夠資本化形成無形資產成本的支出部分。本項目應根據「研發支出」帳戶所屬的資本化支出明細帳戶的期末餘額填列。

(18)「長期待攤費用」項目，反映企業已經發生但應由本期和以後各期負擔的、分攤期限在一年以上的各項費用。長期待攤費用中在一年內含一年攤銷的部分在資產負債表一年內到期的非流動資產項目填列。本項目應根據「長期待攤費用」帳戶的期末餘額減去一年內含一年攤銷的數額后的金額填列。

(19)「其他非流動資產」項目，反映企業除長期股權投資、固定資產、在建工程、工程物資、無形資產等以外的其他非流動資產。本項目應根據有關帳戶的期末餘額

填列。

第二類，負債項目的填列說明：

（1）「短期借款」項目，反映企業向銀行或其他金融機構等借入的，期限在一年內（含一年）的各種借款。本項目應根據「短期借款」帳戶的期末餘額填列。

（2）「應付票據」項目，反映企業因購買材料、商品和勞務供應等而開出承兌的商業匯票。本項目應根據「應付票據」帳戶的期末餘額填列。

（3）「應付帳款」項目，反映企業因購買材料、商品和勞務供應等經營活動應支付的款項。本項目應根據「應付帳款」和「預付帳款」帳戶所屬各明細帳戶的期末貸方餘額合計數填列。如「應付帳款」帳戶所屬明細帳戶期末有借方餘額，應在本表「預付帳款」項目內填列。

（4）「預收帳款」項目，反映企業按照購貨合同規定預收購貨單位的款項。本項目應根據「預收帳款」和「應收帳款」帳戶所屬各明細帳戶的期末貸方餘額數填列。如「預收帳款」帳戶所屬明細帳戶期末有借方餘額，應在本表「應收帳款」項目內填列。

（5）「應付職工薪酬」項目，反映企業根據有關規定應付給職工的工資、職工福利、社會保險費、住房公積金、工會經費、職工教育經費、非貨幣性福利、辭退福利等各種薪酬。外商投資企業按照規定從淨利潤中提取的職工獎勵及福利基金也在本項目中列示。本項目應根據「應付職工薪酬」帳戶期末貸方餘額填列。

（6）「應交稅費」項目，反映企業按照稅法規定計算應繳納的各種稅費，包括增值稅、消費稅、所得稅、車船稅、教育費附加和礦產資源補償費等。企業代扣代繳的個人所得稅，也通過本項目列示。企業所繳納的稅金不需要預計應繳數的（印花稅、耕地占用稅等）不在本項目列示。本項目應根據「應交稅費」帳戶的期末貸方餘額填列。如果「應交稅費」帳戶的期末為借方餘額，以「－」號填列。

（7）「應付利息」項目，反映企業按照規定應當支付的利息，包括分期付息到期還本的長期借款應支付的利息、企業發行債券應支付的利息等。本項目應根據「應付利息」帳戶的期末餘額填列。

（8）「應付股利」項目，反映企業分派的現金股利或利潤，企業分配的股票股利不通過本項目列示。本項目應根據「應付股利」帳戶的期末餘額填列。

（9）「其他應付款」項目，反映企業除「應付票據」「應付帳款」「預收帳款」「應付職工薪酬」「應付股利」「應付利息」「應交稅費」等經營活動以外的其他各種應付、暫收的款項。本項目應根據「其他應付款」帳戶的期末餘額填列。

（10）「一年內到期的非流動負債」項目，反映企業非流動負債中將於資產負債表日后一年內到期的金額（將於一年內到期償還的長期借款）。本項目應根據有關帳戶的期末餘額填列。

（11）「長期借款」項目，反映企業向銀行或其他金融機構等借入的，期限在一年以上（不含一年）的各種借款。本項目應根據「長期借款」帳戶的期末餘額填列。

（12）「應付債券」項目，反映企業為籌集長期資金而發行的債券本金和利息。本項目一般應根據「應付債券」帳戶的期末餘額填列。

（13）「其他非流動負債」項目，反映企業除長期借款、應付債券等項目以外的其

他非流動負債。本項目應根據有關帳戶的期末餘額填列。其他非流動負債項目應根據有關帳戶期末餘額減去將於一年內含一年到期償還數后的餘額填列。非流動負債各項目中將於一年內含一年到期的非流動負債應在一年內到期的非流動負債項目內單獨反映。

第三類，所有者權益項目的填列說明：

（1）「實收資本（股本）」項目，反映企業各投資者實際投入的資本（股本）總額。本項目應根據實收資本（股本）帳戶的期末餘額填列。

（2）「資本公積」項目，反映企業資本公積的期末餘額。本項目應根據「資本公積」帳戶的期末餘額填列。

（3）「盈餘公積」項目，反映企業資本公積的期末餘額。本項目應根據「資本公積」帳戶的期末餘額填列。

（4）「未分配利潤」項目，反映企業尚未分配的利潤。本項目應根據「本年利潤」帳戶和「利潤分配」帳戶的期末餘額填列。未彌補的虧損在本項目內以「－」號填列。

3．資產負債表的編制實例

【例10－1】大華公司為增值稅一般納稅人，適用的增值稅稅率為17%，所得稅稅率為25%，存貨採用實際成本進行核算。2014年12月31日的資產負債表（簡化）如表10－2所示。

表10－2　　　　　　　　　　　資　產　負　債　表　　　　　　　　　　企會01表
編製單位：大華公司　　　　　　　　2014年12月31日　　　　　　　　　單位：元

資　　產	金　額	負債及所有者權益	金　額
流動資產：		流動負債：	
貨幣資金	450,000	短期借款	580,000
交易性金融資產	25,000	應付帳款	192,000
應收帳款	299,100	應付職工薪酬	109,700
其他應收款	4,000	其他應付款	11,400
存貨	580,000	一年內到期的長期負債	200,000
流動資產合計	1,358,100	流動負債合計	1,093,100
非流動資產：		非流動負債：	
可供出售金融資產		長期借款	300,000
持有至到期投資		非流動負債合計	300,000
長期股權投資	250,000	負債合計	1,393,100
固定資產	1,230,000	所有者權益：	
無形資產	48,000	實收資本	1,400,000
開發支出		資本公積	62,000
遞延所得稅資產		盈餘公積	13,000
其他非流動資產	12,000	未分配利潤	30,000
非流動資產合計	1,540,000	所有者權益合計	1,505,000
資產總計	2,898,100	負債及所有者權益總計	2,898,100

其中,「應收帳款」帳戶的期末餘額為 300,000 元,「壞帳準備」帳戶的期末餘額為 900 元,壞帳準備按照年末應收帳款餘額比例的 3‰ 提取。存貨、交易性金融資產都沒有計提減值準備。按照公司法規定,企業按照淨利潤的 10% 計提法定盈餘公積金,2009 年度不進行投資分紅。

會計人員根據 2015 年所登記的會計帳簿記錄及其他記錄,整理出 2015 年總帳及有關明細帳餘額如表 10-3 所示。

表 10-3　　　　　　　　　　　科 目 餘 額 表

科目名稱	借方餘額	科目名稱	貸方餘額
庫存現金	13,560	壞帳準備	1,596
銀行存款	837,110	累計折舊	412,000
其他貨幣資金	211,140	短期借款	780,000
交易性金融資產	50,000	應付票據	50,000
應收帳款	532,026	應付帳款	192,000
其他應收款	4,000	應付職工薪酬	20,900
在途物資	28,000	其他應付款	11,400
原材料	65,400	應交稅費	24,800
庫存商品	481,500	長期借款	310,000
生產成本	38,500	實收資本	2,000,000
長期股權投資	250,000	資本公積	92,831
固定資產	1,550,000	盈餘公積	13,000
無形資產	42,000	未分配利潤	204,709
長期待攤費用	10,000		
總　　計	4,113,236	總　　計	4,113,236

根據《企業會計準則第 30 號——財務報表列報》的有關規定,企業會計人員編制的資產負債表(簡表)如表 10-4 所示。

表 10-4　　　　　　　　　　　資 產 負 債 表　　　　　　　　　　　企會 01 表

編製單位:大華公司　　　　　　　　2015 年 12 月 31 日　　　　　　　　單位:元

資產	期末餘額	年初餘額	負債及所有者權益	期末餘額	年初餘額
流動資產:			流動負債:		
貨幣資金	1,061,810	450,000	短期借款	780,000	580,000
交易性金融資產	50,000	25,000	應付票據	50,000	
應收帳款	530,430	299,100	應付帳款	192,000	192,000
預付帳款			應付職工薪酬	20,900	109,700
其他應收款	4,000	4,000	應交稅費	24,800	
存貨	613,400	580,000	其他應付款	11,400	11,400
流動資產合計	2,259,640	1,358,100	一年內到期的長期負債		200,000

表10-4(續)

資產	期末餘額	年初餘額	負債及所有者權益	期末餘額	年初餘額
非流動資產：			流動負債合計	1,079,100	1,093,100
可供出售金融資產			非流動負債：		
持有至到期投資			長期借款	310,000	300,000
長期股權投資	250,000	250,000	應付債券		
固定資產	1,138,000	1,230,000			
在建工程			非流動負債合計	310,000	300,000
工程物資			負債合計	1,389,100	1,393,100
固定資產清理			所有者權益：		
無形資產	42,000	48,000	實收資本（或股本）	2,000,000	1,400,000
長期待攤費用	10,000	12,000	資本公積	92,831	62,000
遞延所得稅資產			盈餘公積	13,000	13,000
其他非流動資產			未分配利潤	204,709	30,000
非流動資產合計	1,440.000	1,540,000	所有者權益合計	2,310,540	1,505,000
資產總計	3,699.640	2,898,100	負債及所有者權益總計	3,699,640	2,898,100

10.3 利潤表

10.3.1 利潤表的作用

1. 反映企業的盈利結構

根據利潤表提供的主營業務利潤、營業利潤、投資收益、利潤總額和淨利潤等指標，企業有關人員可以分析企業的盈利結構，以及企業獲取盈利的可持續能力。

2. 反映企業的盈利能力

企業有關人員將利潤表中的相關指標進行對比分析，可以反映企業的盈利能力；將本企業利潤表中的相關指標與同行業的平均水平或先進水平比較，可以反映企業的盈利水平。

3. 反映企業的營運能力

企業有關人員將利潤表與資產負債表結合分析，可以計算出反映企業營運能力的各種指標，如總資產週轉率等，從而可為評價企業的營運能力提供資料。

4. 可以分析經營成果的變化趨勢及其變動原因

企業有關人員通過將企業前後期間的有關指標進行對比分析，可以發現企業經營成果的變動趨勢及其變動原因。

10.3.2 利潤表的結構

1. 利潤表的組成

利潤表是由表頭、表體兩部分組成。

利潤表的表頭部分主要包括利潤表的編號、名稱、編製單位、報表所屬的會計期間和貨幣計量單位等內容；表體是利潤表的主要部分，分項列示收入、費用、利得、損失和利潤的具體內容。

2. 利潤表內各利潤指標含義

（1）營業利潤，是以營業收入減去營業成本、稅金及附加、銷售費用、管理費用、財務費用、資產減值損失，加上公允價值變動收益減去公允價值變動損失和投資收益減去投資損失后的餘額。其計算公式如下：

營業利潤＝營業收入－營業成本－稅金及附加－銷售費用－管理費用－財務費用－資產減值損失＋公允價值變動收益（－公允價值變動損失）＋投資收益（－投資損失計）

（2）利潤總額，是以營業利潤為基礎加上營業外收入減去營業外支出后的餘額。其計算公式為：

利潤總額＝營業利潤＋營業外收入－營業外支出

（3）淨利潤，是以利潤總額為基礎，減去所得稅費用，計算出淨利潤（虧損）。其計算公式為：

淨利潤＝利潤總額－所得稅費用

3. 利潤表的格式

利潤表是以「收入－費用＝利潤」這一會計平衡公式為理論依據來編制的。企業會計人員根據收入與費用的配比關係，按照一定收入與費用的分類和順序，計算出相應的利潤指標，以表格的形式反映企業在特定會計期間的經營成果。按照利潤形成的方式不同，利潤表的格式也不同。目前，利潤表的通用格式有單步式和多步式兩種。中國會計法律規定，企業按照多步式編制利潤表。

多步式利潤表遵循「收入－費用＝利潤」的原理，按照各種利潤的形成過程，進行多步配比後，按照各種利潤的形成順序排列而成。多步式利潤表可以提供企業的營業利潤、投資收益、利潤總額、淨利潤和每股收益等多個利潤指標。多步式利潤表的具體格式如表 10-5 所示。

表 10-5　　　　　　　　　　　　利　潤　表　　　　　　　　　　　　會企 02 表

編製單位：　　　　　　　　　　＿＿＿年＿＿月　　　　　　　　　　單位：元

項　　目	本期金額	上期金額
一、營業收入		
減：營業成本		
稅金及附加		
銷售費用		
管理費用		
財務費用		
資產減值損失		

表10-5(續)

項　　目	本期金額	上期金額
加：公允價值變動收益（虧損以「－」填列）		
投資收益（損失以「－」填列）		
其中：對聯營企業和合營企業的投資收益		
二、營業利潤（虧損以「－」填列）		
加：營業外收入		
減：營業外支出		
其中：非流動資產處置損失		
三、利潤總額（損失以「－」填列）		
減：所得稅費用		
四、淨利潤（虧損以「－」填列）		
五、每股收益		
（一）基本每股收益		
（二）稀釋每股收益		

10.3.3 利潤表的編制

利潤表各項目均需要填列「本期金額」和「上期金額」兩欄。利潤表「本期金額」「上期金額」欄內各項數字除「每股收益」項目外，應當按照相關帳戶的發生額分析填列。

1. 「上期金額」的填列方法

「上期金額」欄內各項目數字，應根據上年該期利潤表的「本期金額」欄內所列數字填列。如果上年度利潤表中的項目名稱與本年度不一致的，會計人員應對上年度利潤表各項目的名稱和數字按照本年度的規定進行調整，填入「上期金額」欄。

2. 「本期金額」的填列方法

在編制中期利潤表時，「本期金額」欄內各項數字一般應當根據損益類帳戶的發生額分析填列。

年終結帳時，由於全年的收入和支出已全部轉入「本年利潤」帳戶，並且通過收支對比結出本年淨利潤的數額，因此，會計人員應將年度利潤表中的「淨利潤」數字與「本年利潤」帳戶結轉到「利潤分配——未分配利潤」帳戶的數字相核對，檢查帳簿記錄和報表編制的正確性。

3. 利潤表項目的填列說明

(1)「營業收入」項目，反映企業經營主要業務和其他業務所確認的收入總額。本項目應根據「主營業務收入」和「其他業務收入」帳戶的貸方淨發生額填列。

(2)「營業成本」項目，反映企業經營主要業務和其他業務所發生的成本總額。本項目應根據「主營業務成本」和「其他業務成本」帳戶的借方淨發生額填列。

(3)「稅金及附加」項目，反映企業經營業務應負擔的消費稅、城市建設維護稅、

資源稅、土地增值稅和教育費附加等。本項目應根據「稅金及附加」帳戶的借方淨發生額填列。

（4）「銷售費用」項目，反映企業在銷售商品過程中發生的包裝費、廣告費等費用和為銷售本企業商品而專設銷售機構的職工薪酬、業務費用等經營費用。本項目應根據「銷售費用」帳戶的借方淨發生額填列。

（5）「管理費用」項目，反映企業為組織和管理生產經營活動所發生的公司經費、社會保障費等管理費用。本項目應根據「管理費用」帳戶的借方淨發生額填列。

（6）「財務費用」項目，反映企業籌集生產經營活動所需資金等而發生的貸款利息、金融機構手續、佣金等費用。本項目應根據「財務費用」帳戶的借方淨發生額填列。

（7）「資產減值損失」項目，反映企業各項資產發生的減值損失。本項目應根據「資產減值損失」帳戶的發生額分析填列。

（8）「公允價值變動收益」項目，反映企業應當計入當期損益的資產或負債公允價值變動收益。本項目應根據「公允價值變動損益」帳戶的發生額分析填列。如為淨損失，本項目以「－」號填列。

（9）「投資收益」項目，反映企業以各種方式對外投資所取得的收益。本項目應根據「投資收益」帳戶的發生額分析填列。如為投資損失，本項目以「－」號填列。

（10）「營業利潤」項目，反映企業實現的營業利潤，根據表中的資料直接計算得出填列。如為虧損，本項目以「－」號填列。

（11）「營業外收入」項目，反映企業發生的與經營業務無直接關係的各項收入。本項目應根據「營業外收入」帳戶的發生額分析填列。

（12）「營業外支出」項目，反映企業發生的與經營業務無直接關係的各項支出。本項目應根據「營業外支出」帳戶的發生額分析填列。

（13）「利潤總額」項目，反映企業實現的利潤，根據表中的資料直接計算得出填列。如為虧損，本項目以「－」號填列。

（14）「所得稅費用」項目，反映企業應從當期利潤總額中扣除的所得稅費用。本項目應根據「所得稅費用」帳戶的借方淨發生額填列。

（15）「淨利潤」項目，反映企業實現的淨利潤，根據表中的資料直接計算得出填列。如為虧損，本項目以「－」號填列。

4. 利潤表的編制實例

【例10-2】大華公司2015年12月31日各損益類帳戶「本年累計數」金額如表10-6所示。

表10-6　　　　　　　　　　損益表類帳戶本年累計數　　　　　　　　　單位：元

帳戶名稱	借方發生額	貸方發生額
主營業務收入		7,600,000
主營業務成本	5,200,000	

表10-6(續)

帳戶名稱	借方發生額	貸方發生額
其他業務收入		1,500,000
其他業務成本	1,100,000	
稅金及附加	480,000	
銷售費用	420,000	
管理費用	1,023,000	
財務費用	250,000	
資產減值損失	18,000	
投資收益		300,000
營業外收入		32,000
營業外支出	17,000	
所得稅費用	23,100	

根據以上資料，編制大華公司2015年度利潤表如表10-7所示。

表10-7　　　　　　　　　　利　潤　表　　　　　　　　　企會02表
編製單位：大華公司　　　　　　　2015年12月　　　　　　　　單位：元

項　目	本期金額	上期金額
一、營業收入	9,100,000	（略）
減：營業成本	6,300,000	（略）
稅金及附加	480,000	（略）
銷售費用	420,000	（略）
管理費用	1,023,000	（略）
財務費用	250,000	（略）
資產減值損失	18,000	（略）
加：公允價值變動收益（損失以「-」填列）	—	（略）
投資收益（損失以「-」填列）	300,000	（略）
其中：對聯營企業和合營企業的投資收益	—	（略）
二、營業利潤（損失以「-」填列）	909,000	（略）
加：營業外收入	32,000	（略）
減：營業外支出	17,000	（略）
其中：非流動資產處置損失		（略）
三、利潤總額（損失以「-」填列）	924,000	（略）
減：所得稅費用	231,000	（略）
四、淨利潤（損失以「-」填列）	693,000	（略）
五、每股收益	—	（略）
（一）基本每股收益	—	（略）
（二）稀釋每股收益	—	（略）

10.4 現金流量表

10.4.1 現金流量表的意義

現金流量表是反映企業在一定會計期間內現金和現金等價物流入和流出的報表。現金流量表從經營活動、投資活動和籌資活動三個方面反映企業在一定期間的現金流動情況，反映了企業財務狀況變動情況及其原因。報表使用者通過對現金流量表的分析，能夠比較真實地瞭解企業的償債和支付能力及變現能力；可以通過當期現金流量信息，判斷、評價企業的收益質量；通過現金流量表，能夠更全面地瞭解企業的財務狀況，評價其財務彈性，預測其未來現金流量，有助於報表使用者做出正確的決策。

10.4.2 現金流量表的結構

現金流量表由現金流量表格式和現金流量表附註兩部分組成。

1. 現金流量表格式

一般企業的現金流量表的格式如表 10－8 所示。

表 10－8　　　　　　　　　　現 金 流 量 表　　　　　　　　　　會企 03 表
編製單位：　　　　　　　　　　　　　　年　　月　　　　　　　　　　　單位：元

項　　目	本期金額	上期金額
一、經營活動產生的現金流量		
銷售商品、提供勞務收到的現金		
收到的稅費返還		
收到其他與經營活動有關的現金		
經營活動現金流入小計		
購買商品、接受勞務支付的現金		
支付給職工以及為職工支付的現金		
支付的各項稅費		
支付其他與經營活動有關的現金		
經營活動現金流出小計		
經營活動產生的現金流量淨額		
二、投資活動產生的現金流量		
收回投資收到的現金		
取得投資收益收到的現金		
處置固定資產、無形資產和其他長期資產收回的現金淨額		
處置子公司及其他營業單位收到的現金淨額		

表10-8(續)

項　目	本期金額	上期金額
收到其他與投資活動有關的現金		
投資活動現金流入小計		
購建固定資產、無形資產和其他長期資產支付的現金		
投資所支付的現金		
取得子公司及其他營業單位支付的現金淨額		
支付其他與投資活動有關的現金		
投資活動現金流出小計		
投資活動產生的現金流量淨額		
三、籌資活動產生的現金流量		
吸收投資收到的現金		
取得借款收到的現金		
收到其他與籌資活動有關的現金		
籌資活動現金流入小計		
償還債務支付的現金		
分配股利、利潤或償付利息支付的現金		
支付其他與籌資活動有關的現金		
籌資活動現金流出小計		
籌資活動產生的現金流量淨額		
四、匯率變動對現金及現金等價物的影響		
五、現金及現金等價物淨增加額		
加：期初現金及現金等價物餘額		
六、期末現金及現金等價物餘額		

2．現金流量表附註

現金流量表附註包括以下三個內容：

（1）現金流量表補充資料披露格式，如表10-9所示。企業應當採用間接法在現金流量表附註中披露將淨利潤調節為經營活動現金流量的信息。

表10-9　　　　　　　　現　金　流　量　表　補　充　資　料

項　目	本期金額	上期金額
1．將淨利潤調節為經營活動現金流量		
淨利潤		
加：資產減值準備		
固定資產折舊、油氣資產折耗、生產性生物資產折舊		
無形資產攤銷		
處置固定資產、無形資產和其他長期資產的損失（收益以「－」號填列）		

209

表10-9(續)

項　　目	本期金額	上期金額
固定資產報廢損失（收益以「-」號填列）		
公允價值變動損失（收益以「-」號填列）		
財務費用（收益以「-」號填列）		
投資損失（收益以「-」號填列）		
遞延所得稅資產減少（增加以「-」號填列）		
遞延所得稅負債增加（減少以「-」號填列）		
存貨減少（增加以「-」號填列）		
經營性應收項目減少（增加以「-」號填列）		
經營性應付項目增加（減少以「-」號填列）		
其他		
經營活動產生的現金流量淨額		
2. 不涉及現金收支的重大投資和籌資活動		
債務轉為資本		
一年內到期的可轉換公司債券		
融資租入固定資產		
3. 現金及現金等價物變動情況		
現金的期末餘額		
減：現金的期初餘額		
加：現金等價物的期末餘額		
減：現金等價物的期初餘額		
現金及現金等價物淨增加額		

　　（2）企業當期取得或處置子公司及其他營業單位的有關信息披露格式如表10-10所示。

表10-10　　　　企業當期取得或處置子公司及其他營業單位的披露格式

項　　目	金　　額
一、取得子公司及其他營業單位的有關信息	
1. 取得子公司及其他營業單位的價格	
2. 取得子公司及其他營業單位支付的現金和現金等價物	
減：子公司及其他營業單位持有的現金和現金等價物	
3. 取得子公司及其他營業單位支付的現金淨額	
4. 取得子公司的淨資產	
流動資產	
非流動資產	
流動負債	

表10－10(續)

項　　目	金　　額
非流動負債	
二、處置子公司及其他營業單位的有關信息	
1. 處置子公司及其他營業單位的價格	
2. 處置子公司及其他營業單位收到的現金和現金等價物	
減：子公司及其他營業單位持有的現金和現金等價物	
3. 處置子公司及其他營業單位收到的現金淨額	
4. 處置子公司的淨資產	
流動資產	
非流動資產	
流動負債	
非流動負債	

（3）現金和現金等價物的披露格式如表10－11所示。

表10－11　　　　　　　　　現金和現金等價物的披露格式

項　　目	本期金額	上期金額
一、現金		
其中：庫存現金		
可隨時用於支付的銀行存款		
可隨時用於支付的其他貨幣資金		
可用於支付的存放中央銀行款項		
存放同業款項		
拆放同業款項		
二、現金等價物		
其中：三個月內到期的債券投資		
三、期末現金及現金等價物餘額		
其中：母公司或集團內子公司使用受限制的現金和現金等價物		

10.4.3　現金流量表的編制

1. 現金流量表的編制基礎

現金流量表以現金和現金等價物作為編制基礎。

現金流量表中的現金是指庫存現金以及可以隨時支用的存款。這裡的存款包括「銀行存款」帳戶中的存款，也包括在「其他貨幣資金」帳戶中核算的外埠存款、銀行匯票存款、銀行本票存款和在途貨幣資金等其他貨幣資金。但企業不能隨時用於支付的存款不屬於現金，比如被凍結的銀行存款。

現金等價物是指企業持有的期限短、流動性強、易於轉換為已知金額現金、價值變動風險小的投資。現金等價物雖然不是現金，但其支付能力與現金沒有太大的差異，可以視為現金，如企業購買的在公開市場銷售的短期債券，在需要現金時，可以隨時變現。作為現金等價物的投資，必須同時具備以下四項條件：一是期限短，一般指從購買之日起三個月內到期；二是流動性強，可以隨時變現；三是易於轉換為已知金額現金；四是價值變動風險很小。

　2. 現金流量表項目的填列方法

　　第一類，經營活動產生的現金流量各項目的填列方法。

　　中國《企業會計準則第31號——現金流量表》規定，現金流量表中經營活動產生的現金流量採用直接法填列。直接法是通過現金收入和現金支出的主要類別直接反映來自企業經營活動的現金流量的一種列報方法。企業採用直接法列報經營活動產生的現金流量時，一般是通過對利潤表中的營業收入、營業成本以及其他項目進行調整後取得的。「經營活動產生的現金流量」各項目的內容及填列方法如下：

　　（1）「銷售商品、提供勞務收到的現金」項目。該項目反映企業銷售商品、提供勞務實際收到的現金（向購買者收取的增值稅銷項稅額），包括本期的銷售商品、提供勞務收到的現金，以及本期收到的前期銷售價款和勞務收入款，本期預收的價款等，發生銷貨退回而支付的現金應從銷售商品或提供勞務收入中扣除。企業銷售材料和代購代銷業務收入收到的現金，也在本項目中反映。本項目可以根據「庫存現金」「銀行存款」「應收帳款」「應收票據」「預收帳款」「主營業務收入」和「其他業務收入」等帳戶的記錄分析填列。

　　（2）「收到的稅費返還」項目。該項目反映企業收到的各種稅費，包括收到返還的增值稅、消費稅、關稅、所得稅和教育費附加等。本項目應根據「庫存現金」「銀行存款」「稅金及附加」「其他應收款」「營業外收入」等帳戶的記錄分析填列。

　　（3）「收到的其他與經營活動有關的現金」項目。該項目反映企業除了上述各項目以外所收到的其他與經營活動有關的現金流入，如經營租賃租金收入、罰款收入、流動資產損失中由個人賠償的現金收入等。本項目應根據「庫存現金」「銀行存款」和「營業外收入」等帳戶的記錄分析填列。

　　（4）「購買商品、接受勞務支付的現金」項目。該項目反映企業購買材料、商品、接受勞務實際支付的現金。購買商品、接受勞務支付的現金，包括當期購買商品支付的現金（增值稅進項稅額），當期支付的前期購買商品和勞務的未付款以及為購買商品、勞務而預付的現金等，扣除本期發生的購貨退回而收到的現金。本項目應根據「庫存現金」「銀行存款」「應付帳款」「應付票據」「預付帳款」「主營業務成本」「其他業務成本」等帳戶的記錄分析填列。

　　（5）「支付給職工以及為職工支付的現金」項目。該項目反映企業實際支付給職工以及為職工支付的現金，包括本期實際支付給職工的工資、獎金、各種津貼和補貼等，以及為職工支付的其他費用。本項目不包括支付給退休人員的各項費用及支付給在建工程人員的工資及其他費用。本項目應根據「應付職工薪酬」「庫存現金」「銀行存款」等帳戶的記錄分析填列。

（6）「支付的各項稅費」項目。該項目反映企業按規定支付的各種稅費，包括本期發生並支付的稅費，以及本期支付以前各期發生的稅費和預交的稅金，但不包括計入固定資產價值、實際支付的耕地占用稅，也不包括本期退回的增值稅、所得稅。本項目應根據「應交稅費」「庫存現金」「銀行存款」等帳戶的記錄分析填列。

　　（7）「支付其他與經營活動有關的現金」項目。該項目反映企業除上述所支付的其他與經營活動有關的現金流出，如罰款支出、支付的差旅費、業務招待費和保險費等現金支出。本項目應根據「庫存現金」「銀行存款」「銷售費用」「管理費用」和「營業外支出」等帳戶的記錄分析填列。

　　第二類，投資活動產生的現金流量各項目的填列方法。

　　（1）「收回投資收到的現金」項目。該項目反映企業出售、轉讓或到期收回除現金等價物以外的對其他企業的權益工具、債務工具和合營中的權益等投資收到的現金。本項目不包括收回債務工具實現的投資收益、處置子公司及其他營業單位收到的現金淨額。本項目可根據「可供出售金融資產」「持有至到期投資」「長期股權投資」「庫存現金」和「銀行存款」等帳戶的記錄分析填列。

　　（2）「取得投資收益收到的現金」項目。該項目反映企業除現金等價物以外的對其他企業的權益工具、債務工具和合營中的權益分回的現金股利和債務利息，不包括股票股利。本項目可根據「庫存現金」「銀行存款」和「投資收益」等帳戶的記錄分析填列。

　　（3）「處置固定資產、無形資產和其他長期資產收回的現金淨額」項目。該項目反映企業出售、報廢固定資產、無形資產和其他長期資產所收到的現金，減去為處置這些資產而支付的有關費用后的淨額。如所收回的現金淨額為負數，則應在「支付的其他與投資活動有關的現金」項目反映。本項目可根據「庫存現金」「銀行存款」和「固定資產清理」等帳戶的記錄分析填列。

　　（4）「處置子公司及其他營業單位收到的現金淨額」項目。該項目反映企業處置子公司及其他營業單位收到的現金，減去相關處置費用以及子公司及其他營業單位持有的現金和現金等價物后的淨額。本項目可根據「長期股權投資」「庫存現金」和「銀行存款」等帳戶的記錄分析填列。

　　（5）「收到其他與投資活動有關的現金」項目。該項目反映除了上述各項以外，所收到的其他與投資活動有關的現金流入。如企業收回購買股票時已宣告發放但尚未實際支付的現金股利或購買債券時已到付息期但尚未領取的債券利息。本項目可根據「應收股利」「應收利息」「庫存現金」和「銀行存款」等帳戶的記錄分析填列。

　　（6）「購建固定資產、無形資產和其他長期資產支付的現金」項目。該項目反映企業本期購買、建造固定資產、無形資產和其他長期資產所實際支付的現金，以及用現金支付的應由在建工程和無形資產負擔的職工薪酬，不包括為購建固定資產而發生的借款利息資本化部分，以及融資租賃租入固定資產支付的租賃費。本項目可根據「固定資產」「在建工程」「無形資產」「庫存現金」和「銀行存款」等帳戶的記錄分析填列。

　　（7）「投資所支付的現金」項目。該項目反映企業取得除現金等價物以外的對其他

企業的權益工具、債務工具和合營中的權益投資所支付的現金，以及支付的佣金、手續費等交易費用。本項目可根據「可供出售金融資產」「持有至到期投資」「長期股權投資」「庫存現金」和「銀行存款」等帳戶的記錄分析填列。

（8）「取得子公司及其他營業單位支付的現金淨額」項目。該項目反映企業購買子公司及其他營業單位購買出價中以現金支付的部分，減去子公司及其他營業單位持有的現金及現金等價物后的淨額。本項目可根據「長期股權投資」「庫存現金」和「銀行存款」等帳戶的記錄分析填列。

（9）「支付其他與投資活動有關的現金」項目。該項目反映企業除了上述各項目以外所支付的其他與投資活動有關的現金流出。本項目可根據「應收股利」「應收利息」「庫存現金」和「銀行存款」等帳戶的記錄分析填列。

第三類，籌資活動產生的現金流量各項目的填列方法。

（1）「吸收投資所收到的現金」項目。該項目反映企業以發行股票、債券等方式籌集資金實際收到的款項，減去直接支付的佣金、手續費、宣傳費、諮詢費、印刷費等發行費用后的淨額。本項目可根據「實收資本（股本）」「庫存現金」和「銀行存款」等帳戶的記錄分析填列。

（2）「取得借款所收到的現金」項目。該項目反映企業舉借各種短期、長期借款所收到的現金。本項目可根據「短期借款」「長期借款」「庫存現金」和「銀行存款」等帳戶的記錄分析填列。

（3）「收到的其他與籌資活動有關的現金」項目。該項目反映企業除上述各項目外所收到的其他與籌資活動有關的現金流入，如接受現金捐贈等。本項目可根據「庫存現金」「銀行存款」和「營業外收入」等帳戶的記錄分析填列。

（4）「償還債務所支付的現金」項目。該項目反映企業償還債務本金所支付的現金，包括償還金融企業的借款本金、償還債券本金等支付的現金。本項目可根據「短期借款」「長期借款」「應付債券」「庫存現金」和「銀行存款」等帳戶的記錄分析填列。

（5）「分配股利、利潤或償付利息支付的現金」項目。該項目反映企業實際支付的現金股利、支付給其他投資單位的利潤以及支付的借款利息、債券利息等。本項目可根據「應付股利」「應付利息」「財務費用」「長期借款」「庫存現金」和「銀行存款」等帳戶的記錄分析填列。

（6）「支付的其他與籌資活動有關的現金」項目。該項目反映企業除上述各項目外所支付的其他與籌資活動有關的現金流出，如現金捐贈支出、融資租入固定資產支付的租賃費等。本項目可根據「庫存現金」「銀行存款」「長期應付款」和「營業外支出」等帳戶的記錄分析填列。

第四類，匯率變動對現金及現金等價物的影響填列方法。

該項目反映企業外幣現金流量以及境外子公司的現金流量折算為人民幣時，所採用的現金流量發生日的即期匯率或按照系統合理的方法確定的、與現金流量發生日即期匯率近似匯率折算的人民幣金額與「現金及現金等價物淨增加額」中的外幣現金淨增加額按期末匯率折算的人民幣金額之間的差額。

10.4.4 現金流量表附註的填列

1. 將淨利潤調節為經營活動現金流量

現金流量表採用直接法反映經營活動產生的現金流量的同時，企業還應在附註中採用間接法將淨利潤調節為經營活動現金流量。間接法，是指以本期淨利潤為起點，通過調整不涉及現金的收入、費用、營業外收支以及經營性應收應付等項目的增減變動，調整不屬於經營活動的現金收支，據此計算並列報經營活動產生的現金流量的方法。在中國，現金流量表的補充資料應採用間接法反映經營活動產生的現金流量情況，以對現金流量表中採用直接法反映的經營活動現金流量進行核對和補充說明。

採用間接法將淨利潤調節為經營活動的現金流量時，主要需要調整四大類項目：
（1）實際沒有支付現金的費用；
（2）實際沒有收到現金的收益；
（3）不屬於經營活動的損益；
（4）經營性應收應付項目的增減變動。

這些項目包括資產減值準備、固定資產折舊、油氣資產折耗、生產性生物資產折舊、無形資產攤銷、長期待攤費用攤銷、處置固定資產、無形資產和其他長期資產的損失、固定資產報廢損失、存貨增減變動和經營性應收應付項目的增減變動等內容。

2. 不涉及現金收支的重大投資和籌資活動

該項目反映企業一定會計期間內影響資產和負債但不形成該期現金收支的所有重大投資和籌資活動的信息。這些投資和籌資活動是企業的重大理財活動，對以後各期的現金流量會產生重大影響，因此，應單列項目在補充資料中反映。該項目包括債務轉為資本、一年內到期的可轉換公司債券和融資租入固定資產等內容。

3. 現金及現金等價物變動情況

該項目反映企業一定會計期間現金及現金等價物的期末餘額減去期初餘額的淨額，是對現金流量表中「現金及現金等價物淨增加額」項目的補充說明。該項目的金額應與現金流量表中的「現金及現金等價物淨增加額」項目的金額核對相符。

10.4.5 現金流量表的編制方法

現金流量表的編制方法主要有工作底稿法、「T」型帳戶法以及分析填列法。

1. 工作底稿法

工作底稿法就是以工作底稿為手段，以利潤表和資產負債表數據為基礎，結合有關科目的記錄，對現金流量表的每一個項目進行分析並編制調整分錄，從而編制初現金流量表。採用工作底稿法編制現金流量表的基本步驟如下：

第一步，將資產負債表的年初餘額和期末餘額過入工作底稿的年初餘額和期末餘額欄。

第二步，對當期業務進行分析並編制調整分錄。會計人員編制調整分錄時，要以利潤表項目為基礎，從「營業收入」開始，結合資產負債表項目逐一進行分析。在調整分錄中，有關現金和現金等價物的事項，並不直接借記或貸記現金，而是分別記入

「經營活動產生的現金流量」「投資活動產生的現金流量」「籌資活動產生的現金流量」的有關項目，借記表示現金流入，貸記表示現金流出。

第三步，將調整分錄過入工作底稿中的相應部分。

第四步，核對調整分錄，借貸合計應相等，資產負債表項目年初餘額加減調整分錄中的借貸金額以後，應當等於期末餘額。

第五步，根據工作底稿中的現金流量表項目部分編制正式的現金流量表。

2.「T」型帳戶法

「T」型帳戶法就是以「T」型帳戶為手段，以利潤表和資產負債表數據為基礎，對每一項目進行分析並編制調整分錄，從而編制出現金流量表的方法。採用「T」型帳戶法編制現金流量表的基本步驟如下：

第一步，為所有的非現金項目（資產負債表項目和利潤表項目）分別開設「T」型帳戶，並將各自的年初、期末變動數過入該帳戶。

第二步，開設一個大的「現金及現金等價物」「T」型帳戶，每邊分為經營活動、投資活動和籌資活動三部分，左邊記現金流入，右邊記現金流出。與其他帳戶一樣，該帳戶過入年初、期末變動數。

第三步，以利潤表項目為基礎，結合資產負債表分析每一個非現金項目的增減變動，並據此編制調整分錄。

第四步，將調整分錄過入各「T」型帳戶，並進行核對，該帳戶借貸相抵后的餘額與前面步驟中過入的期末、期初變動數應當一致。

第五步，根據大的「現金及現金等價物」「T」型帳戶編制正式的現金流量表。

3. 分析填列法

分析填列法是直接根據資產負債表、利潤表和有關帳戶明細帳的記錄，分析計算出現金流量表各項目的金額，並據以編制現金流量表的一種方法。

根據《企業會計準則——基本準則》的規定，小企業可以不編制現金流量表。

現金流量表的具體編制將在財務會計課程中詳細介紹。

10.5　所有者權益變動表

10.5.1　所有者權益變動表的內容與結構

1. 所有者權益變動表的內容

所有者權益變動表的內容主要包括當期損益、直接計入所有者權益的利得和損失以及與所有者（股東）的資本交易導致的所有者權益的變動等。所有者權益變動表至少應當單獨列示反映下列信息的項目：

（1）淨利潤；

（2）直接計入所有者權益的利得和損失項目及其總額；

（3）會計政策變更和差錯更正的累積影響金額；

（4）所有者投入資本和向所有者分配利潤等；

（5）按照規定提取的盈餘公積；

（6）實收資本（股本）、資本公積、盈餘公積、未分配利潤的期初和期末餘額及其調節情況。

2. 所有者權益變動表的結構

（1）所有者權益變動表以矩陣的形式列報

一方面，列示導致所有者權益變動的交易或事項，改變了以往僅僅按照所有者權益的各組成部分反映所有者權益變動情況，而是按所有者權益變動的來源對一定時期所有者權益變動情況進行全面反映。

另一方面，按照所有者權益各組成部分（實收資本、資本公積、盈餘公積、未分配利潤和庫存股）及其總額列示交易或事項對所有者權益的影響。

（2）列示所有者權益變動表的比較信息

根據財務報表列報準則的規定，企業需要提供比較所有者權益變動表，因此，所有者權益變動表還就各項目再分為「本年金額」和「上年金額」兩欄填列。所有者權益變動表的具體格式如表10-12所示。

表10-12　　　　　　　　　　所有者權益變動表　　　　　　　　　會企04表

編製單位：南方股份有限公司　　　　　　2015年度　　　　　　　　　　單位：元

項　目	本年金額						上年金額					
	實收資本（股本）	資本公積	減：庫存股	盈餘公積	未分配利潤	所有者權益合計	實收資本（股本）	資本公積	減：庫存股	盈餘公積	未分配利潤	所有者權益合計
一、上年年末餘額												
加：會計政策變更												
前期差錯更正												
二、本年年初餘額												
三、本年增減變動金額（減少以「-」號填列）												
（一）淨利潤												
（二）直接計入所有者權益的利得和損失												
1. 可供出售金融資產公允價值變動淨額												
2. 權益法下被投資單位其他所有者權益變動的影響												
3. 與計入所有者權益項目相關的所得稅影響												
4. 其他												
上述（一）和（二）小計												
（三）所有者投入和減少資本												
1. 所有者投入資本												
2. 股份支付計入所有者權益的金額												
3. 其他												

表10－12（續）

項　目	本年金額							上年金額						
	實收資本（股本）	資本公積	減：庫存股	盈餘公積	未分配利潤	所有者權益合計		實收資本（股本）	資本公積	減：庫存股	盈餘公積	未分配利潤	所有者權益合計
（四）利潤分配													
1．提取盈餘公積													
2．對所有者（股東）的分配													
3．其他													
（五）所有者權益內部結轉													
1．資本公積轉增資本（股本）													
2．盈餘公積轉增資本（股本）													
3．盈餘公積彌補虧損													
4．其他													
四、本年年末餘額													

10.5.2　所有者權益變動表各項目的列報說明

1．上年年末餘額

「上年年末餘額」項目，反映企業上年資產負債表中實收資本（股本）、資本公積、盈餘公積、未分配利潤的年末餘額。

2．本年年初餘額

「會計政策變更」和「前期差錯更正」項目，分別反映企業採用追溯調整法處理的會計政策變更的累積影響金額和採用追溯重述法處理的會計差錯更正的累積影響金額。

為了體現會計政策變更和前期差錯更正的影響，企業應當在上期期末所有者權益餘額的基礎上進行調整得出本期期初所有者權益，根據「盈餘公積」「利潤分配」「以前年度損益調整」等帳戶的發生額分析填列。

3．本年增減變動金額

「本年增減變動金額」項目分別反映如下內容：

（1）「淨利潤」項目，反映企業當年實現的淨利潤（淨虧損）金額，並對應列在「未分配利潤」欄。

（2）「直接計入所有者權益的利得和損失」項目，反映企業當年直接計入所有者權益的利得和損失金額。其中：

①「可供出售金融資產公允價值變動淨額」項目，反映企業持有的可供出售金融資產當年公允價值變動的金額，並對應列在「資本公積」欄。

②「權益法下被投資單位其他所有者權益變動的影響」項目，反映企業對按照權益法核算的長期股權投資，在被投資單位除當年實現的淨損益以外其他所有者權益當年變動中應享有的份額，並對應列在「資本公積」欄。

③「與計入所有者權益項目相關的所得稅影響」項目，反映企業根據《企業會計準則第18號——所得稅》規定應計入所有者權益項目的當年所得稅影響金額，並對應列入「資本公積」欄。

④「淨利潤」和「直接計入所有者權益的利得和損失」小計項目，反映企業當年實現的淨利潤（淨虧損）金額和當年直接計入所有者權益的利得和損失金額的合計額。

（3）「所有者投入和減少資本」項目，反映企業當年所有者投入的資本和減少的資本。其中：

①「所有者投入資本」項目，反映企業接受投資者投入形成的實收資本（股本）和資本溢價或股本溢價，並對應列在「實收資本」和「資本公積」欄。

②「股份支付計入所有者權益的金額」項目，反映企業處於等待期中的權益結算的股份支付當年計入資本公積的金額，並對應列在「資本公積」欄。

（4）「利潤分配」下各項目，反映當年對所有者（股東）分配的利潤（股利）金額和按照規定提取的盈餘公積金額，並對應列在「未分配利潤」和「盈餘公積」欄。其中：

①「提取盈餘公積」項目，反映企業按照規定提取的盈餘公積。

②「對所有者（股東）的分配」項目，反映對所有者（股東）分配的利潤（股利）金額。

（5）「所有者權益內部結轉」下各項目，反映不影響當年所有者權益總額的所有者權益各組成部分之間當年的增減變動，包括資本公積轉增資本（股本）、盈餘公積轉增資本（股本）、盈餘公積彌補虧損等。為了全面反映所有者權益各組成部分的增減變動情況，所有者權益內部結轉也是所有者權益變動表的重要組成部分，主要指不影響所有者權益總額、所有者權益的各組成部分當期的增減變動。其中：

①「資本公積轉增資本（股本）」項目，反映企業以資本公積轉增資本或股本的金額。

②「盈餘公積轉增資本（股本）」項目，反映企業以盈餘公積轉增資本或股本的金額。

③「盈餘公積彌補虧損」項目，反映企業以盈餘公積彌補虧損的金額。

4. 本年年末餘額

「本年年末餘額」項目，反映企業本年資產負債表中實收資本（股本）、資本公積、盈餘公積、未分配利潤的年末餘額。本年年末餘額等於本年期初餘額加本年增減變動金額。

5. 上年金額欄的列報方法

所有者權益變動表「上年金額」欄內各項數字，應根據上年度所有者權益變動表，「本年金額」欄內所列數字填列。如果上年度所有者權益變動表規定的各個項目的名稱和內容同本年度不相一致，應對上年度所有者權益變動表中各項目的名稱和數字按本年度的規定進行調整，填入所有者權益變動表「上年金額」欄內。

6. 本年金額欄的列報方法

所有者權益變動表「本年金額」欄內各項數字一般應根據「實收資本（股本）」「資本公積」「盈餘公積」「利潤分配」「庫存股」「以前年度損益調整」等帳戶的發生額分析填列。

企業的淨利潤及其分配情況作為所有者權益變動的組成部分，不需要單獨設置利潤分配表列示。

10.6 附註

10.6.1 附註的含義與作用

附註是指對在會計報表中列示項目所作的進一步說明，以及對未能在這些報表中列示項目的說明等，即為便於報表使用者理解財務報表的內容而對財務報表的編制基礎、編制依據、編制原則和方法及重要項目所作的解釋。

附註是財務會計報告的重要組成部分，編制和披露財務報表附註，是改善財務報表的一種重要手段，也是充分披露原則的體現。

10.6.2 財務報表附註的內容

一般企業應當按照規定披露附註信息，主要包括以下九個方面的內容：

1. 企業的基本情況
（1）企業註冊地、組織形式和總部地址。
（2）企業的業務性質和主要經營活動。
（3）母公司以及集團最終母公司的名稱。
（4）財務報告的批准報出者和財務報告批准報出日。
2. 財務報表的編制基礎
3. 遵循企業會計準則的聲明
4. 重要會計政策和會計估計

重要會計政策和會計估計的內容包括財務報表項目的計量基礎和會計政策的確定依據以及下一會計期間內很可能導致資產、負債帳面價值重大調整的會計估計的確定依據等。

5. 會計政策和會計估計變更以及差錯更正的說明
6. 報表重要項目的說明

企業對報表重要項目的說明，應當按照資產負債表、利潤表、現金流量表和所有者權益變動表中列示的順序，採用文字和數字描述相結合的方式進行披露。報表重要項目的明細金額合計，應當與報表項目金額相銜接。

7. 或有事項
8. 資產負債表日後事項

每項重要的資產負債表日後事項的性質、內容，及其對財務狀況和經營成果的影響。無法做出估計的，應當說明原因。

9. 關聯方披露

（1）本企業母公司的有關信息。
（2）母公司對本公司的持股比例和表決權比例。
（3）本企業子公司的有關信息。
（4）本企業合營企業的有關信息。
（5）本企業與關聯方發生交易，分別說明各關聯方關係的性質、交易類型及交易要素。

復習思考題

1. 什麼是財務報表？財務報表有哪些作用？
2. 編制財務報表有哪些基本要求？
3. 資產負債表有哪些作用？如何編制資產負債表？
4. 中國企業的利潤表提供了哪些指標？應當如何編制利潤表？
5. 現金和現金等價物包括哪些內容？現金流量表的編制方法有幾種？其原理是什麼？
6. 附註的主要內容有哪些？

練習題

一、單項選擇題

1. 企業 2016 年年報中的利潤表，在表中填寫的時間是（　　）。
   A. 2016 年 12 月 31 ヨ　　　　B. 2016 年 1 月至 12 月
   C. 2016 年　　　　　　　　　D. 2016 年度

2. 企業 2016 年年報中的資產負債表，在表中填寫的時間是（　　）。
   A. 2016 年 12 月 31 日　　　　B. 2016 年 1 月至 12 月
   C. 2016 年　　　　　　　　　D. 2016 年度

3. 企業反映 2016 年現金流量情況的現金流量表，在表中填寫的時間是（　　）。
   A. 2016 年 12 月 31 日　　　　B. 2016 年度
   C. 2016 年　　　　　　　　　D. 2016 年 1 月至 12 月

二、多項選擇題

1. 按照中國《企業會計準則》的要求，企業對外財務報表由（　　）組成。
   A. 主表　　　　　　　　　　B. 會計報表

  C. 附表   D. 附註

2. 財政部2006年發布的《企業會計準則》規定，企業對外提供的會計報表包括（　　）。

  A. 資產負債表   B. 利潤表
  C. 現金流量表   D. 所有者權益變動表

3. 中國《企業會計準則》規定，企業財務會計報告的所有者包括（　　）。

  A. 投資者   B. 債權人
  C. 政府及有關部門   D. 社會公眾

第十一章　會計法律制度體系

11.1　會計法律制度體系的內容

11.1.1　會計法律制度的含義及特徵

1. 會計與會計法律制度

要實現會計的目的、體現會計的本質，必須有會計法律制度對會計活動予以約束和規範。

會計首先表現為企事業單位內部的一項管理活動，即對本單位的經濟活動進行核算和監督。但是會計在處理經濟業務事項中所涉及的經濟利益關係已經超出了本單位的範圍，直接或間接地影響了有關方面的利益。因為，一個單位的經濟活動不可能孤立地進行，而是表現為與方方面面發生直接或間接的聯繫，會計如何處理各種經濟關係，不僅將對本單位的財務收支、利益分配等產生影響，而且還會對國家、其他經濟組織、職工個人產生影響。

因此，會計處理各種經濟業務事項必須有一個具有約束力的規範，這是包括國家在內的各方面利益關係者對會計工作的客觀要求。比如：

調整中國經濟關係中會計關係的法律總規範——會計法律由此應運而生。

調整中國經濟生活中某些方面會計關係的法律規範——會計行政法規由此應運而生。

規範會計工作中某些方面內容，包括對會計核算、會計監督、會計機構和會計人員管理、會計工作管理制度的規範——產生各種部門的會計規章和規範性文件。

2. 會計法律制度的意義

會計法律制度是組織會計工作，處理會計事務應該遵循的有關法律、法令、條例、規則、章程、制度等規範性文件的總稱。

任何一個國家為了組織、管理好本國的會計工作，實現會計目標，都有一整套適合本國實際的會計法律制度體系，不過，由於各國政治、經濟、文化習俗等的差異，會計法律制度的形式不盡相同。有的國家以有關法律和民間性質的會計法律制度等組成會計法律制度體系，有的國家則是以有關法律和政府制定的會計準則等組成會計法律制度體系。

中國會計法律制度體系的建立，既要從中國的社會、政治、經濟文化的實際情況出發，又要適應不斷發展的態勢，充分考慮會計工作對社會經濟發展的促進作用；既

考慮中國的國情，又要考慮國際交流的需要，能夠與國際會計趨同，使會計真正成為「國際商業語言」。

會計工作是中國的一項重要的管理工作，為了規範會計行為，保證會計資料真實、完整，加強經濟管理和財務管理，提高經濟效益，維護社會主義市場經濟秩序，中國政府非常重視會計工作的法制建設。經過多年的努力，已經建立起了一套基本上與國際會計趨同的會計法律制度體系，但還不完善。中國的會計法律制度都是由政府頒布的，具有強制性，是每個企事業單位必須嚴格遵守和執行的。

3. 會計法律制度的特徵

（1）強制性。強制性是一切法規的共同特徵，會計法律制度也同樣需要借助國家這一權力機器來保證其實施和運行。會計法律制度主要是通過其規範性要求來引導人們的會計活動和會計行為的，但當會計活動和會計行為與法律規定相衝突時，它又通過制裁手段保障會計活動和會計行為必須無條件地服從法律的規定。

（2）標準性。會計法律制度具有明確的評價標準，人們可以根據這些標準來判斷哪些會計活動和會計行為是合規的，哪些會計活動和會計行為是不合規的。當然，會計標準也往往具有一定的時效性，隨著客觀經濟環境的變化需要不斷修訂和完善，但應保持其相對穩定性和連續性。

（3）普遍適用性。會計法律制度在一定的空間和時間範圍內具有普遍適用性，即針對其調整對象範圍內的所有人和事，但不針對具體的人和事。

（4）可預測性。會計法律制度明確規定了哪些會計活動和會計行為是合法的和應該鼓勵的，哪些會計活動和會計行為是不合法的和必須禁止的。人們可以借助這些規範來判斷其所從事的會計活動和會計行為應承擔的法律後果。

11.1.2 會計法律制度體系的內容

根據《中華人民共和國立法法》的規定，中國的法規體系通常由四個部分構成，即法律、行政法規、部門規章和規範性文件。所以中國會計法律制度體系也包括這四個層次。

1. 會計法律

中國的會計法律制度體系的第一個層次是會計法律，是以「法」的形式出現，主要是《會計法》。它是會計法律制度的最高層次，是指導會計工作的根本法，是制定其他會計法律制度的依據。該法由全國人民代表大會常務委員會通過，國家主席簽署頒布。

2. 行政法規

中國的會計行政法規是由國務院常務委員會通過，以國務院總理令公布。會計行政法規通常是以「條例」的形式出現，如《企業財務會計報告條例》《會計人員職權條例》《會計專業職務試行條例》《總會計師條例》等。

3. 部門規章

中國會計法律制度體系的第三個層次是會計部門規章。它是由國務院主管會計工作的部門即財政部以部長令公布，如《企業會計準則——基本準則》《企業會計制度》

《金融企業會計制度》《小企業會計制度》等。

4. 規範性文件

中國會計法律制度體系的第四個層次是規範性文件。它是由國務院主管會計工作的部門即財政部以部門文件形式印發，如《企業會計準則——應用指南》《會計基礎工作規範》《會計檔案管理辦法》等，以及財政部印發的各種「暫行規定」「補充規定」以及「會計準則解釋」等。

11.2 會計法

11.2.1 會計法的形成與發展

《會計法》是一項重要的經濟法規，是會計工作的根本大法，是制定其他一切會計法律制度、制度、辦法、手續、程序等的法律依據，涉及會計工作的各個方面。

《會計法》於1985年1月21日第六屆全國人民代表大會常務委員會第九次會議通過，1993年12月29日第八屆全國人民代表大會常務委員會第五次會議通過了《關於修改〈中華人民共和國會計法〉的決定》，於1999年10月31日第九屆全國人民代表大會常務委員會第十二次會議進行了修訂，於2000年7月1日起施行。

11.2.2 會計法的主要內容

現行《會計法》分七章，共五十二條，主要包括總則，會計核算，公司、企業會計核算的特別規定，會計監督，會計機構和會計人員，法律責任六個方面內容。

1. 總則

本部分共八條，主要內容包括：

（1）明確《會計法》的立法目的是規範會計行為，保證會計資料真實、完整，加強經濟管理和財務管理，提高經濟效益，維護社會主義市場經濟秩序。

（2）明確《會計法》的適用主體是國家機關、社會團體、公司、企事業單位和其他組織。

（3）規定單位負責人對本單位的會計工作和會計資料的真實性、完整性負責。

（4）明確會計工作的管理體制——「國務院財政部門主管全國的會計工作。縣級以上地方各級人民政府財政部門管理本行政區域內的會計工作」。

（5）明確規定國家實行統一的會計制度。

2. 會計核算

本部分共十五條，主要規定會計核算的內容和要求。會計核算的基本內容包括：款項和有價證券的收付；財物的收發、增減和使用；債權債務的發生和結算；資本、基金的增減；收入、支出、費用、成本的計算；財務成果的計算和處理及其他會計事項。為了保證會計信息的質量，《會計法》規定了對填制憑證、登記會計帳簿、編制會計報表等會計核算全過程的基本要求。這是保證會計信息符合國家宏觀經濟管理的要

求，滿足有關各方瞭解企業財務狀況和經營成果的需要，滿足企業加強內部經營管理需要的重要條件。

3. 公司、企業會計核算的特別規定

本部分有三條，主要針對公司、企業會計核算的特殊性和重要性，強調了公司、企業會計核算中對會計要素確認、計量、記錄的基本要求和公司、企業會計核算的禁止性規定。

4. 會計監督

本部分共九條，主要明確了三位一體的會計監督體系即單位內部監督、註冊會計師進行的社會監督和以財政部門為主的國家監督。

（1）單位內部監督。《會計法》主要規定了單位內部監督體系的基本要求是記帳人員與經濟業務事項和會計事項的審批人員、經辦人員、財物保管人員的職責權限應當明確，並相互分離、相互制約；重大對外投資、資產處置、資金調度和其他重要經濟業務事項的決策和執行的相互監督、相互制約程序應當明確；財產清查的範圍、期限和組織程序應當明確；對會計資料定期進行內部審計的辦法和程序應當明確。

為了保證內部監督更好地發揮作用，本部分還強調了會計機構、會計人員的職責、權限。「會計機構、會計人員對違反本法和國家統一的會計制度規定的會計事項，有權拒絕辦理或者按照職權予以糾正。」「會計機構、會計人員發現會計帳簿記錄與實物、款項及有關資料不相符的，按照國家統一的會計制度的規定有權自行處理的，應當及時處理；無權處理的，應當立即向單位負責人報告，請求查明原因，作出處理。」

（2）社會監督。它主要規定了註冊會計師獲取真實信息和獨立發表審計意見的權限。「有關法律、行政法規規定，須經註冊會計師進行審計的單位，應當向受委託的會計師事務所如實提供會計憑證、會計帳簿、財務會計報告和其他會計資料以及有關情況。任何單位或者個人不得以任何方式要求或者示意註冊會計師及其所在的會計師事務所出具不實或者不當的審計報告。」

（3）國家監督。它主要明確了財政部門的監督內容以及國家監督的參與監督部門。財政部門監督內容主要包括：「是否依法設置會計帳簿；會計憑證、會計帳簿、財務會計報告和其他會計資料是否真實、完整；會計核算是否符合本法和國家統一的會計制度的規定；從事會計工作的人員是否具備從業資格。」參與監督的部門主要有財政、審計、稅務、人民銀行、證券監管、保險監管等部門。

5. 會計機構和會計人員

本部分共六條，主要規定會計機構的設置和會計人員的配備。「各單位應當根據會計業務的需要，設置會計機構，或者在有關機構中設置會計人員並指定會計主管人員；不具備設置條件的，應當委託經批准設立從事會計代理記帳業務的仲介機構代理記帳。國有的和國有資產占控股地位或者主導地位的大、中型企業必須設置總會計師。」「從事會計工作的人員，必須取得會計從業資格證書。擔任單位會計機構負責人（會計主管人員）的，除取得會計從業資格證書外，還應當具備會計師以上專業技術職務資格或者從事會計工作三年以上經歷。」

6. 法律責任

本部共八條，主要規定單位負責人、會計人員違反會計法應承擔的法律責任。《會計法》明確規定了單位負責人、會計人員違反會計法的具體行為及其相應的法律后果，並強化了單位負責人的法律責任。

11.3 企業會計準則體系

11.3.1 企業會計準則體系內容

1. 會計準則的含義

會計準則是指導會計工作的規範，是處理會計事務的標準和準繩。它是根據《會計法》制定的，是從屬和服從會計法的有關法規。

從 20 世紀 50 年代到 90 年代初期，中國的企業會計標準一直採用會計制度的形式；1992 年財政部頒布了《企業會計準則——基本準則》，開始採用會計準則規範會計行為，之后陸續發布了 16 項具體準則。2006 年 2 月，財政部重新修訂、發布了《企業會計準則——基本準則》及 38 項具體準則，2006 年 10 月又發布了《企業會計準則——應用指南》，形成了比較完善的企業會計準則體系。

2. 企業會計準則體系

會計準則體系作為技術規範，有著嚴密的結構和層次。中國企業會計準則體系由三部分內容構成：

（1）《企業會計準則——基本準則》，在整個會計準則體系中起統馭作用，主要規範會計目標，會計假設，會計信息質量要求，會計要素的確認、計量和報告原則等。其作用是指導具體準則的制定和為尚未有具體準則規範的會計實務問題提供處理原則，企業會計的帳務處理程序、方法等都必須符合基本準則的要求。

（2）《企業會計準則——具體準則》。中國發布了 38 項具體準則，主要規範企業發生的具體交易或事項的會計處理。具體準則涉及會計核算的具體業務，它體現基本準則的要求，並保證具體準則之間的協調性、嚴密性及科學性。

（3）《企業會計準則——應用指南》，為企業執行會計準則提供操作性規範。

這三項內容既相對獨立，又互為關聯，構成統一整體。

此外，財政部還發布了《企業會計準則解釋》作為會計準則體系的補充。《企業會計準則解釋》對如果執行企業會計準則以及企業在執行會計準則過程中出現的具體情況和問題，作出了有針對性的解釋，以幫助企業更好地執行企業會計準則。

11.3.2 《企業會計準則——基本準則》的內容

《企業會計準則——基本準則》共 11 章 50 條，主要包括以下內容：

1. 總則

主要說明企業會計準則的性質、制定的依據（《會計法》）、適用範圍（在中華人

民共和國境內設立的企業)、會計工作的前提條件(會計主體、持續經營、會計分期、貨幣計量)、記帳基礎(權責發生制)、核算方法(借貸記帳法)以及會計核算基礎工作的要求等。

2. 會計信息質量要求

基本準則提出了企業提供會計信息質量的八條要求:可靠性、相關性、可理解性、可比性、實質重於形式、重要性、謹慎性和及時性。

3. 會計要素

基本準則把企業會計核算的對象劃分為資產、負債、所有者權益、收入、費用、利潤六大要素,並明確規定了各要素的含義、確認及列報條件。

4. 會計計量

基本準則規定,「企業在將符合確認條件的會計要素登記入帳並列報於會計報表及其附註時,應當按照規定的會計計量屬性進行計量,確定其金額」。會計計量屬性包括歷史成本、重置成本、可變現淨值、現值和公允價值五種,基本準則對五種計量屬性的含義及使用作出了明確規定。

5. 財務會計報告

基本準則規定,「財務會計報告是指企業對外提供的反映企業某一特定日期的財務狀況和某一會計期間的經營成果、現金流量等會計信息的文件」。「財務會計報告包括會計報表及其附註和其他應當在財務會計報告中披露的相關信息和資料。會計報表至少應當包括資產負債表、利潤表、現金流量表等報表。」基本準則還對各種報表的含義進行了規範。

11.3.3 具體準則的內容

到 2014 年為止,財政部發布了 40 項具體準則:

《企業會計準則第 1 號——存貨》
《企業會計準則第 2 號——長期股權投資》
《企業會計準則第 3 號——投資性房地產》
《企業會計準則第 4 號——固定資產》
《企業會計準則第 5 號——生物資產》
《企業會計準則第 6 號——無形資產》
《企業會計準則第 7 號——非貨幣性資產交換》
《企業會計準則第 8 號——資產減值》
《企業會計準則第 9 號——職工薪酬》
《企業會計準則第 10 號——企業年金基金》
《企業會計準則第 11 號——股份支付》
《企業會計準則第 12 號——債務重組》
《企業會計準則第 13 號——或有事項》
《企業會計準則第 14 號——收入》
《企業會計準則第 15 號——建造合同》

《企業會計準則第 16 號——政府補助》
《企業會計準則第 17 號——借款費用》
《企業會計準則第 18 號——所得稅》
《企業會計準則第 19 號——外幣折算》
《企業會計準則第 20 號——企業合併》
《企業會計準則第 21 號——租賃》
《企業會計準則第 22 號——金融工具確認和計量》
《企業會計準則第 23 號——金融資產轉移》
《企業會計準則第 24 號——套期保值》
《企業會計準則第 25 號——原保險合同》
《企業會計準則第 26 號——再保險合同》
《企業會計準則第 27 號——石油天然氣開採》
《企業會計準則第 28 號——會計政策、會計估計變更和差錯更正》
《企業會計準則第 29 號——資產負債表日後事項》
《企業會計準則第 30 號——財務報表列報》
《企業會計準則第 31 號——現金流量表》
《企業會計準則第 32 號——中期財務報告》
《企業會計準則第 33 號——合併財務報表》
《企業會計準則第 34 號——每股收益》
《企業會計準則第 35 號——分部報告》
《企業會計準則第 36 號——關聯方披露》
《企業會計準則第 37 號——金融工具列報》
《企業會計準則第 38 號——首次執行企業會計準則》
《企業會計準則第 39 號——公允價值計量》
《企業會計準則第 40 號——合營安排》
《企業會計準則第 41 號——在其他主體中權益的披露》
《企業會計準則第 42 號——持有待售的非流動資產、處置組和終止經營》

11.3.4 應用指南

為了更好地運用具體準則，財政部於 2006 年 10 月又發布了《企業會計準則——應用指南》。《企業會計準則——應用指南》對除第 15、25、26、29、32、36 號具體準則外餘下的 32 項具體準則的內容進行瞭解釋、指導和進一步的規範；同時還制定了企業的會計科目和主要帳務處理規範，對企業執行會計準則起到了具體、詳細的指導作用。

11.3.5 企業會計準則解釋

到目前為止，財政部已經發布了《企業會計準則解釋第 1 號》《企業會計準則第 2 號》《企業會計準則解釋第 3 號》《企業會計準則解釋第 4 號》《企業會計準則解釋第 5 號》《企業會計準則解釋第 6 號》，對 42 個問題進行瞭解釋和新的規範。

11.4　其他會計法律制度

會計法律制度體系除了《會計法》和《企業會計準則》以外，還有許多，這裡主要介紹會計基礎工作規範和會計檔案管理辦法。

11.4.1　會計基礎工作規範

為了加強會計基礎工作，建立規範的會計工作秩序，不斷提高會計工作水平，財政部於1996年6月17日制定了《會計基礎工作規範》，並於同日開始施行。為了更好地實施《會計基礎工作規範》，財政部又於1997年7月10日發布了《會計基礎工作規範化管理辦法》。

《會計基礎工作規範》分6章，共101條。主要內容包括：

1. 總則

總則部分主要說明本規範的制定目的、依據、適用範圍會計基礎工作的責任人和責任單位。

2. 會計機構和人員

該部分主要規範會計機構設置和會計人員配備、會計人員職業道德、會計工作交接等方面。

3. 會計核算

本部分主要說明會計核算的一般要求及會計憑證填制、帳簿登記以及報表編制等方面的具體要求。

4. 會計監督

本部分主要說明各單位會計機構、會計人員的監督範圍、依據、職責、權限以及各單位接受監督的義務。

5. 內部會計管理制度

該部分主要說明各單位建立內部會計管理制度的依據、原則以及應當包括的內容。

11.4.2　會計檔案管理辦法

為了加強會計檔案的科學管理，統一全國會計檔案工作制度，財政部和國家檔案局於1998年8月21日共同發布了《會計檔案管理辦法》。2015年12月11日財政部和國家檔案局又發布了最新修訂的《會計檔案管理辦法》（中華人民共和國財政部、國家檔案局令第79號）。

修訂后的《會計檔案管理辦法》共31條，主要內容包括：

1. 本辦法的制定目的、依據及適用範圍

本辦法的制定目的是加強會計檔案管理，有效保護和利用會計檔案。

依據是《中華人民共和國會計法》《中華人民共和國檔案法》等有關法律和行政法規。

本辦法適用於國家機關、社會團體、企業、事業單位和其他組織（以下統稱單位）管理會計檔案。

2. 會計檔案的管理部門

財政部和國家檔案局主管全國會計檔案工作，共同制定全國統一的會計檔案工作制度，對全國會計檔案工作實行監督和指導。

縣級以上地方人民政府財政部門和檔案行政管理部門管理本行政區域內的會計檔案工作，並對本行政區域內會計檔案工作實行監督和指導。

單位的檔案機構或者檔案工作人員所屬機構（以下統稱單位檔案管理機構）負責管理本單位的會計檔案。單位也可以委託具備檔案管理條件的機構代為管理會計檔案。

3. 會計檔案的含義及內容

會計檔案是指單位在進行會計核算等過程中接收或形成的，記錄和反映單位經濟業務事項的，具有保存價值的文字、圖表等各種形式的會計資料，包括通過計算機等電子設備形成、傳輸和存儲的電子會計檔案。具體包括：

（1）會計憑證類：原始憑證、記帳憑證。

（2）會計帳簿類：總帳、明細帳、日記帳、固定資產卡片及其他輔助性帳簿。

（3）財務報告類：月度、季度、半年度、年度財務會計報告。

（4）其他會計資料類：銀行存款餘額調節表、銀行對帳單、納稅申報表、會計檔案移交清冊、會計檔案保管清冊、會計檔案銷毀清冊、會計檔案鑒定意見書及其他具有保存價值的會計資料。

（5）電子會計檔案：單位可以利用計算機、網路通信等信息技術手段管理會計檔案。

滿足本法第 8 條規定條件的，單位內部形成的屬於歸檔範圍的電子會計資料可僅以電子形式保存，形成電子會計檔案。

單位從外部接收的電子會計資料附有符合《中華人民共和國電子簽名法》規定的電子簽名的，可僅以電子形式歸檔保存，形成電子會計檔案。

4. 會計檔案的保管與移交

單位會計管理機構按照歸檔範圍和歸檔要求，負責定期將應當歸檔的會計資料整理立卷，編制會計檔案保管清冊

當年形成的會計檔案，在會計年度終了后，可由單位會計管理機構臨時保管一年，再移交單位檔案管理機構保管。因工作需要確須推遲移交的，應當經單位檔案管理機構同意。

單位會計管理機構臨時保管會計檔案最長不超過三年。臨時保管期間，會計檔案的保管應當符合國家檔案管理的有關規定，且出納人員不得兼管會計檔案。

單位會計管理機構在辦理會計檔案移交時，應當編制會計檔案移交清冊，並按照國家檔案管理的有關規定辦理移交手續。

紙質會計檔案移交時應當保持原卷的封裝。電子會計檔案移交時應當將電子會計檔案及其元數據一併移交，且文件格式應當符合國家檔案管理的有關規定。特殊格式的電子會計檔案應當與其讀取平臺一併移交。

單位檔案管理機構接收電子會計檔案時，應當對電子會計檔案的準確性、完整性、可用性、安全性進行檢測，符合要求的才能接收。

5. 會計檔案的查閱、複製

單位應當嚴格按照相關制度利用會計檔案，在進行會計檔案查閱、複製、借出時履行登記手續，嚴禁篡改和損壞。

單位保存的會計檔案一般不得對外借出。確因工作需要且根據國家有關規定必須借出的，應當嚴格按照規定辦理相關手續。

會計檔案借用單位應當妥善保管和利用借入的會計檔案，確保借入會計檔案的安全完整，並在規定時間內歸還。

單位的會計檔案及其複製件需要攜帶、寄運或者傳輸至境外的，應當按照國家有關規定執行。

6. 會計檔案的保管期限

會計檔案的保管期限，從會計年度終了后的第一天算起。

會計檔案的保管期限分為永久、定期兩類。定期保管期限一般分為 10 年和 30 年。

企業會計檔案具體保管期限如表 11-1 所示。

表 11-1　　　　　　　　企業和其他組織會計檔案保管期限表

序號	檔案名稱	保管期限	備註
一	會計憑證		
1	原始憑證	30 年	
2	記帳憑證	30 年	
二	會計帳簿		
3	總帳	30 年	
4	明細帳	30 年	
5	日記帳	30 年	
6	固定資產卡片		固定資產報廢清理后保管 5 年
7	其他輔助性帳簿	30 年	
三	財務會計報告		
8	月度、季度、半年度財務會計報告	10 年	
9	年度財務會計報告	永久	
四	其他會計資料		
10	銀行存款餘額調節表	10 年	
11	銀行對帳單	10 年	
12	納稅申報表	10 年	
13	會計檔案移交清冊	30 年	
14	會計檔案保管清冊	永久	
15	會計檔案銷毀清冊	永久	
16	會計檔案鑒定意見書	永久	

7. 會計檔案的鑒定與銷毀

單位應當定期對已到保管期限的會計檔案進行鑒定，並形成會計檔案鑒定意見書。經鑒定，仍需繼續保存的會計檔案，應當重新劃定保管期限；對保管期滿，確無保存價值的會計檔案，可以銷毀。

經鑒定可以銷毀的會計檔案，應當按照以下程序銷毀：

單位檔案管理機構編制會計檔案銷毀清冊，列明擬銷毀會計檔案的名稱、卷號、冊數、起止年度、檔案編號、應保管期限、已保管期限和銷毀時間等內容。

單位負責人、檔案管理機構負責人、會計管理機構負責人、檔案管理機構經辦人、會計管理機構經辦人在會計檔案銷毀清冊上簽署意見。

單位檔案管理機構負責組織會計檔案銷毀工作，並與會計管理機構共同派員監銷。監銷人在會計檔案銷毀前，應當按照會計檔案銷毀清冊所列內容進行清點核對；在會計檔案銷毀後，應當在會計檔案銷毀清冊上簽名或蓋章。

電子會計檔案的銷毀還應當符合國家有關電子檔案的規定，並由單位檔案管理機構、會計管理機構和信息系統管理機構共同派員監銷。

保管期滿但未結清的債權債務會計憑證和涉及其他未了事項的會計憑證不得銷毀，紙質會計檔案應當單獨抽出立卷，電子會計檔案單獨轉存，保管到未了事項完結時為止。

單獨抽出立卷或轉存的會計檔案，應當在會計檔案鑒定意見書、會計檔案銷毀清冊和會計檔案保管清冊中列明。

8. 會計檔案的交接

《會計檔案管理辦法》規定了單位因撤銷、解散、破產、合併等情況下，如何進行檔案的交接。

特別對電子會計檔案的移交作了明確規定，電子會計檔案應當與其元數據一併移交，特殊格式的電子會計檔案應當與其讀取平臺一併移交。檔案接受單位應當對保存電子會計檔案的載體及其技術環境進行檢驗，確保所接收電子會計檔案的準確、完整、可用和安全。

復習思考題

1. 什麼是會計法律制度？它有哪些特徵？
2. 中國的會計法規體系是怎樣構成的？各個層次的內容在體系中的地位和作用為何？
3. 《會計法》的立法宗旨是什麼？它包括哪些主要內容？
4. 中國企業會計準則體系包括哪些內容？各部分的作用和地位為何？
5. 《會計從業資格管理辦法》的主要內容是什麼？
6. 《會計基礎工作規範》的主要內容有哪些？
7. 企業會計檔案的保管期限是如何規定的？

練習題

一、單項選擇題

1. 中國發布的《企業會計準則——應用指南》，是於（   ）正式發布的。
   A. 1999 年 2 月
   B. 2006 年 2 月
   C. 2008 年 10 月
   D. 2007 年 10 月

2. 中國最新發布的企業基本會計準則和 38 個具體準則，是於（   ）正式發布的。
   A. 1999 年 10 月 1 日
   B. 2006 年 2 月 15 日
   B. 2000 年 10 月 1 日
   D. 2007 年 2 月 15 日

3. 中國到 2017 年為止已經發布了（   ）個企業會計具體準則。
   A. 39
   B. 40
   B. 41
   D. 42

4. 中國目前實施的《會計法》，開始實施的時間是（   ）。
   A. 2007 年 1 月 1 日
   B. 2000 年 1 月 1 日
   C. 2000 年 10 月 1 日
   D. 2000 年 7 月 1 日

5. 下列會計檔案保管期限為永久的是（   ）。
   A. 總帳
   B. 明細帳
   C. 現金日記帳
   D. 年度財務報告

二、多項選擇題

1. 中國的企業會計準則體系由（   ）三部分組成。
   A. 企業會計準則——基本準則
   B. 企業會計準則——具體準則
   C. 企業會計準則——應用指南
   D. 企業會計準則解釋

2. 中國會計法律制度體系的內容包括（   ）。
   A. 會計法律
   B. 行政法規
   C. 部門規章
   D. 規範性文件

3. 下列會計檔案保管期限為 30 年的包括（   ）。
   A. 總帳和明細帳
   B. 記帳憑證
   C. 原始憑證
   D. 銀行對帳單

4. 下列會計檔案需要永久保管的是（   ）。
   A. 會計檔案保管清冊
   B. 會計檔案銷毀清冊
   C. 會計檔案鑒定意見書
   D. 年度財務報告

第十二章　會計工作管理體制

為了保證會計資料真實、完整，提高會計工作的管理水平，必須完善和健全會計工作管理體制。會計工作管理體制是會計管理機構、管理制度以及會計人員管理辦法的總稱。

12.1　會計組織機構

12.1.1　國家會計工作管理部門

《會計法》明確規定：國務院財政部門主管全國的會計工作，縣級以上地方各級人民政府財政部門管理本行政區域內的會計工作。所以，中國實行的是由財政部統一領導，地方各級財政部門分級管理，各企事業單位實行內部管理的會計工作管理體制。

財政部內設置了會計司，主管全國的會計工作，其主要職責是在財政部領導下，擬定全國性的會計法令，研究、制定改進會計工作的措施和總體規劃，頒發會計工作的各項規章制度，管理和報批外國會計公司在中國設立常駐代表機構，會同有關部門制定並實施全國會計人員專業技術職稱考評制度等。

各省、市、自治區以及地、縣財政廳、局設置會計處、科、股來主管本地區的會計工作；同時企業主管部門一般也要設置財務會計處來負責本部門所屬企業單位的會計工作的管理。它們的職責是根據財政部的統一規定，制定適合本地區、本系統的會計規章制度；負責組織、領導和監督所屬企業、單位的會計工作；審核、分析、批覆所屬單位的財務報表，並編制本地區、本系統的匯總財務報表；瞭解和檢查所屬單位的會計工作情況；負責本地區、本系統會計人員的業務培訓，以及會同有關部門評聘會計人員技術職務。

12.1.2　企業會計機構的設置

會計機構是指企業依據會計工作的需要設置的專門負責辦理本單位會計業務事項，進行會計核算，實行會計監督的職能部門。健全的會計機構，是保證會計工作順利進行，充分發揮會計職能的重要前提條件。

1. 設置會計機構的原則

每個企業設置會計機構一般應遵循以下原則：

（1）滿足需要原則。該原則有兩方面的要求，一是要求企業必須根據會計業務的

需要設置會計機構，即考慮企業的自身特點，設置能充分滿足本企業會計工作的需要的會計機構；二是設置的會計機構必須滿足社會經濟對會計工作的要求，並與國家的會計管理體制相適應。

（2）效率性與效益性原則。該原則要求企業設置的會計機構，應當在保證會計核算質量的前提下，提高效率，簡化會計核算手續；同時及時、正確地提供會計核算資料，節約人力、財力、物力，提高效益性。

（3）適應性原則。該原則要求企業在設置會計機構時必須全面考慮企業單位會計人員的數量和業務素質的適應能力。

（4）協調性原則。該原則要求設置的會計機構要能夠使得各相關部門之間做到相互配合。

2. 設置會計機構

《會計法》明確規定：「各單位應根據會計業務的需要，設置會計機構，或者在有關機構中設置會計人員並指定會計主管人員；不具備設置條件的，應當委托經批准設立從事會計代理記帳業務的仲介機構代理記帳。」可見，《會計法》並沒有對是否獨立設置會計機構作統一的、強制性的規定。所以，設置與不設置獨立的會計機構具體應當由企業根據自身的需要確定。

（1）獨立設置會計機構

企業單位一般都應當獨立設置會計部、處、科、室等會計機構，並配備專職會計人員，在財務總監（總會計師）的直接領導下，負責組織、領導會計工作並進行會計核算和會計監督，以保證企業單位會計工作的效率和會計信息的質量。

（2）不設置獨立的會計機構，但要配備專職會計人員

規模太小或者業務量過少的企業或單位可以不單獨設置會計機構，但可以在有關機構（辦公室）中設置專門的會計崗位，配備專職的會計人員並指定會計主管人員負責辦理具體會計事務。

（3）不設置獨立的會計機構，也不配備專職會計人員

對於不具備單獨設置會計機構，也不需要配備專職會計人員的小型經濟組織，可以實行委托有資質的仲介機構（會計師事務所）進行代理記帳工作。代理記帳是指經依法批准設立的從事會計代理記帳業務的仲介機構，代理他人進行會計核算，實行會計監督，並收取一定勞務報酬的行為。

12.1.3 會計工作的組織方式

企業會計工作的組織方式是指獨立設置會計機構的單位內部組織和管理會計工作的具體形式，一般分為集中核算和非集中核算兩種。

1. 集中核算組織方式

集中核算組織方式是指企業的會計核算工作都集中在財務會計部門進行，單位內其他各部門一般不單獨核算，只是對發生的經濟業務進行原始記錄，填制或取得原始憑證並進行適當匯總，定期將原始憑證和匯總原始憑證送交會計部門，由會計部門進行總分類核算和明細分類核算。

集中核算組織形式，由於核算工作集中，便於對會計人員進行分工，採用較合理的憑證整理方法，實行核算工作的電算化，從而簡化和加速了核算工作，減少核算費用；企業會計部門可以完整地掌握詳細的核算資料，全面瞭解企業的經濟活動。這種核算組織形式主要適用於規模不大的中小型企業單位。

2．非集中核算組織方式

非集中核算組織方式又叫分散核算組織方式，是指在企業會計工作中，把與本單位內部各部門業務有關的明細核算，在會計部門指導下分散在各有關部門進行，會計部門主要進行匯總性核算的一種核算組織形式。非集中核算組織方式有利於企業內部有關部門及時地利用核算資料進行日常的分析和考核，有利於企業的經濟核算制原則和全面經濟核算的實施，便於企業考核內部單位工作業績。但是，在這種核算組織形式下，不便於採用最合理的憑證整理方法，會計人員的合理分工受到一定的限制，核算的工作總量較集中核算有所增加，核算人員的編制也要加大，核算費用支出也要增多。這種核算組織形式主要適用於大中型企業單位以及內部單位比較分散的企業單位。

企業、單位採用集中核算還是非集中核算，要根據本單位的實際情況確定，可以在二者中選一種，也可以將二者結合起來進行。比如在一個單位內部，對各部門發生的經濟業務可以分別採用集中核算和非集中核算，也可以對一些業務採用集中核算，而對另一些業務採用非集中核算。具體核算形式的選擇，應根據單位特點和管理要求，以有利於加強經濟管理、提高經濟效益為標準。

12.1.4 會計工作崗位責任制

會計工作崗位責任制是指為了搞好會計工作，在設置的會計機構內部，按照會計工作的內容以及會計人員的配備情況，將單位全部的會計工作劃分為若干崗位，並規定每個崗位的職責和權限，建立起來的相應的責任管理制度。建立會計工作崗位責任制，有利於會計工作的法制化、程序化和規範化，使得會計人員職責清楚，紀律嚴明，有條不紊地進行工作，提高工作效率；同時會計工作崗位責制也是這些單位配備數量適當的會計人員的客觀依據之一。

1．設置會計崗位的原則

（1）根據本單位會計業務的需要設置

各個企事業單位所屬行業性質不一樣，規模也不同，經濟業務的內容、數量以及會計核算與管理的要求都會有所不同，所以各單位必須根據自身的實際情況來設置會計工作崗位。

（2）符合內部控製的要求

內部會計控製是指單位為了提高會計信息質量，保護資產的安全、完整，確保有關法律法規和規章制度的貫徹執行等而制定和實施的一系列控製方法、措施和程序。會計工作崗位的設置必須要適應內部會計控製的要求，特別要符合內部牽制制度的要求。內部牽制制度是內部會計控製的主要內容之一，其核心內容是分工明確、職責清楚、錢物分開、錢帳分管，出納人員不得兼管稽核，會計檔案保管和收入、費用、債權債務帳目的登記工作。具體來講：出納、會計不能一人兼任；出納與財產物資保管

工作不能一人兼任；採購人員不能兼任出納或者財產保管工作。這樣，按照內部會計控製的要求，就必須設置相應的會計工作崗位。

（3）有利於建立崗位責任制

設置的會計工作崗位，必須使得各個崗位職責分明，便於分工和管理，又有利於提高工作效率，節約經費開支。

（4）有利於會計人員熟悉業務，不斷提高業務素質

設置會計工作崗位要有利於分工不分家，有利於實行輪崗、交流，不斷提高會計人員的業務水平和適應能力。

2. 企業設置的主要會計工作崗位

（1）會計機構負責人（會計主管）崗位；

（2）出納崗位；

（3）稽核崗位；

（4）資本、基金核算崗位；

（5）收入、支出、債權債務核算崗位；

（6）工資、成本費用、財務成果核算崗位；

（7）財產物資的收發、增減核算崗位；

（8）總帳崗位；

（9）財務會計報告編制崗位；

（10）會計檔案管理崗位等。

以上的會計工作崗位，可以一崗一人，也可以一崗多人或一人多崗，但是必須符合內部會計控製的要求，比如出納人員不得兼管稽核，會計檔案保管和收入、費用、債權債務帳目的登記工作。

會計工作崗位應當有計劃地進行輪換。

12.2　會計人員

12.2.1　會計人員的條件及專業職務

會計人員是具備了會計的專門知識和技能，並從事會計工作的專業技術人員。實際中會計人員通常是指在企業、機關、事業單位或其他經濟組織中從事財務會計工作的人員。會計人員的任職要求是對會計工作各級崗位人員業務素質的基本規定。具體包括以下幾個方面：

1. 會計人員的基本條件

（1）會計人員應當具備必要的專業知識和專業技能。

（2）熟悉並掌握會計準則及其他財經法規。

（3）遵守職業道德。

各單位應當根據會計業務需要配備持有「會計從業資格證書」的會計人員從事會

計工作。

2. 會計機構負責人（會計主管人員）的任職條件

會計主管人員是指單位任用的組織和領導會計機構依法進行會計核算、實行會計監督的中層管理人員。會計機構負責人（會計主管人員）必須具備的條件是：

（1）政治素質，即能遵紀守法，堅持原則，廉潔奉公，具備良好的職業道德。

（2）專業技術資格條件，即要求具備會計師以上專業技術職務資格或者從事會計工作三年以上。

（3）熟悉國家財經法律、法規、規章制度和方針、政策，掌握本行業業務管理的有關知識。

（4）有較強的組織能力。

（5）身體狀況能夠適應本職工作的要求。

3. 會計專業技術職務

會計專業技術職務分為高級會計師、會計師、助理會計師、會計員四個檔次。其中，高級會計師為高級職務，會計師為中級職務，助理會計師和會計員為初級職務。

4. 會計專業技術資格考試製度

中國從 1992 年開始執行《會計專業技術資格考試暫行規定》，對會計專業技術資格實行全國統一考試製度。2000 年修訂《暫行規定》後，全國統一考試分為兩個等級：

（1）中級會計資格考試，考試科目有三門：「經濟法」「財務管理」「中級會計實務」。參加中級考試的人員必須在連續的兩個考試年度內通過全部科目的考試，方能獲得中級會計專業技術資格證書。

（2）初級會計資格考試，考試科目有兩門：「經濟法基礎」和「初級會計實務」。參加初級考試的人員必須在一個考試年度內通過全部科目的考試，才能取得初級會計專業技術資格證書。

當會計人員取得中級會計資格證書後就取得了會計師的資格，取得了初級會計資格證書就取得會計員和助理會計師資格，各個單位根據自身的需要進行相應資格和職位的聘用。

12.2.2 會計人員的職責和權限

1. 會計人員的職責

（1）進行會計核算。

（2）實行會計監督。

（3）擬定本單位會計事務處理的具體辦法。

（4）參與單位的經濟預測與決策。

（5）辦理其他會計事務。

2. 會計人員的主要權限

為了保證會計人員能嚴格履行其職責，國家賦予了會計人員相應的權限。會計人員的具體權限有：

（1）會計人員有權要求本單位有關部門、人員認真遵守國家的財經紀律和會計制度。

會計人員在工資中有權要求本單位的有關部門和有關人員認真遵守國家財經紀律和財務會計制度的規定；如果有違反，會計人員有權拒絕付款、拒絕報銷和拒絕執行。

（2）會計人員有權進行會計監督，即有權監督和檢查本單位內部各部門的財務收支，資金使用和財產保管、收發、計量、檢驗等情況。

3. 會計人員的法律保護與法律責任

（1）會計人員受到法律保護。會計人員在正常工作中是受到法律保護的，任何人不得打擊報復。《會計法》第四十六條規定：單位負責人對依法履行職責、抵制違反會計法規定行為的會計人員以降級、撤職、調離工作崗位、解聘或者開除等方式實行打擊報復，構成犯罪的，依法追究刑事責任；尚不構成犯罪的，由其所在單位或者有關單位依法給予行政處分；對受打擊報復的會計人員應當恢復其名譽和原有職務、級別。所以，任何人干擾、阻礙會計人員依法行使正當權力，都會受到法律的追究和制裁。

（2）會計人員的法律責任。會計人員必須依照會計法的規定進行會計核算，實行會計監督。在會計核算中會計人員必須根據實際發生的經濟業務事項填制原始憑證，登記會計帳簿，編制財務會計報告。但是會計人員如果違反了會計法或者會計準則的有關規定，將承擔法律責任。這裡主要有三類責任：經濟責任、行政責任和刑事責任。

《會計法》規定出現了下列行為之一的將承擔法律責任：

（1）不依法設置會計帳簿的；

（2）私設會計帳簿的；

（3）未按規定填制、取得原始憑證或者記帳憑證、取得的原始憑證不符合規定的；

（4）以未審核的會計憑證為依據登記會計帳簿或者登記會計帳簿不符合規定的；

（5）隨意變更會計處理方法的；

（6）向不同的會計資料使用者提供的財務會計報告編制依據不一致的；

（7）未按規定使用會計記錄文字或者記帳本位幣的；

（8）未按照規定保管會計資料，致使會計資料毀損、滅失的；

（9）偽造、變造會計憑證、會計帳簿，編制虛假財務會計報告；

（10）隱匿或者故意銷毀依法應當保存的會計憑證、會計帳簿、財務會計報告。

會計人員有上述所列行為之一的，構成犯罪的，要被依法追究刑事責任；不構成犯罪的，要處以二千元至五萬元的罰款；屬於國家工作人員的，還應當由其所在單位或者有關單位依法給予行政處分；不構成犯罪，但情節嚴重的，將被吊銷會計人員的會計從業資格證書。

12.2.3 總會計師制度

按照《會計法》的規定，國有的和國有資產占控股地位或者主導地位的大中型企業必須設置總會計師。總會計師是在單位負責人領導下，主管經濟核算和財務會計工作的人。總會計師作為單位財務會計的主要負責人，全面負責本單位的財務會計管理和經濟核算，參與本單位的重大經營決策活動，是單位負責人的參謀和助手。

1．總會計師的任職條件

（1）堅持社會主義方向，積極為社會主義市場經濟建設和改革開放服務；

（2）堅持原則，廉潔奉公；

（3）取得會計師專業技術資格后，主管一個單位或單位內部一個重要方面的財務會計工作的時間不少於 3 年；

（4）要有較高的政策理論水平，熟悉國家財經紀律、法規、方針和政策，掌握現代化管理的有關知識；

（5）具備本行業的基本業務知識，熟悉行業情況，有較強的組織領導能力；

（6）身體健康，勝任本職工作。

2．總會計師的權限

根據《總會計師條例》的規定，總會計師有以下權限：

（1）對違法違紀問題的制止和糾正權。

（2）總會計師有權對違反國家財經紀律、法規、方針、政策、制度和有可能在經濟上造成損失、浪費的行為，有權制止和糾正，制止或者糾正無效時提請單位負責人處理。

（3）有建立健全單位經濟核算的組織指揮權。

（4）對單位財務收支有審批簽署權。

（5）對本單位會計人員的管理權。

（6）對本單位會計機構設置、會計人員配備、繼續教育、考核、獎懲進行管理。

3．總會計師的職責

根據《總會計師條例》的規定，總會計師的職責主要包括兩個方面：

（1）由總會計師負責組織的工作

① 組織編制和執行預算、財務收支計劃、信貸計劃，擬訂資金籌措和使用方案，開闢財源，有效地使用資金；

② 建立、健全經濟核算制度，強化成本管理，進行經濟活動分析，精打細算，提高經濟效益；

③ 負責對本單位財務會計機構的設置和會計人員的配備，組織對會計人員進行業務培訓和考核；

④支持會計人員依法行使職權等。

（2）由總會計師協助、參與的工作

① 協助單位負責人對本單位的生產經營和業務管理等問題做出決策；

② 參與新產品開發、技術改造、科學研究、商品（勞務）價格和工資、獎金方案的制定；

③ 參與重大經濟合同和經濟協議的研究、審查。

12.2.4 註冊會計師及會計師事務所

1．註冊會計師

註冊會計師是具有一定的會計專業水平，經國家或特定組織考試或考核合格，經

國家批准執行會計查帳驗證業務和會計諮詢業務的人員。在中國，要取得註冊會計師執業資格，必須通過註冊會計師全國統一考試，並從事兩年以上的審計業務工作，才能向省、自治區、直轄市註冊會計師協會申請註冊。註冊會計師的工作機構是會計師事務所，註冊會計師只有加入會計師事務所才能承辦業務。

按照《中華人民共和國註冊會計師法》（以下簡稱《註冊會計師法》）及其他法律法規的規定，中國註冊會計師的業務範圍包括：

（1）審計業務，主要包括審查企業會計報表，出具審計報告；驗證企業資本，出具驗資報告；辦理企業合併、分立、清算事項中的審計業務，出具有關的報告；法律、行政法規規定的其他審計業務。審計業務屬於法定業務，非註冊會計師不得承辦。

（2）諮詢業務。註冊會計師可以提供會計諮詢、服務等業務。如：設計財務會計制度及其有關的內部控制；擔任會計顧問，提供會計、財務、稅務和經濟管理諮詢；代理納稅申報；代理記帳；代辦申請註冊登記，協助擬定合同、章程和其他經濟文件；培訓財務會計人員；審核企業前景財務資料等。這些業務屬於服務性質，非法定業務，所有具備條件的仲介機構，甚至個人都能夠從事。

2. 會計師事務所

會計師事務所指經國家有關部門批准、註冊登記、依法獨立承辦註冊會計師業務的單位。會計師事務所由註冊會計師組成，是承辦法定業務的工作機構，它不是國家機關的職能部門，經濟上實行有償服務、自收自支、獨立核算、依法納稅，具有法人資格。會計師事務所接受國家審計機關、政府其他部門、企業主管部門和事業單位的委託，依法獨立地承辦業務。根據《註冊會計師法》的規定，在中國只能設立有限責任的會計師事務所和合夥的會計師事務所。

12.3　會計職業道德

會計職業道德是指會計人員在從事會計工作過程中應該遵守的行為規範。總的來說，會計人員在會計工作中應當遵守職業道德，樹立良好的職業品質、嚴謹的工作作風，嚴守工作紀律，努力提高工作效率和工作質量。

按照《會計基礎工作規範》的規定，會計人員的職業道德主要包括以下幾個方面：

1. 愛崗敬業

會計人員應當熱愛本職工作，努力鑽研業務，使自己的知識和技能適應所從事工作的需要。

2. 熟悉財經法規

會計人員應當熟悉財經法律、法規、規章和會計準則及會計制度，並結合會計工作進行廣泛宣傳。

3. 依法辦事

會計人員應當按照會計法律、法規和會計準則規定的程序和要求進行會計工作，保證所提供的會計信息合法、真實、準確、及時、完整。

4. 實事求是、客觀公正

會計人員辦理會計事務應當實事求是、客觀公正。

5. 搞好服務

會計人員應當熟悉本單位的生產經營和業務管理情況，運用掌握的會計信息和會計方法，為改善單位內部管理、提高經濟效益服務。

6. 保守秘密

會計人員應當保守本單位的商業秘密，除法律規定和單位領導人同意外，不能私自向外界提供或者洩露單位的會計信息。

財政部門、業務主管部門和各單位應當定期檢查會計人員遵守職業道德的情況，並作為會計人員晉升、晉級、聘任專業職務、表彰獎勵的重要考核依據。會計人員違反職業道德的，由所在單位進行處罰；情節嚴重的，由會計證發證機關吊銷其會計證。

復習思考題

1. 中國主管會計工作的是哪個部門？實行的是什麼樣的會計工作管理體制？
2. 企業應當如何設置會計機構？
3. 會計工作的組織方式有幾種？其特點是什麼？
4. 會計人員必須具備什麼條件才能從事會計工作？
5. 會計人員的職責和權限有哪些？
6. 企業應當設置哪些會計工作崗位？如何設置？
7. 會計人員應當具有哪些職業道德？

練習題

一、單項選擇題

1. 高級會計師為高級職務，會計師為中級職務，助理會計師和會計員為（　　）職務。

    A. 高級　　　　　　　　　　B. 中級
    C. 初級　　　　　　　　　　D. 低級

2. 國家會計工作的管理部門是（　　）。

    A. 各級財政部門　　　　　　B. 各級審計部門
    C. 各企業的財會部門　　　　D. 會計師事務所

二、多項選擇題

1. 出納人員除按規定辦理貨幣資金支付手續外，還負責（　　）。

    A. 保管部分印章　　　　　　B. 登記現金和銀行存款日記帳
    C. 保管庫存現金　　　　　　D. 保管有價證券

2. 總會計師有以下權限：（　　）。

    A. 對本單位違法違紀問題的制止和糾正權

B. 是建立健全單位經濟核算的組織指揮權
C. 是對單位財務收支具有審批簽署權
D. 有對本單位會計人員的管理權
E. 外單位會計核算情況的檢查

3. 會計專業職務分為（　　　）。
   A. 高級會計師　　　　　　　B. 會計師
   C. 助理會計師和會計員　　　D. 總會計師

4. 下列項目不屬於會計職稱範圍的是（　　　）。
   A. 會計員　　　　　　　　　B. 會計師
   C. 高級會計師　　　　　　　D. 註冊會計師

第十三章　會計基礎模擬實驗案例

本章以大華科技有限責任公司（以下簡稱「大華公司」）2011 年 1 月份經濟業務為例，分別採用記帳憑證核算形式、科目匯總表核算形式和匯總記帳憑證核算形式進行實帳處理。

13.1　模擬實驗案例資料

大華公司 2011 年年初有關帳戶餘額如表 13－1 所示。

表 13－1　　　　　　　　　　帳戶餘額表　　　　　　　　　　單位：元

資產項目	金額	負債和所有者權益項目	金額
庫存現金	1,000	短期借款	150,000
銀行存款	150,000	應付帳款	151,000
應收帳款	120,000	實收資本	350,000
原材料	50,000		
生產成本	50,000		
庫存商品	100,000		
固定資產	200,000		
累計折舊	20,000		
合　計	651,000	合　計	651,000

該公司 2011 年 1 月份發生經濟業務如下：

（1）2 日，收到光明公司投入資本 350,000 元，款項已存入銀行。

（2）3 日，公司向銀行借入 6 個月借款 200,000 元，存入銀行。

（3）3 日，從銀行提取現金 1,000 元備用。

（4）4 日，向大眾公司購入 A 材料一批，已驗收入庫，貨款 100,000 元和增值稅 17,000 元尚未支付。

（5）6 日，向光明公司購入 A 材料，已驗收入庫。貨款 80,000 元和增值稅 13,600 元已用銀行存款支付。

（6）6 日，車間領用 A 材料一批。其中：用於產品生產 25,000 元，用於車間一般耗費 1,000 元。

（7）8 日，以銀行存款 80,000 元購入小汽車一輛。

(8) 9日,以銀行存款支付第一季度企業管理部門房屋租金10,000元。

(9) 9日,接銀行通知,收到群眾公司歸還的上月所欠貨款50,000元。

(10) 11日,職工張三出差,借支差旅費1,000元。

(11) 11日,銷售產品給群眾公司,貨款150,000元,增值稅25,500元,產品已發出,並向銀行辦妥托收手續。

(12) 15日,銷售一批產品給大毛公司,貨款100,000元,增值稅17,000元,款項已存入銀行。

(13) 19日,以銀行存款償還前欠大眾公司貨款117,000元。

(14) 20日,張三出差歸來,報銷差旅費800元,餘款退還現金。

(15) 21日,以銀行存款支付廣告費和其他銷售費用10,000元。

(16) 25日,以銀行存款5,000元支付電費。其中,產品生產用電費4,000元,車間照明500元,企業管理部門用電500元。

(17) 26日,用銀行存款支付管理部門辦公費5,000元。

(18) 29日,分配本月工資費用30,000元。其中生產工人工資20,000元,車間管理人員工資3,000元,企業行政管理人員工資7,000元。

(19) 29日,收到乙公司以現金預交的上半年倉庫租金12,000元。

(20) 29日,從銀行提取現金30,000元,準備發放工資。

(21) 29日,以現金發放工資30,000元。

(22) 30日,計提本月固定資產折舊費8,000元。其中車間使用固定資產應計提折舊費5,200元,企業行政管理部門使用固定資產應計提折舊費2,800元。

(23) 31日,結轉本月製造費用9,700元。

(24) 31日,結轉本月完工產品實際生產成本85,000元。

(25) 31日,結轉本月已銷售產品生產成本183,500元。

(26) 31日,根據銀行存款餘額和利率預計本月利息收入1,500元。

(27) 31日,銀行劃轉支付利息支出5,000元。

(28) 31日,確認本月租金收入2,000元。

(29) 31日,計算出本月應交的城市維護建設稅額1,000元,應交所得稅額9,207元。

(30) 31日,結轉本月收入、成本費用、支出至「本年利潤」帳戶。

13.2 記帳憑證核算形式的應用

13.3.1 填制記帳憑證

根據原始憑證和原始憑證匯總表(編製從略)填制:

(1) 銀行存款收款憑證,如表13-2至表13-5所示;

(2) 現金收款憑證,如表13-6和表13-7所示;

（3）銀行存款付款憑證，如表 13 – 8 至表 13 – 17 所示；
（4）現金付款憑證，如表 13 – 18 和表 13 – 19 所示；
（4）轉帳憑證，如表 13 – 20 至表 13 – 34 所示。

13.3.2 登記日記帳

根據上一步驟填制的庫存現金收、付憑證和銀行存款收、付憑證，逐日逐筆登記現金日記帳和銀行存款日記帳。現金日記帳具體登記情況，如表 13 – 35 所示。銀行存款日記帳登記方法與現金日記帳登記方法完全一樣，此處從略。

13.3.3 登記明細帳

根據原始憑證及所編制的收、付、轉憑證登記明細帳。具體登記方法和實例在前面第四章中已介紹，此處從略。

13.3.4 登記總分類帳

根據第一步填制的記帳憑證逐筆登記有關的總分類帳。總分類帳的登記可以在月終一次登記，也可以在月內數次登記。本例為月終一次登記，僅以銀行存款、應付帳款、實收資本、生產成本、製造費用、主營業務收入、本年利潤七個帳戶為例，登記總帳，如表 13 – 36 至表 13 – 42 所示。其他總帳的登記此處從略。

13.3.5 帳帳核對

將總帳與明細帳、總帳與日記帳進行核對，保證帳帳相符。帳帳核對的方法在第五章中已介紹。此處從略。

13.3.6 編制會計報表

根據總帳和明細帳的資料，編制會計報表。有關會計報表的具體編制方法已在第十章中介紹。本例編制的資產負債表如表 13 – 43 所示，利潤表如表 13 – 44 所示。

表 13 – 2　　　　　　　　　　收　款　憑　證
應借科目：　銀行存款　　　　2011 年 1 月 2 日　　　　　銀　收字第　01　號

摘要	應貸科目		√	√	金　額								附件2張
	一級	明細			百	十	萬	千	百	十	元	角	分
光明公司投入資本	實收資本	光明公司	√	√		3	5	0	0	0	0	0	0
合　　計						3	5	0	0	0	0	0	0

會計主管：　　　　記帳：　　　　稽核：　　　　出納：　　　　填制：萬明

表 13-3

收 款 憑 證

應借科目：銀行存款　　　2011 年 1 月 3 日　　　銀 收字第 02 號

摘　要	應貸科目		√	√	金　額								附件3張
	一級	明細			百	十	萬	千	百	十	元	角	分	
借入短期借款	短期借款	上街支行	√	√		2	0	0	0	0	0	0	0	
合　　計						2	0	0	0	0	0	0	0	

會計主管：　　　記帳：　　　稽核：　　　出納：　　　填制：萬明

表 13-4

收 款 憑 證

應借科目：銀行存款　　　2011 年 1 月 9 日　　　銀 收字第 03 號

摘　要	應貸科目		√	√	金　額								附件2張
	一級	明細			百	十	萬	千	百	十	元	角	分	
收回群眾公司欠款	應收帳款	群眾公司	√	√			5	0	0	0	0	0	0	
合　　計							5	0	0	0	0	0	0	

會計主管：　　　記帳：　　　稽核：　　　出納：　　　填制：萬明

表 13-5

收 款 憑 證

應借科目：銀行存款　　　2011 年 1 月 15 日　　　銀 收字第 04 號

摘　要	應貸科目		√	√	金　額								附件5張
	一級	明細			百	十	萬	千	百	十	元	角	分	
銷售產品給大毛公司	主營業務收入	甲	√	√			1	0	0	0	0	0	0	
	應交稅費	應交增值稅（銷項稅額）	√	√				1	7	0	0	0	0	
合　　計							1	1	7	0	0	0	0	

會計主管：　　　記帳：　　　稽核：　　　出納：　　　填制：萬明

表 13-6

收 款 憑 證

應借科目：庫存現金　　　2011 年 1 月 20 日　　　現 收字第 01 號

摘　要	應貸科目		√	√	金　額								附件1張
	一級	明細			百	十	萬	千	百	十	元	角	分	
張三出差歸來退現金	其他應收款	張三	√	√						2	0	0	0	
合　　計										2	0	0	0	

會計主管：　　　記帳：　　　稽核：　　　出納：　　　填制：萬明

表 13－7　　　　　　　　　　　收 款 憑 證

應借科目：庫存現金　　　2011 年 1 月 29 日　　　現　收字第　02　號

摘　　要	應貸科目 一級	應貸科目 明細	√	√	金額 百十萬千百十元角分	附件3張
預收倉庫租金	其他應付款	倉庫租金	√	√	1 2 0 0 0 0 0	
合　　計					1 2 0 0 0 0 0	

會計主管：　　記帳：　　稽核：　　出納：　　填制：萬明

表 13－8　　　　　　　　　　　付 款 憑 證

應貸科目：銀行存款　　　2011 年 1 月 3 日　　　銀　付字第　01　號

摘　　要	應借科目 一級	應借科目 明細	√	√	金額 百十萬千百十元角分	附件1張
提現金備用	庫存現金		√	√	1 0 0 0 0 0	
合　　計					1 0 0 0 0 0	

會計主管：　　記帳：　　稽核：　　出納：　　填制：萬明

表 13－9　　　　　　　　　　　付 款 憑 證

應貸科目：銀行存款　　　2011 年 1 月 6 日　　　銀　付字第　02　號

摘　　要	應借科目 一級	應借科目 明細	√	√	金額 百十萬千百十元角分	附件4張
向光明公司購 A 材料	原材料	A	√	√	8 0 0 0 0 0 0	
	應交稅費	應交增值稅（進項稅額）	√	√	1 3 6 0 0 0 0	
合　　計					9 3 6 0 0 0 0	

會計主管：　　記帳：　　稽核：　　出納：　　填制：萬明

表 13－10　　　　　　　　　　付 款 憑 證

應貸科目：銀行存款　　　2011 年 1 月 8 日　　　銀　付字第　03　號

摘　　要	應借科目 一級	應借科目 明細	√	√	金額 百十萬千百十元角分	附件3張
購買小汽車	固定資產	汽車	√	√	8 0 0 0 0 0 0	
合　　計					8 0 0 0 0 0 0	

會計主管：　　記帳：　　稽核：　　出納：　　填制：萬明

表 13-11　　　　　　　　　　付　款　憑　證

應貸科目：　銀行存款　　　　　　2011 年 1 月 9 日　　　　　　銀　付字第　04　號

摘　　要	應借科目		√	√	金　額								附件3張
	一　級	明　細			百	十	萬	千	百	十	元	角	分
支付一季度房屋租金	管理費用		√	√			1	0	0	0	0	0	0
			√	√									
合　　計							1	0	0	0	0	0	0

會計主管：　　　記帳：　　　　稽核：　　　　　出納：　　　　　填制：萬明

表 13-12　　　　　　　　　　付　款　憑　證

應貸科目：　銀行存款　　　　　　2011 年 1 月 19 日　　　　　　銀　付字第　05　號

摘　　要	應借科目		√	√	金　額								附件3張
	一　級	明　細			百	十	萬	千	百	十	元	角	分
歸還大眾公司款項	應付帳款	大眾公司	√	√		1	1	7	0	0	0	0	0
合　　計						1	1	7	0	0	0	0	0

會計主管：　　　記帳：　　　　稽核：　　　　　出納：　　　　　填制：萬明

表 13-13　　　　　　　　　　付　款　憑　證

應貸科目：　銀行存款　　　　　　2011 年 1 月 21 日　　　　　　銀　付字第　06　號

摘　　要	應借科目		√	√	金　額								附件3張
	一　級	明　細			百	十	萬	千	百	十	元	角	分
支付廣告費等	銷售費用	廣告費	√	√			1	0	0	0	0	0	0
合　　計							1	0	0	0	0	0	0

會計主管：　　　記帳：　　　　稽核：　　　　　出納：　　　　　填制：萬明

表 13-14　　　　　　　　　　付　款　憑　證

應貸科目：　銀行存款　　　　　　2011 年 1 月 25 日　　　　　　銀　付字第　07　號

摘　　要	應借科目		√	√	金　額								附件4張
	一　級	明　細			百	十	萬	千	百	十	元	角	分
支付電費	生產成本		√	√				4	0	0	0	0	0
	製造費用		√	√					5	0	0	0	0
	管理費用		√	√					5	0	0	0	0
合　　計								5	0	0	0	0	0

會計主管：　　　記帳：　　　　稽核：　　　　　出納：　　　　　填制：萬明

表 13-15

付 款 憑 證

應貸科目：銀行存款　　　2011 年 1 月 26 日　　　銀 付字第 08 號

摘　　要	應借科目 一級	明細	√	√	金額 百十萬千百十元角分	附件6張
支付辦公費用	管理費用	辦公費	√	√	5 0 0 0 0 0	
合　　計					5 0 0 0 0 0	

會計主管：　　　記帳：　　　稽核：　　　出納：　　　填制：萬明

表 13-16

付 款 憑 證

應貸科目：銀行存款　　　2011 年 1 月 29 日　　　銀 付字第 09 號

摘　　要	應借科目 一級	明細	√	√	金額 百十萬千百十元角分	附件2張
提現金備發工資	庫存現金		√	√	3 0 0 0 0 0 0	
合　　計					3 0 0 0 0 0 0	

會計主管：　　　記帳：　　　稽核：　　　出納：　　　填制：萬明

表 13-17

付 款 憑 證

應貸科目：銀行存款　　　2011 年 1 月 31 日　　　銀 付字第 10 號

摘　　要	應借科目 一級	明細	√	√	金額 百十萬千百十元角分	附件2張
支付利息	財務費用		√	√	5 0 0 0 0 0	
合　　計					5 0 0 0 0 0	

會計主管：　　　記帳：　　　稽核：　　　出納：　　　填制：萬明

表 13-18

付 款 憑 證

應貸科目：庫存現金　　　2011 年 1 月 11 日　　　現 付字第 01 號

摘　　要	應借科目 一級	明細	√	√	金額 百十萬千百十元角分	附件2張
張三借支差旅費	其他應收款	張三	√	√	1 0 0 0 0 0	
合　　計					1 0 0 0 0 0	

會計主管：　　　記帳：　　　稽核：　　　出納：　　　填制：萬明

表 13－19

付 款 憑 證

應貸科目：　庫存現金　　　　2011 年 1 月 29 日　　　　　　現　付字第　02　號

摘　　要	應 借 科 目		√	√	金　　額							
	一　級	明　細			百	十	萬	千	百	十	元	角	分
發工資	應付職工薪酬	工資	√	√		3	0	0	0	0	0	0	
合　　　　　　計						3	0	0	0	0	0	0	

附件 2 張

會計主管：　　　記帳：　　　稽核：　　　出納：　　　填制：萬明

表 13－20

轉 帳 憑 證

2011 年 1 月 4 日　　　　　　　轉　字第　01　號

摘　　要	會 計 科 目		√	借　　方								貸　　方							
	一　級	明　細		百	十	萬	千	百	十	元	角	分	百	十	萬	千	百	十	元	角	分
向大眾公司購材料	原材料	A	√		1	0	0	0	0	0	0	0									
	應交稅費	應交增值稅（進項稅額）	√			1	7	0	0	0	0	0									
	應付帳款	大眾公司	√											1	1	7	0	0	0	0	
合　　　　　　計					1	1	7	0	0	0	0	0		1	1	7	0	0	0	0	

附件 4 張

會計主管：　　　記帳：　　　稽核：　　　出納：　　　填制：萬明

表 13－21

轉 帳 憑 證

2011 年 1 月 6 日　　　　　　　轉　字第　02　號

摘　　要	會 計 科 目		√	借　　方								貸　　方							
	一　級	明　細		百	十	萬	千	百	十	元	角	分	百	十	萬	千	百	十	元	角	分
車間領材料	生產成本	甲	√			2	5	0	0	0	0	0									
	製造費用		√				1	0	0	0	0	0									
	原材料		√												2	6	0	0	0	0	0
合　　　　　　計						2	6	0	0	0	0	0			2	6	0	0	0	0	0

附件 3 張

表 13－22

轉 帳 憑 證

2011 年 1 月 11 日　　　　　　轉　字第　03　號

摘　　要	會 計 科 目		√	借　　方								貸　　方							
	一　級	明　細		百	十	萬	千	百	十	元	角	分	百	十	萬	千	百	十	元	角	分
售產品給群眾公司	應收帳款	群眾公司	√		1	7	5	0	0	0	0	0									
	主營業務收入	甲	√											1	5	0	0	0	0	0	0
	應交稅費	應交增值稅（銷項稅額）	√												2	5	5	0	0	0	0
合　　　　　　計					1	7	5	0	0	0	0	0		1	7	5	5	0	0	0	0

附件 3 張

252

表 13－23

轉 帳 憑 證

2011 年 1 月 20 日　　　　　　轉 字第 04 號

摘　要	會 計 科 目		√	借　方	貸　方	
	一　級	明　細		百十萬千百十元角分	百十萬千百十元角分	
張三報差旅費	管理費用		√	8 0 0 0 0		附件4張
	其他應收款	張三	√		8 0 0 0 0	
	合　　計			8 0 0 0 0	8 0 0 0 0	

表 13－24

轉 帳 憑 證

2011 年 1 月 29 日　　　　　　轉 字第 05 號

摘　要	會 計 科 目		√	借　方	貸　方	
	一　級	明　細		百十萬千百十元角分	百十萬千百十元角分	
分配工資費用	生產成本	甲	√	2 0 0 0 0 0 0		附件5張
	製造費用		√	3 0 0 0 0 0		
	管理費用		√	7 0 0 0 0 0		
	應付職工薪酬	工資	√		3 0 0 0 0 0 0	
	合　　計			3 0 0 0 0 0 0	3 0 0 0 0 0 0	

表 13－25

轉 帳 憑 證

2011 年 1 月 30 日　　　　　　轉 字第 06 號

摘　要	會 計 科 目		√	借　方	貸　方	
	一　級	明　細		百十萬千百十元角分	百十萬千百十元角分	
計提折舊費		製造費用	√	5 2 0 0 0 0		附件3張
	管理費用		√	2 8 0 0 0 0		
	累計折舊		√		8 0 0 0 0 0	
	合　　計			8 0 0 0 0 0	8 0 0 0 0 0	

表 13－26

轉 帳 憑 證

2011 年 1 月 31 日　　　　　　轉 字第 07 號

摘　要	會 計 科 目		√	借　方	貸　方	
	一　級	明　細		百十萬千百十元角分	百十萬千百十元角分	
結轉本月製造費用	生產成本	甲	√	9 7 0 0 0 0		附件4張
	製造費用		√		9 7 0 0 0 0	
	合　　計			9 7 0 0 0 0	9 7 0 0 0 0	

表 13-27

轉 帳 憑 證

2011 年 1 月 31 日　　　　　　　轉　字第　08　號

摘　要	會 計 科 目		√	借　方	貸　方	
	一　級	明　細		百十萬千百十元角分	百十萬千百十元角分	附件2張
結轉本月完工產品成本	庫存商品	甲	√	8 5 0 0 0 0 0		
	生產成本	甲	√		8 5 0 0 0 0 0	
合　　計				8 5 0 0 0 0 0	8 5 0 0 0 0 0	

表 13-28

轉 帳 憑 證

2011 年 1 月 31 日　　　　　　　轉　字第　09　號

摘　要	會 計 科 目		√	借　方	貸　方	
	一　級	明　細		百十萬千百十元角分	百十萬千百十元角分	附件2張
結轉本月銷售成本	主營業務成本	甲	√	1 8 3 5 0 0 0 0		
	庫存商品	甲	√		1 8 3 5 0 0 0 0	
合　　計				1 8 3 5 0 0 0 0	1 8 3 5 0 0 0 0	

表 13-29

轉 帳 憑 證

2011 年 1 月 31 日　　　　　　　轉　字第　10　號

摘　要	會 計 科 目		√	借　方	貸　方	
	一　級	明　細		百十萬千百十元角分	百十萬千百十元角分	附件2張
預計本月利息收入	其他應收款	利息收入	√	1 5 0 0 0 0		
	財務費用	利息收入	√		1 5 0 0 0 0	
合　　計				1 5 0 0 0 0	1 5 0 0 0 0	

表 13-30

轉 帳 憑 證

2011 年 1 月 31 日　　　　　　　轉　字第　12　號

摘　要	會 計 科 目		√	借　方	貸　方	
	一　級	明　細		百十萬千百十元角分	百十萬千百十元角分	附件2張
本月倉庫租金收入	其他應付款	租金	√	2 0 0 0 0 0		
	其他業務收入	租金收入	√		2 0 0 0 0 0	
合　　計				2 0 0 0 0 0	2 0 0 0 0 0	

表 13－31

轉 帳 憑 證

2011 年 1 月 31 日　　　　　　　轉　字第　14　號

摘　要	會　計　科　目	√	借　方	貸　方	附件2張
	一　級	明　細		百十萬千百十元角分	百十萬千百十元角分	
計算城建稅	稅金及附加		√	1 0 0 0 0 0		
	應交稅費	應交城建稅	√		1 0 0 0 0 0	
	合　　　計			1 0 0 0 0 0	1 0 0 0 0 0	

表 13－32

轉 帳 憑 證

2011 年 1 月 31 日　　　　　　　轉　字第　15　號

摘　要	會　計　科　目	√	借　方	貸　方	附件2張
	一　級	明　細		百十萬千百十元角分	百十萬千百十元角分	
計算所得稅	所得稅費用		√	9 2 0 7 0 0		
	應交稅費	應交所得稅	√		9 2 0 7 0 0	
	合　　　計			9 2 0 7 0 0	9 2 0 7 0 0	

表 13－33

轉 帳 憑 證

2011 年 1 月 31 日　　　　　　　轉　字第　16　號

摘　要	會　計　科　目	√	借　方	貸　方	附件5張
	一　級	明　細		百十萬千百十元角分	百十萬千百十元角分	
結轉本月成本費用	本年利潤		√	2 3 3 3 0 7 0 0		
	主營業務成本		√		1 8 3 5 0 0 0 0	
	銷售費用		√		1 0 0 0 0 0 0	
	管理費用		√		2 6 1 0 0 0 0	
	財務費用		√		3 5 0 0 0 0	
	稅金及附加		√		1 0 0 0 0 0	
	所得稅費用		√		9 2 0 7 0 0	
	合　　　計			2 3 3 3 0 7 0 0	2 3 3 3 0 7 0 0	

表 13－34

轉 帳 憑 證

2011 年 1 月 31 日　　　　　　　轉　字第　17　號

摘　要	會　計　科　目	√	借　方	貸　方	附件3張
	一　級	明　細		百十萬千百十元角分	百十萬千百十元角分	
結轉本月收入	主營業務收入	甲	√	2 5 0 0 0 0 0 0		
	其他業務收入		√	2 0 0 0 0 0		
	本年利潤				2 5 2 0 0 0 0 0	
	合　　　計			2 5 2 0 0 0 0 0	2 5 2 0 0 0 0 0	

表 13－35　　　　　　　　　　　　　現 金 日 記 帳
2011 年度　　　　　　　　　　　　　　　　　　　　　　第 1 頁

2011年 月	日	憑證號	摘　要	借方 十萬千百十元角分	貸方 十萬千百十元角分	餘額 十萬千百十元角分
1	1		期初餘額			1 0 0 0 0 0
	3		提現金備用	銀行存款	1 0 0 0 0 0		2 0 0 0 0 0
	11		張三借差旅費	其他應收款		1 0 0 0 0 0	1 0 0 0 0 0
	20		張三退回現金	其他應收款	2 0 0 0 0		1 2 0 0 0 0
	29		預收倉庫租金	預收帳款	1 2 0 0 0 0		1 3 2 0 0 0 0
	29		提現金備發工資	銀行存款	3 0 0 0 0 0		4 3 2 0 0 0 0
	29		發工資	應付職工薪酬		3 0 0 0 0 0	1 3 2 0 0 0 0
			本月合計		4 3 2 0 0 0 0	3 1 0 0 0 0 0	1 3 2 0 0 0 0

表 13－36　　　　　　　　　　　　　總　　帳
編　　號：1002　　　　　　　　　　　2011 年
會計科目：銀行存款　　　　　　　　　　　　　　　　　　　　　第 3 頁

2011年 月	日	憑證號	摘　要	借方 百十萬千百十元角分	貸方 百十萬千百十元角分	借或貸	餘額 百十萬千百十元角分
1	1		期初餘額			借	1 5 0 0 0 0 0 0
	2	銀收 1	光明公司投入資本	3 5 0 0 0 0 0 0			
	3	銀收 2	借入短期借款	2 0 0 0 0 0 0 0			
	3	銀付 1	提現金備用		1 0 0 0 0 0		
	6	銀付 2	購買 A 材料		9 3 6 0 0 0 0		
	8	銀付 3	購買設備		8 0 0 0 0 0 0		
	9	銀付 4	支付房屋租金		1 0 0 0 0 0 0		
	9	銀收 3	收回群眾公司欠款	5 0 0 0 0 0 0			
	15	銀收 4	售產品給大毛公司	1 1 7 0 0 0 0 0			
	19	銀付 5	歸還大眾公司欠款		1 1 7 0 0 0 0 0		
	21	銀付 6	支付廣告費		1 0 0 0 0 0 0		
	25	銀付 7	支付電費		5 0 0 0 0 0		
	26	銀付 8	支付辦公費		5 0 0 0 0 0		
	29	銀付 9	提現備發工資		3 0 0 0 0 0 0		
	31	銀付 10	支付利息		5 0 0 0 0 0		
			本月合計	7 1 7 0 0 0 0 0	3 5 6 6 0 0 0 0	借	5 1 0 4 0 0 0 0

表 13－37

總　帳

編　號：2202　　　　　　　　　　　2011 年

會計科目：應付帳款　　　　　　　　　　　　　　　　　　　　第 16 頁

2011年 月	日	憑證號	摘　要	借方 百十萬千百十元角分	貸方 百十萬千百十元角分	借或貸	餘額 百十萬千百十元角分
1	1		期初餘額			貸	1 5 1 0 0 0 0 0
	4	轉 1	向大眾公司購材料		1 1 7 0 0 0 0 0		
		銀付 5	歸還大眾公司款	1 1 7 0 0 0 0 0			
			本月合計	1 1 7 0 0 0 0 0	1 1 7 0 0 0 0 0	貸	1 5 1 0 0 0 0 0

表 13－38

總　帳

編　號：4001　　　　　　　　　　　2011 年

會計科目：實收資本　　　　　　　　　　　　　　　　　　　　第 23 頁

2011年 月	日	憑證號	摘　要	借方 百十萬千百十元角分	貸方 百十萬千百十元角分	借或貸	餘額 百十萬千百十元角分
1	1		期初餘額			貸	3 5 0 0 0 0 0 0
	2	銀收 1	光明公司投入資本		3 5 0 0 0 0 0 0		
			本月合計		3 5 0 0 0 0 0 0	貸	7 0 0 0 0 0 0 0

表 13－39

總　帳

編　號：5001　　　　　　　　　　　2011 年

會計科目：生產成本　　　　　　　　　　　　　　　　　　　　第 35 頁

2011年 月	日	憑證號	摘　要	借方 百十萬千百十元角分	貸方 百十萬千百十元角分	借或貸	餘額 百十萬千百十元角分
1	1		期初餘額			借	5 0 0 0 0 0
	6	轉 2	車間用 A 材料	2 5 0 0 0 0 0			
	25	銀付 7	電費	4 0 0 0 0 0			
	29	轉 5	分配工資費用	2 0 0 0 0 0 0			
	31	轉 7	製造費用轉入	9 7 0 0 0 0			
	31	轉 8	完工產品轉出		8 5 0 0 0 0 0		
			合　計	5 8 7 0 0 0 0	8 5 0 0 0 0 0	借	2 3 7 0 0 0 0

表 13－40

總　帳

編　　號：5101　　　　　　　　　　2011 年

會計科目：製造費用　　　　　　　　　　　　　　　　第 37 頁

2011年 月	日	憑證號	摘要	借方 百十萬千百十元角分	貸方 百十萬千百十元角分	借或貸	餘額 百十萬千百十元角分
1	6	轉2	車間用 A 材料	1 0 0 0 0 0			
	25	銀付7	電費	5 0 0 0 0			
	29	轉5	分配工資	3 0 0 0 0 0			
	30	轉6	計提折舊費	5 2 0 0 0 0		借	9 7 0 0 0 0
	31	轉7	轉入生產成本		9 7 0 0 0 0		
			本月合計	9 7 0 0 0 0	9 7 0 0 0 0	平	

表 13－41

總　帳

編　　號：6001　　　　　　　　　　2011 年

會計科目：主營業務收入　　　　　　　　　　　　　第 45 頁

2011年 月	日	憑證號	摘要	借方 百十萬千百十元角分	貸方 百十萬千百十元角分	借或貸	餘額 百十萬千百十元角分
1	11	轉3	售產品給群眾公司		1 5 0 0 0 0 0		
	15	銀收4	售產品給大眾公司		1 0 0 0 0 0 0	貸	
	31	轉17	結轉本年利潤	2 5 0 0 0 0 0			
			本月合計	2 5 0 0 0 0 0	2 5 0 0 0 0 0	平	

表 13－42

總　帳

編　　號：4103　　　　　　　　　　2011 年

會計科目：本年利潤　　　　　　　　　　　　　　　第 51 頁

2011年 月	日	憑證號	摘要	借方 百十萬千百十元角分	貸方 百十萬千百十元角分	借或貸	餘額 百十萬千百十元角分
1	1		期初餘額			平	
	31	轉17	本月主營業務收入		2 5 0 0 0 0 0		
		轉17	本月其他業務收入		2 0 0 0 0		
		轉16	本月主營業務成本	1 8 3 5 0 0 0			
		轉16	本月營業費用	1 0 0 0 0 0			
		轉16	本月管理費用	2 6 1 0 0 0			
		轉16	本月財務費用	3 5 0 0 0			
		轉16	主營業務稅金	1 0 0 0 0			
			合計	2 2 4 1 0 0 0	2 5 2 0 0 0 0	貸	2 7 9 0 0 0
		轉16	本月所得稅	9 2 0 7 0			
			本月合計	2 3 3 3 0 7 0	2 5 2 0 0 0 0	貸	1 8 6 9 3 0

表 13-43　　　　　　　　　　　　　　　**資產負債表**　　　　　　　　　　　會企 01 表

編製單位：大華科技有限責任公司　　　2011 年 1 月 31 日　　　　　　　　　單位：元

資　　產	期末餘額	年初餘額	負債及所有者權益	期末餘額	年初餘額
流動資產			流動負債		
貨幣資金	523,600	151,000	短期借款	350,000	150,000
應收帳款	245,500	120,000	應付帳款	151,000	151,000
其他應收款	12,500		其他應付款	10,000	
存貨	229,200	200,000	應付職工薪酬	0	
			應交稅費	22,107	
流動資產合計	999,800	471,000	流動負債合計	533,107	301,000
固定資產	252,000	180,000	長期負債	0	
非流動資產合計	252,000	180,000	負債合計	533,107	301,000
			所有者權益		
			實收資本	700,000	350,000
			未分配利潤	18,693	
			所有者權益合計	718,693	350,000
資產總計	1,251,800	651,000	負債及所有者權益總計	1,251,800	651,000

表 13-44　　　　　　　　　　　　　　　**利潤表**　　　　　　　　　　　　　企 02 表

編製單位：大華科技有限責任公司　　　2011 年 1 月　　　　　　　　　　　單位：元

項　　目	本期金額	上期金額
一、營業收入	252,000	（略）
減：營業成本	183,500	（略）
稅金及附加	1,000	（略）
銷售費用	10,000	（略）
管理費用	26,100	（略）
財務費用	3,500	（略）
資產減值損失	0	（略）
加：公允價值變動收益	0	（略）
投資收益	0	（略）
二、營業利潤	27,900	（略）
加：營業外收入	—	（略）
減：營業外支出	—	（略）
三、利潤總額	27,900	（略）
減：所得稅費用	9,207	（略）
四、淨利潤	18,693	（略）

13.3 科目匯總表核算形式的應用

由於科目匯總表核算形式與記帳憑證核算形式相比，只多了編制科目匯總表一步，並根據科目匯總表直接登記總帳，所以我們以記帳憑證核算形式編制的記帳憑證為基礎編制科目匯總表，再按科目匯總表登記總帳。其他各步驟內容完全相同，就不再重複。

13.3.1 編制科目匯總表

根據該公司 2011 年 1 月份發生的經濟業務，填制記帳憑證（如表 13－2 至表 13－34 所示）；再根據這些記帳憑證編制科目匯總表。我們按旬編制科目匯總表，分別將上、中、下旬的全部記帳憑證按同一科目逐個匯總，編制出科目匯總表如表 13－45、表 13－46 和表 13－47 所示。

表 13－45

科目匯總表

2011 年 1 月 1 日至 1 月 10 日　　　　　　　　　　　　第 1 頁

會計科目	帳頁	本期發生額 借方 千 百 十 萬 千 百 十 元 角 分	本期發生額 貸方 千 百 十 萬 千 百 十 元 角 分	記帳憑證起訖號數
庫存現金	1		1 0 0 0 0 0	現付第 1 號
銀行存款	3	6 0 0 0 0 0 0	1 8 4 6 0 0 0 0	銀收第 1 至 3 號
應收帳款	5	1 7 7 5 0 0 0 0	5 0 0 0 0 0 0	銀付第 1 至 4 號
其他應收款	6	1 0 0 0 0 0		轉字第 1 至 3 號
原材料	8	1 8 0 0 0 0 0	2 6 0 0 0 0 0	
固定資產	14	8 0 0 0 0 0		
短期借款	18		2 0 0 0 0 0 0	
應付帳款	20		1 1 7 0 0 0 0	
應交稅費	25	3 0 6 0 0 0	2 5 5 0 0 0 0	
實收資本	30		3 5 0 0 0 0 0	
生產成本	35	2 5 0 0 0 0		
製造費用	37	1 0 0 0 0 0		
主營業務收入	38		1 5 0 0 0 0 0	
合　　計		1 0 9 4 1 0 0 0 0 0	1 0 9 4 1 0 0 0 0 0	

會計主管：　　　　記帳：　　　　審核：　　　　製表：李　強

表 13-46 科目匯總表

2011 年 1 月 11 日至 1 月 20 日　　　　　　　第 1 頁

會計科目	帳頁	借方(千百十萬千百十元角分)	貸方(千百十萬千百十元角分)	記帳憑證起訖號數
庫存現金	1	2 0 0 0 0		現收第 1 號
銀行存款	3	1 1 7 0 0 0 0 0	1 1 7 0 0 0 0 0	銀收第 4 號
其他應收款	6		1 0 0 0 0 0	銀付第 5 號
應付帳款	20	1 1 7 0 0 0 0 0		轉字第 4 號
應交稅費	25		1 7 0 0 0 0 0	
主營業務收入	38		1 0 0 0 0 0 0	
管理費用	44	8 0 0 0 0		
合　計		2 3 5 0 0 0 0 0	2 3 5 0 0 0 0 0	

會計主管：　　　記帳：　　　審核：　　　製表：李　強

表 13-47 科目匯總表

2011 年 1 月 21 日至 1 月 31 日　　　　　　　第 1 頁

會計科目	帳頁	借方(千百十萬千百十元角分)	貸方(千百十萬千百十元角分)	記帳憑證起訖號數
庫存現金	1	4 2 0 0 0 0 0	3 0 0 0 0 0 0	現收第 2 號
銀行存款	3		5 5 0 0 0 0 0	銀付第 6 至 9 號
其他應收款	6	1 5 0 0 0 0		現付第 2 號
庫存商品	12	8 5 0 0 0 0 0	1 8 3 5 0 0 0 0	轉字第 5 至 17 號
待攤費用	16		1 0 0 0 0 0	
累計折舊	22		8 0 0 0 0 0	
其他應付款	24	2 0 0 0 0 0	1 2 0 0 0 0	
應付職工薪酬	25	3 0 0 0 0 0 0	3 0 0 0 0 0 0	
應交稅費	27		1 0 2 0 7 0	
生產成本	37	3 3 7 0 0 0 0	8 5 0 0 0 0 0	
製造費用	38	8 7 0 0 0 0	9 7 0 0 0 0	
主營業務收入	39	2 5 0 0 0 0 0		
主營業務成本	40	1 8 3 5 0 0 0 0	1 8 3 5 0 0 0 0	
營業費用	41	1 0 0 0 0 0	1 0 0 0 0 0	
主營業務稅金及附加	42	1 0 0 0 0 0	1 0 0 0 0 0	
其他業務收入	44	2 0 0 0 0 0	2 0 0 0 0 0	
管理費用	45	2 5 3 0 0 0 0	2 6 1 0 0 0 0	
財務費用	48	5 0 0 0 0 0	5 0 0 0 0 0	
所得稅	33	9 2 0 7 0 0	9 2 0 7 0 0	
本年利潤	50	2 3 3 3 0 7 0 0	2 5 2 0 0 0 0	
合　計		9 2 2 2 1 4 0 0	9 2 2 2 1 4 0 0	

會計主管：　　　記帳：　　　審核：　　　製表：李　強

13.3.2 登記總帳

根據上一步編制的科目匯總表直接登記總帳。我們以銀行存款、應付帳款、製造費用、本年利潤為例登記總帳，如表 13－48、表 13－49、表 13－50 和表 13－51 所示。其他總帳的登記從略。

13.3.3 編制會計報表

會計報表的編制與記帳憑證核算形式下的會計報表編制完全相同，資產負債表如表 13－43 所示，利潤表如表 13－44 所示。

表 13－48

編　號：1002

會計科目：銀行存款

總　帳　2011 年度　第 3 頁

2011年 月 日	憑證號	摘　要	借　方 百十萬千百十元角分	貸　方 百十萬千百十元角分	借或貸	餘　額 百十萬千百十元角分
1　1		期初餘額			借	1 5 0 0 0 0 0
10	科匯 1	1—10 日發生額	6 0 0 0 0 0 0	1 8 4 6 0 0 0		
20	科匯 2	11—20 日發生額	1 1 7 0 0 0 0	1 1 7 0 0 0 0		
31	科匯 3	21—31 日發生額		5 5 0 0 0 0		
		本月合計	7 1 7 0 0 0 0	3 5 6 6 0 0 0	借	5 1 0 4 0 0 0

表 13－49

編　號：2202

會計科目：應付帳款

總　帳　2011 年度　第 20 頁

2011年 月 日	憑證號	摘　要	借　方 百十萬千百十元角分	貸　方 百十萬千百十元角分	借或貸	餘　額 百十萬千百十元角分
1　1		期初餘額			貸	1 51 0 0 0 0 0
10	科匯 1	1—10 日發生額		1 1 7 0 0 0 0		
20	科匯 2	11—20 日發生額	1 1 7 0 0 0 0			
		本月合計	1 1 7 0 0 0 0	1 1 7 0 0 0 0	貸	1 5 1 0 0 0 0

表 13－50

編　號：5101

會計科目：製造費用

總　帳　2011 年度　第 20 頁

2011年 月 日	憑證號	摘　要	借　方 百十萬千百十元角分	貸　方 百十萬千百十元角分	借或貸	餘　額 百十萬千百十元角分
1　10	科匯 1	1—10 日發生額	1 0 0 0 0 0			
31	科匯 3	21—31 日發生額	8 7 0 0 0 0	9 7 0 0 0 0		
		本月合計	9 7 0 0 0 0	9 7 0 0 0 0	平	

表 13-51　　　　　　　　　　　總　帳
編　　號：4103　　　　　　　　2011 年度
會計科目：本年利潤　　　　　　　　　　　　　　　　　　　第 33 頁

2011年		憑證號	摘要	借方	貸方	借或貸	餘額
月	日			百十萬千百十元角分	百十萬千百十元角分		百十萬千百十元角分
1	1		期初餘額				0
	31	科匯 3	本月發生額	2 3 3 3 0 7 0 0	2 5 2 0 0 0 0 0	貸	1 8 6 9 3 0 0

13.4　匯總記帳憑證核算形式的應用

匯總記帳憑證核算形式與科目匯總表核算形式相比，只需要將編制科目匯總表改為編制匯總記帳憑證，並直接根據匯總記帳憑證登記總帳即可；其他所有的內容都相同。所以，我們仍以光華公司 2011 年 1 月份的經濟業務為例，介紹編制各種匯總記帳憑證並登記總帳的方法。

13.4.1　編制匯總記帳憑證

根據 1 月份經濟業務編制的全部記帳憑證（如表 13-2 至表 13-34 所示）來匯編各種匯總記帳憑證。

首先，根據現金收款憑證匯總編制庫存現金匯總收款憑證（如表 13-52 所示）；根據現金付款憑證匯總編制現金匯總付款憑證（如表 13-53 所示）。

然後，根據銀行存款收款憑證匯總編制銀行存款匯總收款憑證（如表 13-54 所示）；根據銀行存款付款憑證匯總編制銀行存款匯總付款憑證（如表 13-55 所示）。

最后，根據轉帳憑證匯總編制匯總轉帳憑證（如表 13-56 至表 13-73 所示）。

13.4.2　登記總帳

根據各種匯總記帳憑證，直接登記總帳。現以「庫存現金」「原材料」「應付帳款」「應交稅費」「本年利潤」「製造費用」「主營業務收入」「管理費用」等八個帳戶為例進行登記，如表 13-74 至表 13-81 所示。其他總帳登記方法相同，不再重複。

13.4.3　編制會計報表

會計報表的編制與記帳憑證核算形式下的會計報表編制完全相同，資產負債表如表 13-43 所示，利潤表如表 13-44 所示。

表 13-52　　　　　　　　　　　匯總收款憑證
借方科目：庫存現金　　　　　　2011 年 1 月　　　　　　　　　　　　第 1 號

貸方科目	金　　額				總帳頁數	
	1—10 日憑證 第　號至　號	11—20 憑證 第 1 號至　號	21—31 日憑證 第 2 號至　號	合　　計	借方	貸方
其他應收款		200.00		200.00	1	6
其他應付款			12,000.00	12,000.00	1	22
合　計		200.00	12,000.00	12,200.00		

表 13-53　　　　　　　　　　　匯總付款憑證
貸方科目：庫存現金　　　　　　2011 年 1 月　　　　　　　　　　　　第 2 號

借方科目	金　　額				總帳頁數	
	1—10 日憑證 第 1 號至　號	11—20 憑證 第　號至　號	21—31 日憑證 第 2 號至　號	合　　計	借方	貸方
其他應收款	1,000.00			1,000.00	6	1
應付職工薪酬			30,000.00	30,000.00	24	1
合　計	1,000.00		30,000.00	31,000.00		

表 13-54　　　　　　　　　　　匯總收款憑證
借方科目：銀行存款　　　　　　2011 年 1 月　　　　　　　　　　　　第 3 號

貸方科目	金　　額				總帳頁數	
	1—10 日憑證 第 1 號至 3 號	11—20 憑證 第 4 號至　號	21—31 日憑證 第　號至　號	合　　計	借方	貸方
實收資本	350,000.00			350,000.00	3	30
短期借款	200,000.00			200,000.00	3	18
應收帳款	50,000.00			50,000.00	3	5
主營業務收入		100,000.00		100,000.00	3	38
應交稅費		17,000.00		17,000.00	3	25
合　計	600,000.00	117,000.00		717,000.00		

表 13-55　　　　　　　　　　　匯總付款憑證
貸方科目：銀行存款　　　　　　2011 年 1 月　　　　　　　　　　　　第 4 號

借方科目	金　　額				總帳頁數	
	1—10 日憑證 第 1 號至 4 號	11—20 憑證 第 5 號至　號	21—31 日憑證 第 6 號至 9 號	合　　計	借方	貸方
庫存現金	1,000.00		30,000.00	31,000.00	1	3
原材料	80,000.00			80,000.00	8	3
應交稅費	13,600.00			13,600.00	25	3
固定資產	80,000.00			80,000.00	14	3

表13-55(續)

借方科目	金額			合計	總帳頁數	
	1—10日憑證 第1號至4號	11—20憑證 第5號至 號	21—31日憑證 第6號至9號		借方	貸方
應付帳款		117,000.00		117,000.00	20	3
銷售費用			10,000.00	10,000.00	40	3
生產成本			4,000.00	4,000.00	35	3
製造費用			500.00	500.00	37	3
管理費用	10,000.00		5,500.00	15,500.00	44	3
財務費用			5,000.00	5,000.00	45	3
合　計	184,600.00	117,000.00	55,000.00	356,600.00		

表13-56　　　　　　　　　　　匯總轉帳憑證
貸方科目：應付帳款　　　　　2011年1月　　　　　　　　　　　　第5號

貸方科目	金額			合計	總帳頁數	
	1—10日憑證 第1號至 號	11—20憑證 第 號至 號	21—31日憑證 第 號至 號		借方	貸方
原材料	100,000.00			100,000.00	8	20
應交稅費	17,000.00			17,000.00	25	20
合　計	117,000.00			117,000.00		

表13-57　　　　　　　　　　　匯總轉帳憑證
貸方科目：原材料　　　　　　2011年1月　　　　　　　　　　　　第6號

貸方科目	金額			合計	總帳頁數	
	1—10日憑證 第2號至 號	11—20憑證 第 號至 號	21—31日憑證 第 號至 號		借方	貸方
生產成本	25,000.00			25,000.00	35	8
製造費用	1,000.00			1,000.00	37	8
合　計	26,000.00			26,000.00		

表13-58　　　　　　　　　　　匯總轉帳憑證
貸方科目：主營業務收入　　　2011年1月　　　　　　　　　　　　第7號

貸方科目	金額			合計	總帳頁數	
	1—10日憑證 第3號至 號	11—20憑證 第 號至 號	21—31日憑證 第 號至 號		借方	貸方
應收帳款	150,000.00			150,000.00	5	38
合　計	150,000.00			150,000.00		

表 13－59　　　　　　　　　　　匯總轉帳憑證
貸方科目：應交稅費　　　　　　　2011 年 1 月　　　　　　　　　　第 8 號

貸方科目	金　額				總帳頁數	
	1—10 日憑證 第 3 號至　號	11—20 憑證 第　號至　號	21—31 日憑證 第 14 號至 15 號	合　計	借方	貸方
應收帳款	25,500.00			25,500.00	5	25
稅金及附加			1,000.00	1,000.00	41	25
所得稅費用			9,207.00	9,207.00	48	25
合　計	25,500.00		10,207.00	35,707.00		

表 13－60　　　　　　　　　　　匯總轉帳憑證
貸方科目：其他應收款　　　　　　2011 年 1 月　　　　　　　　　　第 9 號

貸方科目	金　額				總帳頁數	
	1—10 日憑證 第　號至　號	11—20 憑證 第 4 號至　號	21—31 日憑證 第　號至　號	合　計	借方	貸方
管理費用		800.00		800.00	44	6
合　計		800.00		800.00		

表 13－61　　　　　　　　　　　匯總轉帳憑證
貸方科目：應付職工薪酬　　　　　2011 年 1 月　　　　　　　　　　第 10 號

貸方科目	金　額				總帳頁數	
	1—10 日憑證 第　號至　號	11—20 憑證 第　號至　號	21—31 日憑證 第 5 號至　號	合　計	借方	貸方
生產成本			20,000.00	20,000.00	35	24
製造費用			3,000.00	3,000.00	37	24
管理費用			7,000.00	7,000.00	44	24
合　計			30,000.00	30,000.00		

表 13－62　　　　　　　　　　　匯總轉帳憑證
貸方科目：累計折舊　　　　　　　2011 年 1 月　　　　　　　　　　第 11 號

貸方科目	金　額				總帳頁數	
	1—10 日憑證 第　號至　號	11—20 憑證 第　號至　號	21—31 日憑證 第 6 號至　號	合　計	借方	貸方
製造費用			5,200.00	5,200.00	37	16
管理費用			2,800.00	2,800.00	28	16
合　計			8,000.00	8,000.00		

表 13-63　　　　　　　　　　　匯總轉帳憑證
貸方科目：製造費用　　　　　　2011 年 1 月　　　　　　　　　第 12 號

貸方科目	金額 1—10 日憑證 第　號至　號	11—20 憑證 第　號至　號	21—31 日憑證 第 7 號至　號	合　計	總帳頁數 借方	貸方
生產成本			9,700.00	9,700.00	35	37
合　　計			9,700.00	9,700.00		

表 13-64　　　　　　　　　　　匯總轉帳憑證
貸方科目：生產成本　　　　　　2011 年 1 月　　　　　　　　　第 13 號

貸方科目	金額 1—10 日憑證 第　號至　號	11—20 憑證 第　號至　號	21—31 日憑證 第 8 號至　號	合　計	總帳頁數 借方	貸方
庫存商品			85,000.00	85,000.00	10	35
合　　計			85,000.00	85,000.00		

表 13-65　　　　　　　　　　　匯總轉帳憑證
貸方科目：庫存商品　　　　　　2011 年 1 月　　　　　　　　　第 14 號

貸方科目	金額 1—10 日憑證 第　號至　號	11—20 憑證 第　號至　號	21—31 日憑證 第 9 號至　號	合　計	總帳頁數 借方	貸方
主營業務成本			183,500.00	183,500.00	39	10
合　　計			183,500.00	183,500.00		

表 13-66　　　　　　　　　　　匯總轉帳憑證
貸方科目：財務費用　　　　　　2011 年 1 月　　　　　　　　　第 15 號

貸方科目	金額 1—10 日憑證 第　號至　號	11—20 憑證 第　號至　號	21—31 日憑證 第 10 號至 16 號	合　計	總帳頁數 借方	貸方
其他應收款			1,500.00	1,500.00	6	45
本年利潤			3,500.00	3,500.00	33	45
合　　計			5,000.00	5,000.00		

表 13－67

匯總轉帳憑證

貸方科目：其他業務收入　　　　　2011 年 1 月　　　　　　　　　第 17 號

貸方科目	金　額				總帳頁數	
	1—10 日憑證 第　號至　號	11—20 憑證 第　號至　號	21—31 日憑證 第 12 號至　號	合　計	借方	貸方
其他應付款			2,000.00	2,000.00	22	42
合　計			2,000.00	2,000.00		

表 13－68

匯總轉帳憑證

貸方科目：主營業務成本　　　　　2011 年 1 月　　　　　　　　　第 19 號

貸方科目	金　額				總帳頁數	
	1—10 日憑證 第　號至　號	11—20 憑證 第　號至　號	21—31 日憑證 第 16 號至　號	合　計	借方	貸方
本年利潤			183,500.00	183,500.00	33	39
合　計			183,500.00	183,500.00		

表 13－69

匯總轉帳憑證

貸方科目：銷售費用　　　　　　　2011 年 1 月　　　　　　　　　第 20 號

貸方科目	金　額				總帳頁數	
	1—10 日憑證 第　號至　號	11—20 憑證 第　號至　號	21—31 日憑證 第 16 號至　號	合　計	借方	貸方
本年利潤			10,000.00	10,000.00	33	40
合　計			10,000.00	10,000.00		

表 13－70

匯總轉帳憑證

貸方科目：管理費用　　　　　　　2011 年 1 月　　　　　　　　　第 21 號

貸方科目	金　額				總帳頁數	
	1—10 日憑證 第　號至　號	11—20 憑證 第　號至　號	21—31 日憑證 第 16 號至　號	合　計	借方	貸方
本年利潤			26,100.00	26,100.00	33	44
合　計			26,100.00	26,100.00		

表 13-71　　　　　　　　　　　匯總轉帳憑證
貸方科目：稅金及附加　　　　2011 年 1 月　　　　　　　　　第 22 號

貸方科目	金額			總帳頁數	
	1—10 日憑證 第　號至　號	11—20 憑證 第　號至　號	21—31 日憑證 第 16 號至　號	合　計	借方	貸方
本年利潤			1,000.00	1,000.00	22	41
合　計			1,000.00	1,000.00		

表 13-72　　　　　　　　　　　匯總轉帳憑證
貸方科目：所得稅費用　　　　2011 年 1 月　　　　　　　　　第 23 號

貸方科目	金額			總帳頁數	
	1—10 日憑證 第　號至　號	11—20 憑證 第　號至　號	21—31 日憑證 第 16 號至　號	合　計	借方	貸方
本年利潤			9,207.00	9,207.00	33	48
合　計			9,207.00	9,207.00		

表 13-73　　　　　　　　　　　匯總轉帳憑證
貸方科目：本年利潤　　　　　2011 年 1 月　　　　　　　　　第 24 號

貸方科目	金額			總帳頁數	
	1—10 日憑證 第　號至　號	11—20 憑證 第　號至　號	21—31 日憑證 第 17 號至　號	合　計	借方	貸方
主營業務收入			250,000.00	250,000.00	38	33
其他業務收入			2,000.00	2,000.00	42	33
合　計			252,000.00	252,000.00		

表 13-74　　　　　　　　　　　總　帳
編　號：1001　　　　　　　　2011 年度
會計科目：庫存現金　　　　　　　　　　　　　　　　　　　　第 1 頁

2011年		憑證號	摘要	借方	貸方	借或貸	餘額
月	日						
1	1		期初餘額			借	1,000.00
	10	匯 2			1,000.00		
		匯 4		1,000.00			
	20	匯 1		2,000.00			
	31	匯 1		1,200.00			
		匯 2			3,000.00		
		匯 4		3,000.00			
				4,320.00	3,100.00	借	1,320.00

表 13－75

總　帳

編　號：1403　　　　　　　　　　2011 年度

會計科目：原材料　　　　　　　　　　　　　　　　　　　第 8 頁

2011年		憑證號	摘　要	借　方 百十萬千百十元角分	貸　方 百十萬千百十元角分	借或貸	餘　額 百十萬千百十元角分
月	日						
1	1		期初餘額			借	5 0 0 0 0 0 0
	10	匯 5		1 0 0 0 0 0 0 0			
		匯 4		8 0 0 0 0 0 0			
		匯 6			2 6 0 0 0 0 0		
			本月合計	1 8 0 0 0 0 0 0	2 6 0 0 0 0 0	借	2 0 4 0 0 0 0 0

表 13－76

總　帳

編　號：2202　　　　　　　　　　2011 年度

會計科目：應付帳款　　　　　　　　　　　　　　　　　　第 20 頁

2011年		憑證號	摘　要	借　方 百十萬千百十元角分	貸　方 百十萬千百十元角分	借或貸	餘　額 百十萬千百十元角分
月	日						
1	1		期初餘額			貸	1 5 1 0 0 0 0 0
	10	匯 5		1 1 7 0 0 0 0 0	1 1 7 0 0 0 0 0		
	20	匯 4					
			本月合計	1 1 7 0 0 0 0 0	1 1 7 0 0 0 0 0	貸	1 5 1 0 0 0 0 0

表 13－77

總　帳

編　號：2221　　　　　　　　　　2011 年度

會計科目：應交稅費　　　　　　　　　　　　　　　　　　第 25 頁

2011年		憑證號	摘　要	借　方 百十萬千百十元角分	貸　方 百十萬千百十元角分	借或貸	餘　額 百十萬千百十元角分
月	日						
1	1		期初餘額			貸	0
	10	匯 4		1 3 6 0 0 0 0			
		匯 5		1 7 0 0 0 0 0			
		匯 8			2 5 5 0 0 0 0		
	20	匯 3			1 7 0 0 0 0 0		
	31	匯 8			1 0 0 0 0 0		
		匯 8			9 2 0 7 0 0		
			本月合計	3 0 6 0 0 0 0	5 2 7 0 7 0 0	貸	2 2 1 0 7 0 0

表 13－78

總　帳

編　號：4103　　　　2011 年度

會計科目：本年利潤　　　　　　　　　　　　　　　第 33 頁

2011年		憑證號	摘　要	借　方	貸　方	借或貸	餘　額
月	日			百十萬千百十元角分	百十萬千百十元角分		百十萬千百十元角分
1	1		期初餘額				0
	31	匯 19		1 8 3 5 0 0 0 0			
		匯 20		1 0 0 0 0 0 0			
		匯 21		2 6 1 0 0 0 0			
		匯 22		1 0 0 0 0 0			
		匯 15		3 5 0 0 0 0			
		匯 24			2 5 2 0 0 0 0 0		
			合　計	2 2 4 1 0 0 0 0	2 5 2 0 0 0 0 0	貸	2 7 9 0 0 0 0
		匯 23		9 2 0 7 0 0			
			本月合計	2 3 3 3 0 7 0 0	2 5 2 0 0 0 0 0	貸	1 8 6 9 3 0 0

表 13－79

總　帳

編　號：5101　　　　2011 年度

會計科目：製造費用　　　　　　　　　　　　　　　第 37 頁

2011年		憑證號	摘　要	借　方	貸　方	借或貸	餘　額
月	日			百十萬千百十元角分	百十萬千百十元角分		百十萬千百十元角分
1	10	匯 6		1 0 0 0 0 0			
	31	匯 4		5 0 0 0 0			
		匯 10		3 0 0 0 0 0			
		匯 11		5 2 0 0 0 0			
		匯 12		9 7 0 0 0 0	9 7 0 0 0 0		
			本月合計	9 7 0 0 0 0	9 7 0 0 0 0	平	

表 13－80

總　帳

編　號：6001　　　　2011 年度

會計科目：主營業務收入　　　　　　　　　　　　　第 38 頁

2011年		憑證號	摘　要	借　方	貸　方	借或貸	餘　額
月	日			百十萬千百十元角分	百十萬千百十元角分		百十萬千百十元角分
1	10	匯 7			1 5 0 0 0 0 0 0		
	20	匯 3			1 0 0 0 0 0 0 0		
	30	匯 24		2 5 0 0 0 0 0 0			
			本月合計	2 5 0 0 0 0 0 0	2 5 0 0 0 0 0 0	平	

表 13-81　　　　　　　　　　總　　帳

編　號：6602　　　　　　　　2011 年度

會計科目：管理費用　　　　　　　　　　　　　　　　第 44 頁

2011年		憑證號	摘要	借　方							貸　方							借或貸	餘　額						
月	日			百	十	萬	千	百	十	元	角	分	百	十	萬	千	百	十	元	角	分		百	十	萬	千	百	十	元	角	分
1	20	匯 9					8	0	0	0	0																					
	31	匯 4					5	5	0	0	0	0																				
		匯 10					7	0	0	0	0	0																				
		匯 11					2	8	0	0	0	0																				
		匯 18				1	0	0	0	0	0	0																				
		匯 21													2	6	1	0	0	0	0										
			本月合計			2	6	1	0	0	0	0			2	6	1	0	0	0	0	平									

第十四章 會計基礎模擬實驗題集

14.1 模擬實驗題一：會計要素分類

1. 目的
練習會計要素的分類。
2. 資料
大華公司 2014 年 12 月 31 日有關資產、負債和所有者權益資料如表 14－1 所示。

表 14－1　　　　　　　資產、負債和所有者權益資料表　　　　　　單位：元

內　　容	金　　額	會計要素	會計科目
明花公司對本企業的投資	500,000		
功臣公司對本企業的投資	500,000		
出納保管的現金	50,000		
企業在銀行中的存款	860,000		
辦公樓等建築物	600,000		
設備 5 臺	500,000		
已累計提折舊	100,000		
庫存材料	200,000		
生產過程中未完工產品	150,000		
庫存完工產品	100,000		
未發職工工資	50,000		
尚未收回的銷貨款	120,000		
欠交稅金	30,000		
欠供應商的材料款	200,000		
向銀行借入 9 個月借款	500,000		
向銀行借入 3 年期借款	200,000		
資本公積金	500,000		

3. 要求

（1）根據以上資料判明哪些項目屬於資產項目，哪些屬於負債項目，哪些屬於所有者權益項目，並將結果填入「會計要素」欄。

（2）根據以上資料找出對應的會計科目，將其名稱填入「會計科目」欄。

（3）編制 2015 年年初帳戶餘額表，並計算出資產總額、負債總額和所有者權益總額，並以此證明會計等式的恒等性。

14.2　模擬實驗題二:開設帳戶

1. 目的
練習開設總分類帳戶。
2. 資料
實務題一的資料。
3. 要求
根據模擬實驗題一的資料開設有關帳戶（用「T」型帳戶代替），並填入期初餘額。

14.3　模擬實驗題三:會計要素變化對會計等式的影響

1. 目的
通過分析各種經濟業務的發生對企業資產和權益的影響，深刻理解會計恒等式。
2. 資料
大致公司 2015 年 1 月份發生的經濟業務如下:
（1）2 日收到三和公司投資款 200,000 元，存入銀行。
（2）5 日從銀行提取現金 50,000 元，備發上月工資。
（3）5 日以現金 50,000 元發放工資。
（4）7 日向銀行取得 9 個月的短期借款 100,000 元，款項已經到帳。
（5）7 日用銀行存款支付前欠光明公司材料款 100,000 元。
（6）8 日購入材料一批，取得增值稅專用發票，發票上註明價款 170,000 元，增值稅額 28,900 元，款項尚未支付。
（7）9 日用銀行存款購買汽車一輛，取得增值稅專用發票，發票上註明價款 100,000 元，增值稅額 17,000 元。
（8）9 日用資本公積轉增資本 300,000 元，已經在工商行政管理局更改了註冊資本。
3. 要求
（1）分析以上經濟業務的發生會引起哪些會計要素的具體項目發生變化。
（2）歸納以上經濟業務引起會計要素的變化類型並分析對會計等式的影響情況。

14.4　模擬實驗題四:帳戶分類

1. 目的
掌握帳戶的不同分類方法。

2. 資料

大華公司設置以下帳戶：

「實收資本」「本年利潤」「庫存現金」「銀行存款」「長期待攤費用」「原材料」「固定資產」「其他應收款」「應收帳款」「其他應付款」「應付帳款」「製造費用」「物資採購」「累計折舊」「壞帳準備」「管理費用」「財務費用」「主營業務收入」「營業外收入」「營業外支出」「主營業務成本」「預收帳款」「預付帳款」「應交稅費」「短期借款」「盈餘公積」和「利潤分配」。

3. 要求

分析以上各帳戶按經濟內容和用途結構分類各歸屬於哪類帳戶，並將其結果填入表 14-2 中。

表 14-2

按用途和結構分類＼按經濟內容分類	資產類	負債類	所有者權益類	費用類	收入類
資本類					
盤存類					
結算類					
跨期攤提類					
集合分配類					
成本計算類					
調整類					
經營成果類					
計價對比類					
暫記類					

14.5　模擬實驗題五：填制原始憑證

1. 目的

練習原始憑證的填制方法。

2. 資料及要求

成都光華沙發有限責任公司是一般納稅人，稅務登記證號為 510105592166633，地址為成都市光華大道二段 168 號。基本存款帳戶為成都銀行謝家祠支行（四川省成都市青羊區東坡路 16 號），帳號為 27022011998944900018，聯繫電話是 028-8132,1689，郵編為 610173。法定代表人是胡睿，會計是趙慧，出納是周琳。

該公司 2014 年 12 月發生部分經濟業務如下：

【業務1】1 日，向成都沙發城有限責任公司（納稅人識別號為 510108596566639，地址為成都市武侯大道雙楠段 300 號，電話為 028-85320698，開戶行及帳號是成都銀

行科技支行，27022011998944900018）銷售布藝沙發（型號A1）200套，單價為5,000元，採用轉帳支票結算，價款1,170,000元已收存銀行，增值稅發票已開出。

要求：填制增值稅專用發票和產品出庫單。

（1）增值稅專用發票（圖14-1）

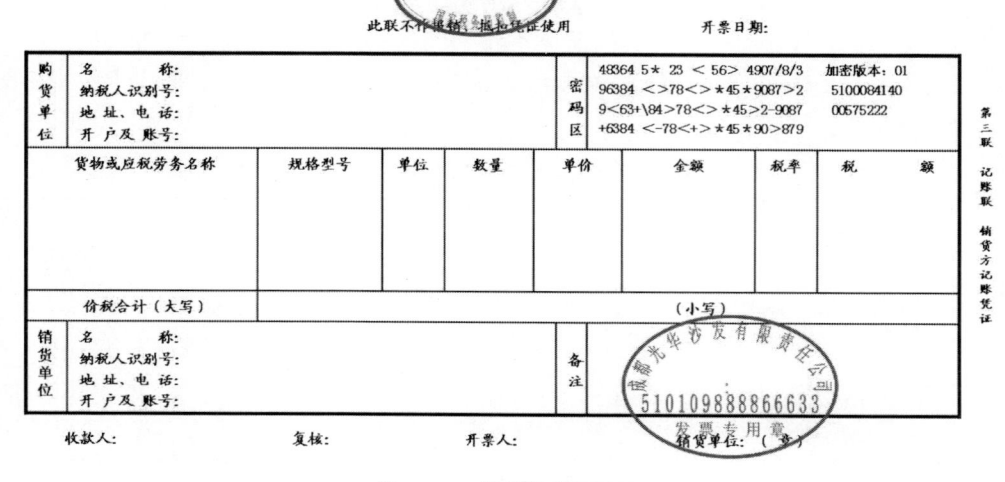

圖14-1 增值稅專用發票

（2）產品出庫單（圖14-2）

圖14-2 產品出庫單

【業務2】1日，向成都天府木材貿易有限責任公司（納稅人識別號為51010659208777，地址為成都市一環路北二段200號，電話為028-83321789，開戶行

及帳號為成都銀行華興支行，27021011988944900139）購入木料 160 立方米，單價為 2,000 元，用銀行存款支付貨款 320,000 元及稅金 54,400 元，增值稅專用發票已收到，木料尚在運輸途中。

要求：填制進帳單和轉帳支票。

（1）進帳單（圖 14-3）

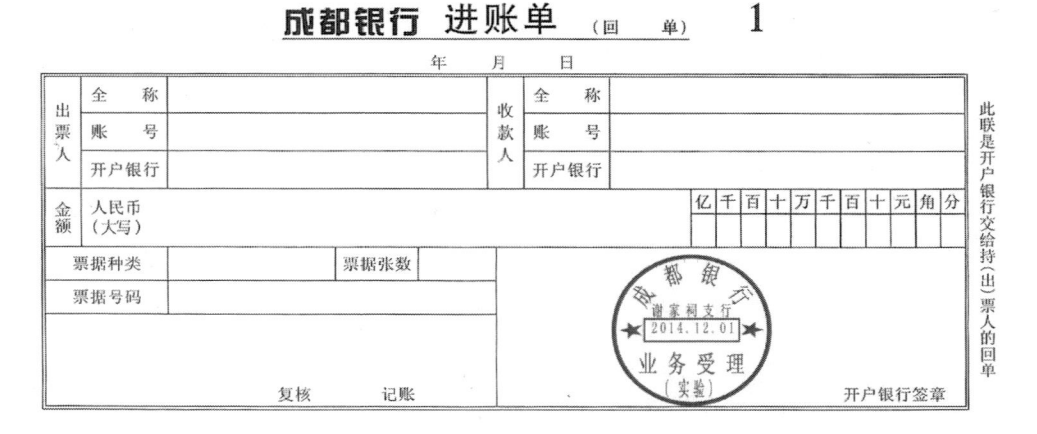

圖 14-3　進帳單

（2）轉帳支票（圖 14-4）

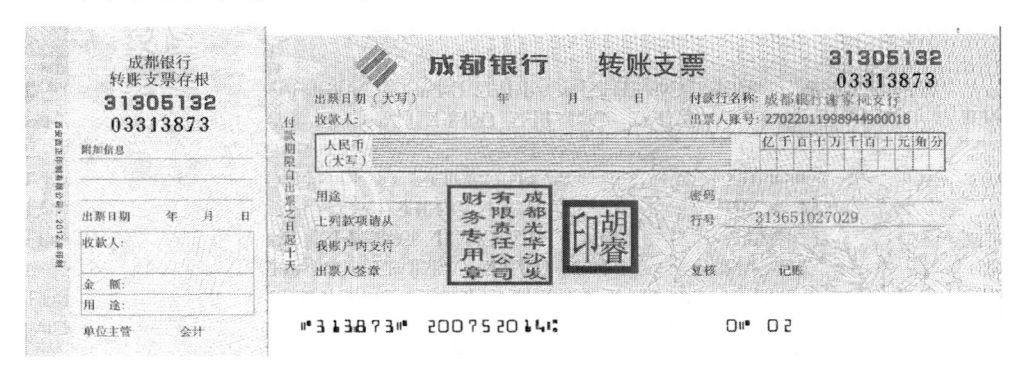

圖 14-4　轉帳支票

【業務 3】2 日，收到重慶布藝有限責任公司（納稅人識別號為 500108591789666，地址為重慶市南岸區大石路 180 號，電話為 023-62984123，開戶行及帳號為中國工商銀行重慶市南岸區支行大石路分理處，5001234565463698658）發來的布料 3,000 米，單價為 50 元，採用電匯方式支付餘款 115,500 元，同時收到對方發出的增值稅專用發票（發票號：60576569）。布料已驗收入庫（倉庫主管為夏民，保管員為吳里，經辦人為羅迪）。

要求：填制材料入庫單（圖 14-5）。

277

材 料 入 庫 單

供应单位：
发票号：　　　　　　　　　年　月　日　　　　　　　第　号

材料名称	规格	计量单位	数量	实收数量	单价	金额（百十万千百十元角分）
合　　计						

备注：

仓库主管：夏民　　　　　　保管员：吴里　　　　　　经办人：罗迪

圖 14－5　材料入庫單

【業務4】17 日，王華從倉庫領用鋼材（編號 C02，規格 G1）50 噸，用於生產布藝沙發。

要求：填制材料領用單（圖 14－6）。

材 料 領 用 單
年　月　日

领用部门：　　　　　　　　　　　　　　　　　　　第　号

材料编号	材料名称	规格	计量单位	请领数量	实领数量	单价	金额（百十万千百十元角分）
合　　计							

用途：生产实木沙发

仓库主管：夏民　　　　　　保管员：吴里　　　　　　经办人：王华

圖 14－6　材料領用單

【業務5】20 日，提取現金 2,000 元備用。
要求：簽發現金支票。

（1）現金支票正面（圖 14-7）

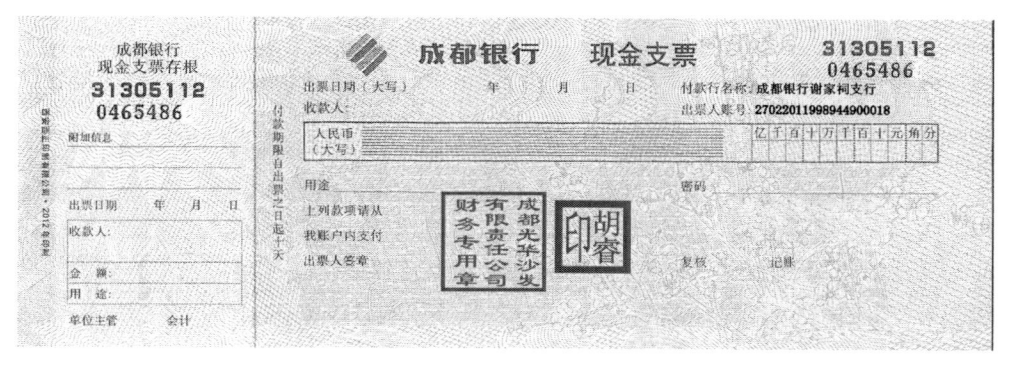

圖 14-7　現金支票正面

（2）現金支票背面（圖 14-8）

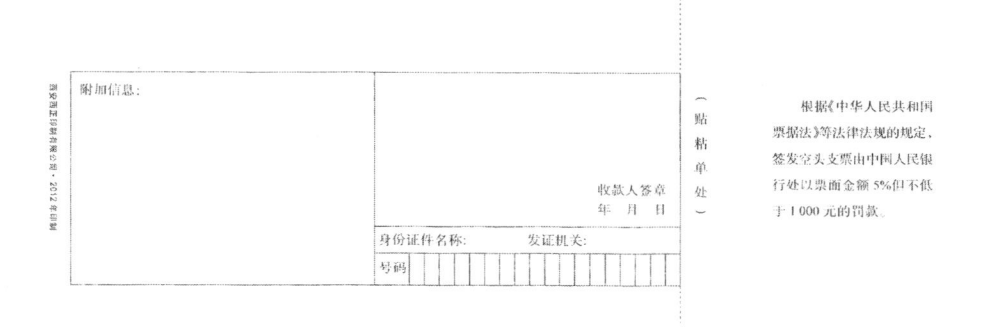

圖 14-8　現金支票背面

14.6　模擬實驗題六：編制記帳憑證

1. 目的

練習和掌握會計分錄及記帳憑證的編制方法。

2. 資料

實務題三的經濟業務資料；大華公司 2015 年 1 月份發生的其他經濟業務：

（9）9 日銷售 A 產品 5,000 件給大明公司，價款 300,000 元，增值稅 51,000 元，已經開出增值稅專用發票，全部款項已存入銀行。

（10）11 日購進材料一批，已經驗收入庫，價款 200,000 元，增值稅 34,000 元，已用銀行存款支付，取得增值稅專用發票。

（11）15 日用現金支付辦公費用 1,000 元。

（12）16 日用銀行存款支付廣告費 15,000 元。

（13）16日收回廣大公司所欠貨款60,000元。

（14）16日銷售A產品給某商場，價款220,000元，增值稅37,400元，開出增值稅專用發票，所有款項尚未收到。

（15）16日車間領用材料一批，其中，生產A產品用250,000元，車間一般耗用10,000元。

（16）17日張話借支差旅費3,000元。

（17）25日張話報銷差旅費2,500元，餘款交回現金。

（18）25日用銀行存款支付訂閱全年報刊費12,000元。

（19）26日用銀行存款償還上月欠某單位貨款50,000元。

（20）26日領用材料一批。其中：A產品生產用200,000元；車間一般耗用20,000元；行政管理部門耗用10,000元。

（21）30日計算本月應付職工薪酬80,000元。其中：生產工人工資50,000元；車間管理人員工資10,000元；行政管理部門人員工資20,000元。並按10%的比例計提福利費。

（22）31日計提本月固定資產折舊費70,000元。其中：車間固定資產計提50,000元；行政管理部門固定資產計提20,000元。

（23）31日結轉本月製造費用。

（24）31日結轉完工產品成本400,000元。

（25）31日結轉本月銷售產品成本350,000元。

（26）31日企業收到職工張華戶交來的違章罰款200元。

（27）31日企業開出轉帳支票一張，捐贈希望工程10,000元。

（28）31日結轉收入類帳戶發生額至本年利潤帳戶。

（29）31日結轉費用類帳戶發生額至本年利潤帳戶。

（30）31日計算所得稅費用，結出淨利潤。

（31）31日將本年利潤結轉至利潤分配帳戶。

（32）31日按淨利潤的10%計提法定盈餘公積，按5%計提任意盈餘公積。

（33）31日向股東分配30,000元的淨利潤。

（34）31日結轉未分配利潤。

3. 要求

（1）在模擬實驗題二開設的帳戶基礎上，再根據上述資料開設相關帳戶。

（2）根據上述資料，編制會計分錄及記帳憑證（可分別採用通用記帳憑證和專用記帳憑證）。

（3）根據上述資料編制會計分錄簿。

14.7　模擬實驗題七：登記帳簿

1．目的
練習登記帳簿的方法。
2．資料
模擬實驗題六的資料。
3．要求
（1）根據實務題六編制的記帳憑證（會計分錄）登記有關帳戶。
（2）結出各帳戶的本期發生額和期末餘額。
（3）進行試算平衡，編制試算平衡表。

14.8　模擬實驗題八：編制會計報表

1．目的
練習編制會計報表的方法。
2．資料
模擬實驗題七六的資料。
3．要求
（1）根據實務題七的資料進行試算平衡，編制試算平衡表。
（2）編制資產負債表。
（3）編制利潤表。

14.9　模擬實驗題九：總帳與明細帳平行登記

1．目的
練習總分類帳戶與明細分類帳戶的平行登記。
2．資料
　　大華公司在「原材料」總帳帳戶下設置了明細分類帳戶；在「應付帳款」總帳下設置了明細帳戶。兩個帳戶的期初餘額分別如表 14－3 和表 14－4 所示。

表 14－3　　　　　　　　　　　原材料明細帳

名　稱	數　量	單　價（元）	金　額（元）
A	10,000 件	20.00	200,000.00
B	100 噸	50.00	5,000.00
C	6,000 千克	30.00	180,000.00
D	3,000 千克	10.00	30,000.00
合　計			415,000.00

表 14－4　　　　　　　　　　　應付帳款明細帳

單位名稱	餘　額（元）
甲	50,000.00
乙	20,000.00
丙	30,000.00
合　計	100,000.00

大華公司 2015 年 3 月份發生下列經濟業務：

（1）1 日向甲公司購進 A 材料 5,000 件，單價 20 元；B 材料 100 噸，單價 50 元；進項增值稅合計 17,850 元。兩種材料已經驗收入庫，款項尚未支付。

（2）2 日生產車間領用 A 材料 6,000 件，C 材料 3,000 千克，全部投入生產 M 產品。

（3）5 日以銀行存款償還應付帳款，其中償還甲公司 50,000 元，乙公司 20,000 元。

（4）8 日，向乙公司購買 C 材料 3,000 千克，單價 30 元，進項增值稅 15,300 元，材料已經驗收入庫，款項尚未支付。

（5）10 日以銀行存款償還丙公司款項 30,000 元。

（6）12 日向丙公司購進 D 材料 5,000 千克，單價 10 元，進項增值稅 8,500 元，材料已入庫，款項暫欠。

（7）12 日生產車間領用 B 材料 150 噸和 D 材料 6,000 千克，用於生產 N 產品。

（8）20 日生產車間領用 A 材料 4,000 件，C 材料 3,000 千克，用於生產 M 產品。

（9）21 日向甲公司購入 A 材料 5,000 千克，單價 20 元；進項增值稅 17,000 元，材料已驗收入庫，款項未付。

（10）22 日，向乙公司購入 C 材料 5,000 千克，單價 30 元，進項增值稅 25,000 元，材料已驗收入庫，款項未付。

（11）24 日，以銀行存款償還甲公司貨款 122,850 元；償還乙公司貨款 105,300 元。

3. 要求

（1）根據上述資料開設「原材料」和「應付帳款」總帳和所屬明細帳戶，填入期初餘額。

（2）根據上述資料編制會計分錄，登記「原材料」和「應付帳款」總帳和明細帳（其他帳戶從略）。

（3）結出以上兩個帳戶的本期發生額和期末餘額，將兩個總帳的本期發生額和期末餘額餘所屬明細帳的本期發生額和期末餘額的合計數進行核對，檢驗二者是否相符。

14.10　模擬實驗題十：錯帳更正

1. 目的
練習錯帳更正的方法。
2. 資料
大地公司3月份發現如下的帳務處理錯誤：
（1）3月5日生產車間領用材料一批價值9,250元，用於生產Q產品，編制05號轉帳憑證。會計分錄為：
　　借：生產成本　　　　　　　　　　　　　　　9,520
　　　　貸：原材料　　　　　　　　　　　　　　　9,520
按此會計分錄過入生產成本帳戶和原材料帳戶。
（2）公司用銀行存款償還A公司款項6,500元，編制以下會計分錄並據此入帳：
　　借：應收帳款　　　　　　　　　　　　　　　6,500
　　　　貸：銀行存款　　　　　　　　　　　　　　6,500
（3）公司以現金600元支付下半年報刊費，編制以下會計分錄並據此入帳：
　　借：製造費用　　　　　　　　　　　　　　　　600
　　　　貸：庫存現金　　　　　　　　　　　　　　　600
（4）以銀行存款支付辦公費6,960元，編制下列分錄並據此入帳：
　　借：管理費用　　　　　　　　　　　　　　　9,660
　　　　貸：銀行存款　　　　　　　　　　　　　　9,660
（5）公司接銀行通知，收回N企業所欠公司的貨款200,000元，已做會計分錄並入帳：
　　借：銀行存款　　　　　　　　　　　　　　　20,000
　　　　貸：應收帳款　　　　　　　　　　　　　20,000
3. 要求
首先判斷以上五筆業務帳務處理中錯誤的性質，並採用正確的錯帳更正方法進行更正。

14.11　模擬實驗題十一：編制銀行存款餘額調節表

1. 目的
練習銀行存款餘額調節表的編制方法。
2. 資料
光彩公司2015年3月31日銀行存款日記帳餘額為350,000元，銀行送來的對帳單

餘額為 450,000 元，經逐筆核對，發現以下四筆未達帳項：
（1） 銀行代公司支付水電費共計 20,000 元，公司尚未收到銀行通知。
（2） 公司購買材料一批，開出銀行轉帳支票 70,000 元，銀行尚未記帳。
（3） 銀行代公司收回 A 企業欠銷貨款 150,000 元。
（4） 公司銷售產品一批給 B 企業，收到 B 企業開出的轉帳支票一張，金額為 100,000 元，公司記帳后送銀行，銀行尚未記帳。
3. 要求
編制該公司的銀行存款餘額調節表。

14.12　模擬實驗題十二：財產清查結果的帳務處理

1. 目的
練習財產清查結果的帳務處理方法。
2. 資料
大卡公司 2014 年 12 月底財產清查結果如下：
（1） 經盤點發現以下財產物資發生盤盈或者盤虧，已呈報審批，尚未批覆。
① 甲材料盤盈 5 噸，每噸 2,000 元。
② 發現帳外設備一臺，估計重置價值為 5,000 元，估計折舊 3,000 元。
③ 丙材料盤虧 520 千克，單價 100 元，經查明屬於定額內自然損耗 500 千克，屬於保管人員的責任損失 20 千克。
④ 發現設備丟失一臺，原價 20,000 元，已計提折舊 12,000 元。
⑤ 查明應收子公司銷貨款 4,000 元，因對方單位破產而無法收回。
⑥ 企業長期掛帳的一筆應付帳款 2,000 元，因對方單位撤銷而無法支付。
⑦ 發現現金短缺 40 元。
（2） 接上級關於財產清查結果批覆如下：
① 盤盈和盤虧的固定資產淨損溢作為以前年度損益和營業外支出處理。
② 盤盈和盤虧的材料中的定額內損耗，列作管理費用。
③ 屬於個人失職的材料和現金由過損人賠償。
④ 無法收回的應收帳款作壞帳處理。
⑤ 無法支付的應付帳款列作營業外收入。
3. 要求
編制財產清查帳務處理的會計分錄。

第十五章　會計基礎模擬實驗題集——解答

15.1　模擬實驗題一解答：會計要素分類

15.1.1　將對應的會計要素和會計科目填入表 15－1 內

表 15－1　　　　　　　資產、負債和所有者權益資料表　　　　　　單位：元

內　　容	金　額	會計要素	會計科目
明花公司對本企業的投資	500,000	所有者權益	實收資本
功臣公司對本企業的投資	500,000	所有者權益	實收資本
出納保管的現金	50,000	資產	庫存現金
企業在銀行中的存款	860,000	資產	銀行存款
辦公樓等建築物	600,000	資產	固定資產
設備 5 臺	500,000	資產	固定資產
已累計提折舊	100,000	資產	累計折舊
庫存材料	200,000	資產	原材料
生產過程中未完工產品	150,000	資產	生產成本
庫存完工產品	100,000	資產	庫存商品
上月職工工資未發	50,000	負債	應付職工薪酬
尚未收回的銷貨款	120,000	資產	應收帳款
欠交稅金	30,000	負債	應交稅費
欠供應商的材料款	200,000	負債	應付帳款
向銀行借入 9 個月借款	500,000	負債	短期借款
向銀行借入 3 年期借款	200,000	負債	長期借款
資本公積金	500,000	所有者權益	資本公積

15.1.2　編制 2015 年年初帳戶餘額表，如表 15－2 所示

表 15－2　　　　　　　2015 年年初帳戶餘額表　　　　　　單位：元

會計科目	金　額	會計科目	金　額
庫存現金	50,000	應交稅費	30,000
銀行存款	860,000	應付帳款	200,000
固定資產	1,100,000	短期借款	500,000

表15-2(續)

會計科目	金 額	會計科目	金 額
累計折舊	-100,000	應付職工薪酬	50,000
原材料	200,000	長期借款	200,000
生產成本	150,000	實收資本	1,000,000
庫存商品	100,000	資本公積	500,000
應收帳款	120,000		
資產合計	2,480,000	負債及所有者權益合計	2,480,000

15.2 模擬實驗題二解答：開設帳戶並結轉期初餘額

15.2.1 說明

為了保證會計模擬實驗的仿真性，我們應當採用企業會計實務中的實際帳頁進行實驗。但鑒於本教材的篇幅所限，我們就以「銀行存款」「生產成本」「實收資本」三個帳戶為例採用實際帳頁進行會計實驗，其他帳戶採用「T」型帳戶進行實驗。

15.2.2 採用實際帳頁開設帳戶並結轉期初餘額

1. 「銀行存款」帳戶（圖15-1）

圖15-1 「銀行存款」帳戶

2.「生產成本」帳戶（圖 15-2）

总账 2016年度

分第 18 页总第 18 页
会计科目编号 5001
会计科目名称 生产成本

16年		汇总凭证		摘要	借方金额	√	贷方金额	√	借或贷	余额	√
月	日	种类	号数	（外汇收支应说明原币及汇率）	亿千百十万千百十元角分		亿千百十万千百十元角分			亿千百十万千百十元角分	
1	1			期初余额						1 5 0 0 0 0 0 0	

图 15-2 「生產成本」帳戶

3.「實收資本」帳戶（圖 15-3）

总账 2016年度

分第 25 页总第 25 页
会计科目编号 4001
会计科目名称 实收资本

16年		汇总凭证		摘要	借方金额	√	贷方金额	√	借或贷	余额	√
月	日	种类	号数	（外汇收支应说明原币及汇率）	亿千百十万千百十元角分		亿千百十万千百十元角分			亿千百十万千百十元角分	
1	1			期初余额						1 0 0 0 0 0 0 0 0	

图 15-3 「實收資本」帳戶

15.2.3 採用「T」型帳開設帳戶並結轉期初餘額（圖15-4）

庫存現金			應收帳款		
期初餘額 50,000			期初餘額 120,000		

原材料			庫存商品		
期初餘額 200,000			期初餘額 100,000		

固定資產			累計折舊		
期初餘額 1,100,000				期初餘額 100,000	

生產成本			應付職工薪酬		
期初餘額 150,000				期初餘額 50,000	

短期借款			應付帳款		
	期初餘額 500,000			期初餘額 200,000	

應交稅費			長期借款		
	期初餘額 30,000			期初餘額 200,000	

實收資本			資本公積		
	期初餘額 10,000,000			期初餘額 5,000,000	

圖15-4 「T」型帳戶

15.3 模擬實驗題三解答：會計要素變化對會計等式的影響

15.3.1 經濟業務引起會計要素變化

（1）資產（銀行存款）和所有者權益（實收資本）等量增加。
（2）資產（流動資產）內部（庫存現金、銀行存款）此增彼減。

（3）資產（庫存現金）和負債（應付職工薪酬）等量減少。
（4）資產（銀行存款）和負債（短期借款）等量增加。
（5）資產（銀行存款）和負債（應付帳款）等量減少。
（6）資產（原材料）和負債（應付帳款－應交稅費）等量增加。
（7）資產內部（固定資產、銀行存款）此增彼減。
（8）所有者權益內部（實收資本、資本公積）此增彼減。

15.3.2 經濟業務引起會計要素變化對會計等式的影響

企業所有經濟業務的發生對資產、負債、所有者權益的數量變化即對會計恒等式的影響歸納為四種類型若干種情況：

第一類經濟業務引起資產和權益同時增加，且兩者增加的金額相等，從而使得會計等式左右兩邊的總額等量增加，平衡關係不會被破壞。
（1）資產和所有者權益同時等量增加，如經濟業務（1）。
（2）資產和負債同時等量增加，如經濟業務（4）、（6）。

第二類經濟業務引起資產和權益同時減少，且兩者減少的金額相等，從而使得會計等式左右兩邊的總額等量減少，平衡關係不會被破壞。
（1）資產減少的同時，負債也等量減少，如經濟業務（3）、（5）。
（2）一般情況下，資產和所有者權益不會同時減少。因為在現代企業制度下，企業投入資本在經營期內，投資者只能依法轉讓，不得以任何方式抽回。轉讓只是所有者的變更，公司的所有者權益總額沒有發生變化。

第三類經濟業務只會引起資產內部項目的此增彼減，而且增減的金額相等，資產和權益總額保持不變，當然會計等式的平衡關係不會被破壞。
（1）流動資產內部項目的此增彼減，如經濟業務（2）。
（2）流動資產與非流動資產項目的此增彼減，如經濟業務（7）。
（3）非流動資產內部項目的此增彼減，如在建工程完工轉為固定資產。

第四類經濟業務只會引起權益內部項目的此增彼減，而且增減的金額相等，資產和權益總額保持不變，當然會計等式的平衡關係不會被破壞。
（1）負債內部項目的此增彼減。
（2）負債與所有者權益項目的此增彼減。
（3）所有者權益內部項目的此增彼減，如經濟業務（8）。

15.4　模擬實驗題四解答：帳戶分類

大華公司設置的帳戶分類結果如表 15－3 所示。

表 15－3　　　　　　　　　　　　帳戶分類表

按用途和結構分類 \ 按經濟內容分類	資產類	負債類	所有者權益類	費用類	收入類
資本類			實收資本 資本公積 盈餘公積		
盤存類	庫存現金 銀行存款 原材料 固定資產				
結算類	其他應收款 應收帳款 預付帳款	其他應付款 應付帳款 預收帳款 短期借款			
跨期攤提類	長期待攤費用				
集合分配類				製造費用	
成本計算類	材料採購 生產成本				
調整類	累計折舊 壞帳準備				
經營成果類			利潤分配	管理費用 財務費用 營業外支出 主營業務成本	主營業務收入 營業外收入
計價對比類	材料採購 固定資產清理				
暫記類	固定資產清理 待處理財產損益				

15.5 模擬實驗題五解答:填制原始憑證

15.5.1 【業務1】開具增值稅專用發票和填制產品出庫單

(1) 增值稅專用發票(圖15-5)

四川增值稅專用發票

5100084140　　　　　　　　　　　　No 00575222

此聯不作報銷，extracts憑證使用　　　　開票日期:2014年12月1日

購貨單位	名　　稱	成都沙發城有限責任公司	密碼區	48364 5＊23＜56＞4907/8/3 96384＜＞78＜＞＊45＊9087＞2 9＜63+\84＞78＜＞＊45＞2-9087 +6384 ＜-78＜+＞＊45＞90＞879	加密版本：01 5100084140 00575222
	納稅人識別號	510108596566639			
	地址、電話	成都市武侯大道雙楠段300号 028-85320698			
	開戶及賬号	270220119989449000l8			

貨物或應稅勞務名稱	規格型号	單位	數量	單價	金額	稅率	稅額
布艺沙发	A1	套	200	5 000.00	1 000 000.00	17%	170 000.00

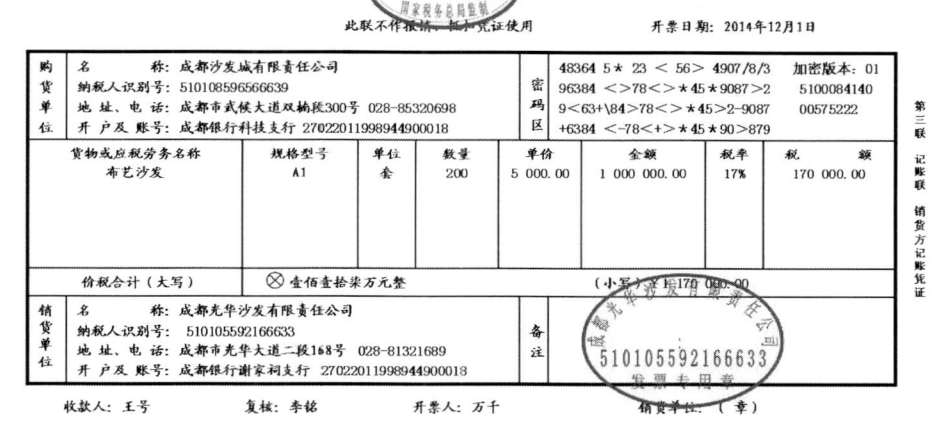

價稅合計(大寫)　⊗壹佰壹拾柒万元整　　　(小寫)￥1 170 000.00

銷貨單位	名　　稱	成都光華沙發有限責任公司	備註	
	納稅人識別號	510105592166633		
	地址、電話	成都市光華大道二段168号 028-81321689		
	開戶及賬号	成都銀行謝家祠支行 270220119989449000l8		

收款人：王号　　　復核：李銘　　　開票人：万千　　　銷貨單位：(章)

圖15-5　增值稅專用發票

(2) 產品出庫單(圖15-6)

产品出库单

采购单位：成都沙发城有限责任公司　　2014年12月1日

发　票　号：00575222　　　　　　　　　　　　字第 50 号

商品類別	商品名稱	規格	計量單位	數量	單價	金　　額 亿千百十万千百十元角分
沙发	布艺沙发	A1	套	200	5 000.00	￥1 0 0 0 0 0 0 0 0
合　　　計				200	5 000.00	￥1 0 0 0 0 0 0 0 0

备注：

仓库主管：夏民　　　保管员：吴里　　　经办人：罗迪

圖15-6　產品出庫單

15.5.2 【業務2】填制進帳單和簽發轉帳支票

（1）進帳單（圖15-7）

圖15-7 進帳單

（2）轉帳支票（圖15-8）

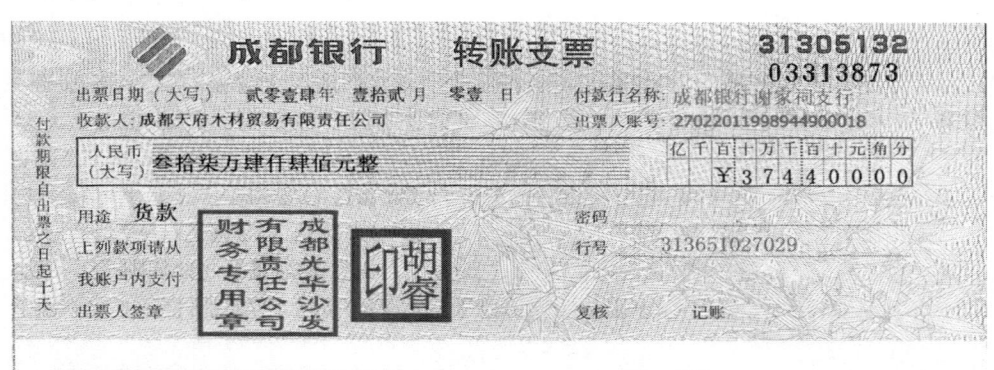

圖15-8 轉帳支票

15.5.3 【業務3】填制材料入庫單（圖15-9）

材料入庫單

供應單位：重慶布藝有限責任公司　　2014年12月2日
發　票　號：60576569　　　　　　　　　　　　　　字第35號

材料名稱	規格	計量單位	數量	實收數量	單價	金　額
						億千佰十萬千百十元角分
布料	B1	米	3 000	3 000	50.00	￥1 5 0 0 0 0 0 0
合　　計			3 000	3 000	50.00	￥1 5 0 0 0 0 0 0
備註：						

倉庫主管：夏民　　　　　保管員：吳里　　　　　經辦人：羅迪

圖15-9　材料入庫單

15.5.4 【業務4】填制材料領用單（圖15-10）

材料領用單
2014年12月17日

領用部門：生產車間　　　　　　　　　　　　　　第5號

材料編號	材料名稱	規格	計量單位	請領數量	實領數量	單價	金　額
							百十萬千百十元角分
C02	鋼材	G1	噸	50	50		
合　　計				50	50		
用途：生產布藝沙發							

倉庫主管：夏民　　　　　保管員：吳里　　　　　經辦人：王華

圖15-10　材料領用單

15.5.5 【業務5】簽發現金支票

(1) 現金支票（正面）（圖15-11）

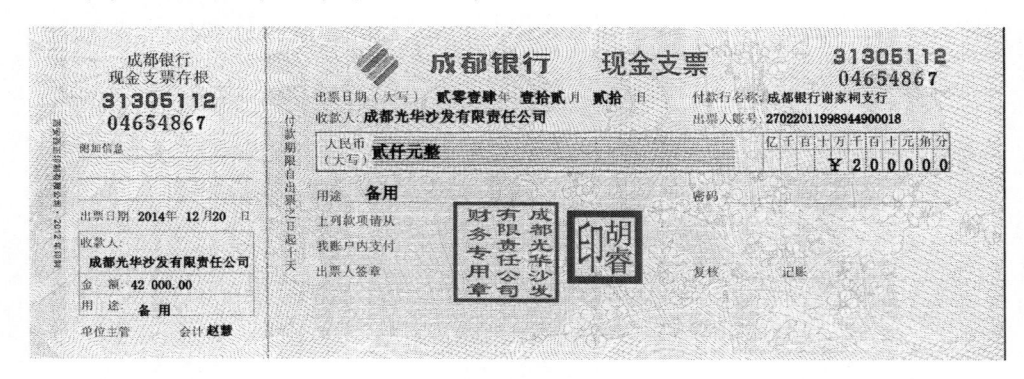

圖15-11 現金支票（正面）

(2) 現金支票（背面）（圖15-12）

圖15-12 現金支票（背面）

15.6 模擬實驗題六解答：編制記帳憑證

15.6.1 編制通用記帳憑證

根據該大華公司2015年1月份發生的第（1）至（9）筆業務資料編制通用記帳憑證。

(1) 記帳憑證 01 號（圖 15-13）

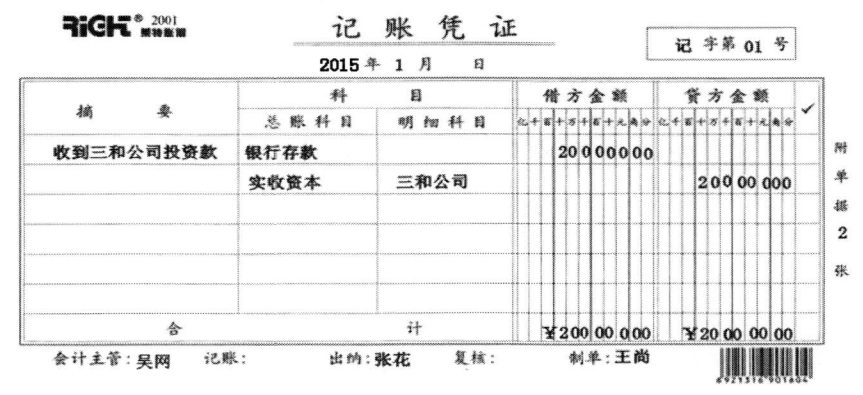

摘要	科目		借方金額	貸方金額	
	總賬科目	明細科目	億十百十萬十百十元角分	億十百十萬十百十元角分	
收到三和公司投資款	銀行存款		200 000 00		
	實收資本	三和公司		200 000 00	
合計			¥200 000 00	¥200 000 00	

會計主管：吳網　記賬：　出納：張花　復核：　制單：王尚

圖 15-13　記帳憑證 01 號

(2) 記帳憑證 02 號（圖 15-14）

2015 年 1 月 5 日

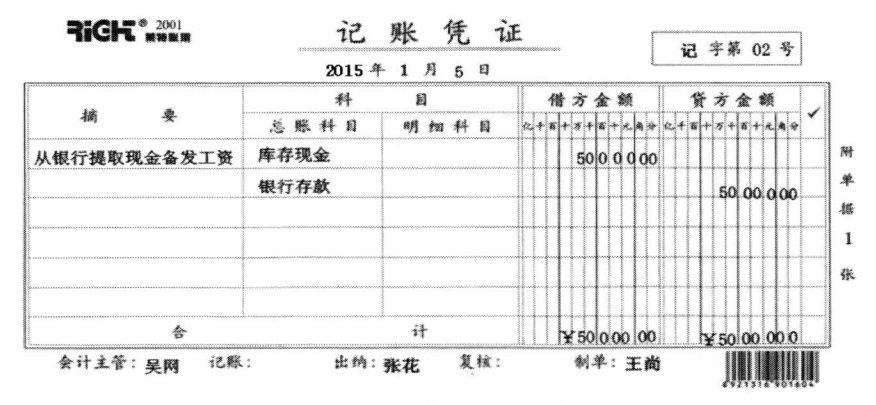

摘要	科目		借方金額	貸方金額	
	總賬科目	明細科目			
從銀行提取現金備發工資	庫存現金		50 000 00		
	銀行存款			50 000 00	
合計			¥50 000 00	¥50 000 00	

會計主管：吳網　記賬：　出納：張花　復核：　制單：王尚

圖 15-14　記帳憑證 02 號

(3) 記帳憑證 03 號（圖 15-15）

2015 年 1 月 5 日

摘要	科目		借方金額	貸方金額	
	總賬科目	明細科目			
發放工資	應付職工薪酬		50 000 00		
	庫存現金			50 000 00	
合計			¥50 000 00	¥50 000 00	

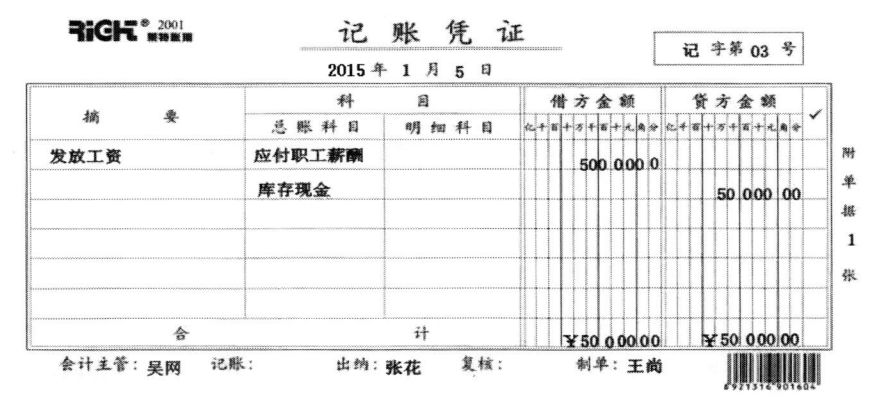

會計主管：吳網　記賬：　出納：張花　復核：　制單：王尚

圖 15-15　記帳憑證 03 號

(4) 記帳憑證 04 號（圖 15-16）

记账凭证

记字第 04 号
2016 年 1 月 7 日

摘要	科目		借方金额	贷方金额	√
	总账科目	明细科目	亿千百十万千百十元角分	亿千百十万千百十元角分	
取得短期借款	银行存款		1 00 00 0 00		
	短期借款			1 00 00 0 00	
合		计	¥1 00 00 0 00	¥1 00 00 0 00	

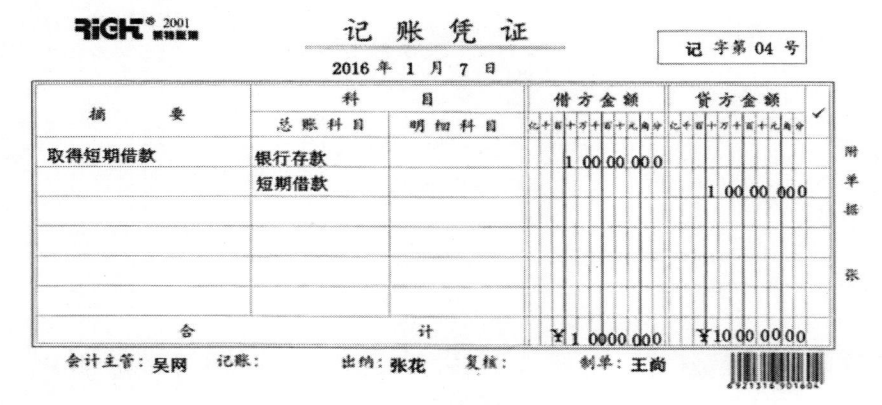

会计主管：吴网　记账：　出纳：张花　复核：　制单：王尚

附单据 张

圖 15-16　記帳憑證 04 號

(5) 記帳憑證 05 號（圖 15-17）

记账凭证

记字第 05 号
2015 年 1 月 7 日

摘要	科目		借方金额	贷方金额	√
	总账科目	明细科目			
支付前欠光明公司材料款	应付账款		100 00 0 00		
	银行存款			100 00 0 00	
合		计	¥100 00 0 00	¥100 00 0 00	

会计主管：吴网　记账：　出纳：张花　复核：　制单：王尚

附单据 1 张

圖 15-17　記帳憑證 05 號

(6) 記帳憑證 06 號（圖 15-18）

记账凭证

记字第 06 号
2015 年 1 月 8 日

摘要	科目		借方金额	贷方金额	√
	总账科目	明细科目			
购入材料	原材料		170 00 0 00		
	应交税费	应交增值税	28 9 0 00		
		（进项税额）			
	应付账款			198 9 0 00	
合		计	¥198 9 0 00	¥198 9 0 00	

会计主管：吴网　记账：　出纳：张花　复核：　制单：王尚

附单据 2 张

圖 15-18　記帳憑證 06 號

(7) 記帳憑證 07 號（圖 15-19）

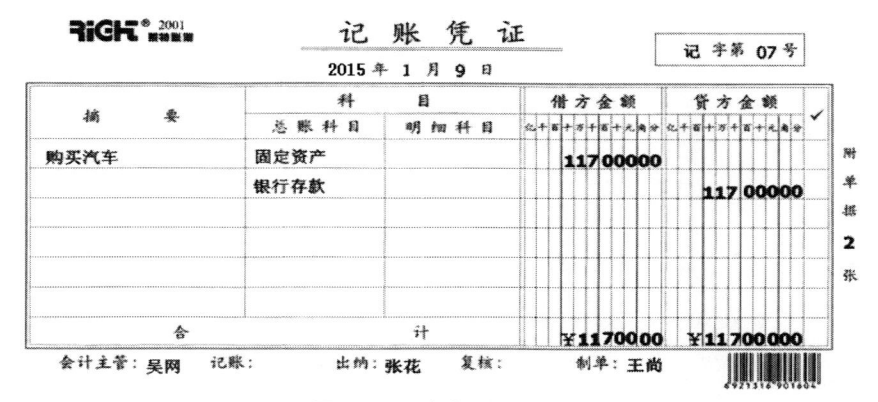

摘要	科目		借方金額	貸方金額
	總賬科目	明細科目		
购买汽车	固定资产		117 000 00	
	银行存款			117 000 00
合计			¥117 000 00	¥117 000 00

2015年1月9日　記字第 07 号　附单据 2 张

圖 15-19　記帳憑證 07 號

(8) 記帳憑證 08 號（圖 15-20）

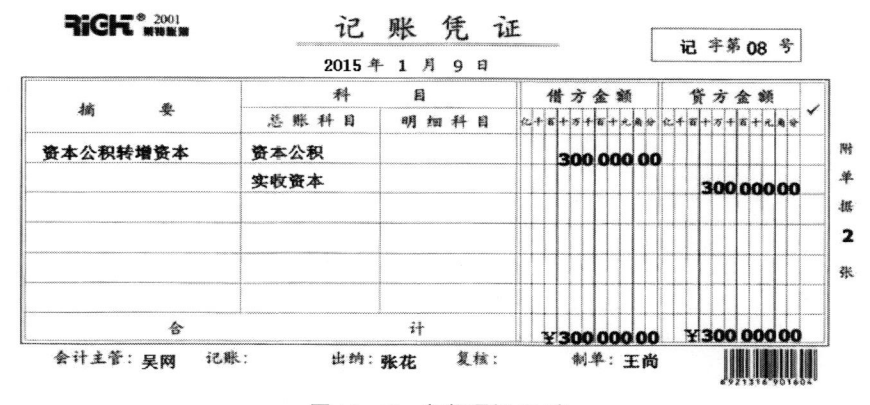

摘要	科目		借方金額	貸方金額
	總賬科目	明細科目		
资本公积转增资本	资本公积		300 000 00	
	实收资本			300 000 00
合计			¥300 000 00	¥300 000 00

2015年1月9日　記字第 08 号　附单据 2 张

圖 15-20　記帳憑證 08 號

(9) 記帳憑證 09 號（圖 15-21）

摘要	科目		借方金額	貸方金額
	總賬科目	明細科目		
销售A产品	银行存款		351 000 00	
	主营业务收入			300 000 00
	应交税费	应交增值税		
		（销项税额）		51 000 00
合计			¥351 000 00	¥351 000 00

2015年1月9日　記字第 09 号　附单据 2 张

圖 15-21　記帳憑證 09 號

15.6.2 編製會計分錄

根據該大華公司 2015 年 1 月份發生的第（10）至（34）筆業務資料編製會計分錄代替記帳憑證。

（10）會計分錄：
借：原材料 200,000
　　應交稅費——應交增值稅（進項稅額） 34,000
　貸：銀行存款 234,000

（11）會計分錄：
借：管理費用 1,000
　貸：庫存現金 1,000

（12）會計分錄：
借：銷售費用 15,000
　貸：銀行存款 15,000

（13）會計分錄：
借：銀行存款 60,000
　貸：應收帳款——廣大公司 60,000

（14）會計分錄：
借：應收帳款 257,400
　貸：主營業務收入 220,000
　　應交稅費——應交增值稅（銷項稅額） 37,400

（15）會計分錄：
借：生產成本 250,000
　　製造費用 10,000
　貸：原材料 260,000

（16）會計分錄：
借：其他應收款 3,000
　貸：庫存現金 3,000

（17）會計分錄：
借：管理費用 2,500
　　庫存現金 500
　貸：其他應收款 3,000

（18）會計分錄：
借：管理費用 12,000
　貸：銀行存款 12,000

（19）會計分錄：
借：應付帳款 50,000
　貸：銀行存款 50,000

（20）會計分錄：
借：生產成本　　　　　　　　　　　　　　　　200,000
　　製造費用　　　　　　　　　　　　　　　　 20,000
　　管理費用　　　　　　　　　　　　　　　　 10,000
　貸：原材料　　　　　　　　　　　　　　　　 230,000
（21）會計分錄：
借：生產成本　　　　　　　　　　　　　　　　 55,000
　　製造費用　　　　　　　　　　　　　　　　 11,000
　　管理費用　　　　　　　　　　　　　　　　 22,000
　貸：應付職工薪酬——工資　　　　　　　　　 80,000
　　　　　　　　　——福利費　　　　　　　　 8,000
（22）會計分錄：
借：製造費用　　　　　　　　　　　　　　　　 50,000
　　管理費用　　　　　　　　　　　　　　　　 20,000
　貸：累計折舊　　　　　　　　　　　　　　　 70,000
（23）會計分錄：
借：生產成本　　　　　　　　　　　　　　　　 91,000
　貸：製造費用　　　　　　　　　　　　　　　 91,000
（24）會計分錄：
借：庫存商品　　　　　　　　　　　　　　　　400,000
　貸：生產成本　　　　　　　　　　　　　　　400,000
（25）會計分錄：
借：主要業務成本　　　　　　　　　　　　　　350,000
　貸：庫存商品　　　　　　　　　　　　　　　350,000
（26）會計分錄：
借：庫存現金　　　　　　　　　　　　　　　　　　200
　貸：營業外收入　　　　　　　　　　　　　　　　200
（27）會計分錄：
借：營業外支出　　　　　　　　　　　　　　　 10,000
　貸：銀行存款　　　　　　　　　　　　　　　 10,000
（28）會計分錄：
借：主營業務收入　　　　　　　　　　　　　　520,000
　　營業外收入　　　　　　　　　　　　　　　　　200
　貸：本年利潤　　　　　　　　　　　　　　　520,200
（29）會計分錄：
借：本年利潤　　　　　　　　　　　　　　　　442,500
　貸：主營業務成本　　　　　　　　　　　　　350,000
　　　管理費用　　　　　　　　　　　　　　　 67,500

銷售費用　　　　　　　　　　　　　　　　　　　　　　　　15,000
　　　營業外支出　　　　　　　　　　　　　　　　　　　　　　　10,000
(30) 31 日計算並結轉所得稅（所得稅稅率為25%）。
利潤總額 = 520,200 - 442,500 = 77,700（元）
所得稅費用 = 77,700 × 25% = 19,425（元）
淨利潤 = 77,700 - 19,425 = 58,275（元）
會計分錄：
　　借：所得稅費用　　　　　　　　　　　　　　　　　　　　19,425
　　　　貸：應交稅費——應交所得稅　　　　　　　　　　　　　 19,425
　　借：本年利潤　　　　　　　　　　　　　　　　　　　　　 19,425
　　　　貸：所得稅費用　　　　　　　　　　　　　　　　　　　19,425
(31) 會計分錄：
　　借：本年利潤　　　　　　　　　　　　　　　　　　　　　 58,275
　　　　貸：利潤分配——未分配利潤　　　　　　　　　　　　　 58,275
(32) 會計分錄：
　　借：利潤分配——提取法定盈餘公積　　　　　　　　　　　5,827.50
　　　　　　　　——提取任意盈餘公積　　　　　　　　　　　2,913.75
　　　　貸：盈餘公積——法定盈餘公積　　　　　　　　　　　5,827,50
　　　　　　　　　　——任意盈餘公積　　　　　　　　　　　2,913.75
(33) 會計分錄：
　　借：利潤分配——應付股利　　　　　　　　　　　　　　　30,000
　　　　貸：應付股利　　　　　　　　　　　　　　　　　　　30,000
(34) 會計分錄：
　　借：利潤分配——未分配利潤　　　　　　　　　　　　　 38,741.25
　　　　貸：利潤分配——提取法定盈餘公積　　　　　　　　　5,827.50
　　　　　　　　　　——提取任意盈餘公積　　　　　　　　　2,913.75
　　　　　　　　　　——應付股利　　　　　　　　　　　　30,000.00

15.7　模擬實驗題七解答：登記會計帳簿

15.7.1　登記相關帳戶

　　根據實務題六編制的記帳憑證（或會計分錄）登記有關帳戶。
　　其中：「銀行存款」「生產成本」「實收資本」帳戶採用實際帳頁進行登記，其他帳戶採用「T」型帳戶進行登記。
　　1. 採用實際帳頁登記會計帳簿
　　(1) 銀行存款帳戶（圖15-22）：

總　　賬

2016 年度

分第 __1__ 頁總第 __3__ 頁
會計科目編號 __1002__
會計科目名稱 __銀行存款__

16年		匯總憑証		摘　　要	借方金額		貸方金額		借或貸	余　　額	
月	日	種類	號數	（外匯收支應說明原幣及匯率）	億千百十萬千百十元角分	√	億千百十萬千百十元角分	√		億千百十萬千百十元角分	√
1	1			期初余額						8 6 0 0 0 0 0 0	
	2	記	1	收到三和公司投資款	2 0 0 0 0 0 0 0						
	5	記	2	銀行提取現			5 0 0 0 0 0				
	7	記	4	銀行取得9個月的短期借款	1 0 0 0 0 0 0 0						
	7	記	5	銀行存款支付前欠光明公司材料款			1 0 0 0 0 0 0 0				
	9	記	7	購買汽車			1 1 7 0 0 0 0				
	9	記	9	銷售A產品	3 5 1 0 0 0 0 0						
	11	記	10	購進材料			2 3 4 0 0 0 0 0				
	16	記	12	銀行存款支付廣告費			1 5 0 0 0 0				
	16	記	13	收回廣大公司所欠貨款	6 0 0 0 0 0 0						
	25	記	18	訂閱全年報刊費			1 2 0 0 0 0				
	26	記	19	償還還上月欠某單位貨款			5 0 0 0 0 0 0				
	31	記	27	捐贈希望工程			1 0 0 0 0 0 0				
				本月合計	7 1 1 0 0 0 0 0		5 8 8 0 0 0 0 0		借	9 8 3 0 0 0 0 0	

圖 15－22　銀行存款帳戶

（2）生產成本帳戶（圖 15－23）：

總　　賬

2015 年度

分第 __18__ 頁總第 __18__ 頁
會計科目編號 __5001__
會計科目名稱 __生產成本__

16年		匯總憑証		摘　　要	借方金額		貸方金額		借或貸	余　　額	
月	日	種類	號數	（外匯收支應說明原幣及匯率）	億千百十萬千百十元角分	√	億千百十萬千百十元角分	√		億千百十萬千百十元角分	√
1	1			期初余額						1 5 0 0 0 0 0 0	
	16	記	15	車間領用材料	2 5 0 0 0 0 0 0						
	26	記	20	車間領用材料	2 0 0 0 0 0 0 0						
	30	記	21	計算工資	5 5 0 0 0 0 0						
	31	記	23	結轉制造費用	9 1 0 0 0 0 0						
	31	記	24	結轉完工產品成本			4 0 0 0 0 0 0 0				
				本月合計	5 9 6 0 0 0 0 0		4 0 0 0 0 0 0 0			3 4 6 0 0 0 0 0	

圖 15－23　生產成本帳戶

(3) 實收資本帳戶（圖 15-24）：

總　　　賬

2015年度

分第 25 頁總第 25 頁
会计科目编号 4001
会计科目名称 实收资本

16年		汇总凭证		摘　　要	借方金额	√	贷方金额	√	借或贷	余　额	√
月	日	种类	号数	（外汇收支应说明原币及汇率）	亿千百十万千百十元角分		亿千百十万千百十元角分			亿千百十万千百十元角分	
1	1			期初余额						1 0 0 0 0 0 0 0 0	
	2	记	1	收到三和公司投资款			2 0 0 0 0 0 0 0				
	9	记	8	资本公积转增资本			3 0 0 0 0 0 0 0				
				本月合计			5 0 0 0 0 0 0 0			1 5 0 0 0 0 0 0 0	

圖 15-24　實收資本帳戶

2. 採用「T」型帳戶登記會計帳簿（圖 15-25）

庫存現金

期初餘額	50,000			
（2）	50,000	（3）	50,000	
（17）	500	（11）	1,000	
（26）	200	（16）	3,000	
本期發生額	50,700	本期發生額	54,000	
期末餘額	46,700			

原材料

期初餘額	200,000		
（6）	170,000	（15）	260,000
（10）	200,000	（20）	230,000
本期發生額	370,000	本期發生額	490,000
期末餘額	80,000		

應收帳款

期初餘額	120,000		
（14）	257,400	（13）	60,000
本期發生額	257,400	本期發生額	60,000
期末餘額	317,400		

庫存商品

期初餘額	100,000		
（24）	400,000	（25）	350,000
本期發生額	400,000	本期發生額	350,000
期末餘額	150,000		

第十五章 會計基礎模擬實驗題集——解答

固定資產			
期初餘額 1,100,000			
(7) 117,000			
本期發生額 117,000		本期發生額 0	
期末餘額 1,217,000			

累計折舊			
		期初餘額 100,000	
		(22) 70,000	
本期發生額 0		本期發生額 70,000	
		期末餘額 170,000	

其他應收款			
期初餘額 0			
(16) 3,000		(17) 3,000	
本期發生額 3,000		本期發生額 3,000	
期末餘額 0			

短期借款			
		期初餘額 500,000	
		(4) 100,000	
本期發生額 0		本期發生額 100,000	
		期末餘額 600,000	

應交稅費			
		期初餘額 30,000	
(6) 28,900		(9) 51,000	
(10) 34,000		(14) 37,400	
		(30) 19,425	
本期發生額 62,900		本期發生額 107,825	
		期末餘額 74,925	

應交稅費——增值稅			
		期初餘額 30,000	
(6) 28,900		(9) 51,000	
(10) 34,000		(14) 37,400	
本期發生額 62,900		本期發生額 88,400	
		期末餘額 55,500	

應付職工薪酬			
		期初餘額 50,000	
(3) 50,000		(21) 88,000	
本期發生額 50,000		本期發生額 88,000	
		期末餘額 88,000	

應交稅費——應交所得稅			
		期初餘額 0	
		(30) 19,425	
本期發生額 0		本期發生額 19,425	
		期末餘額 19,425	

303

所得稅費用					實收資本		
						期初餘額	1,000,000
(30)	19,425	(30)	19,425			(1)	200,000
						(8)	300,000
本期發生額		本期發生額		本期發生額		本期發生額	
	19,425		19,425		0		500,000
—		—				期末餘額	1,500,000

長期借款					資本公積		
		期初餘額	200,000			期初餘額	500,0 000
				(8)	300,000		
本期發生額		本期發生額		本期發生額		本期發生額	
	0		0		300,000		0
		期末餘額	200,000			期末餘額	200,000

製造費用					主營業務收入		
(15)	10,000	(23)	91,000	(28)	520,000	(9)	300,000
(20)	20,000					(14)	220,000
(21)	11,000						
(22)	50,000						
本期發生額		本期發生額		本期發生額		本期發生額	
	91,000		91,000		520,000		520,000
—		—		—		—	

管理費用					銷售費用		
(11)	1,000	(29)	67,500	(12)	15,000	(29)	15,000
(17)	2,500						
(18)	12,000						
(20)	10,000						
(21)	22,000						
(22)	20,000						
本期發生額		本期發生額		本期發生額		本期發生額	
	67,500		67,500		15,000		15,000
—		—		—		—	

主要業務成本			
（25）	350,000	（29）	350,000
本期發生額		本期發生額	
	350,000		350,000
	—		—

營業外支出			
（27）	10,000	（29）	10,000
本期發生額		本期發生額	
	10,000		10,000

營業外收入			
（28）	200	（26）	200
本期發生額		本期發生額	
	200		200
	—		—

本年利潤			
（29）	350,000	（28）	520,000
	67,500		200
	15,000		
	10,000		
本期發生額		本期發生額	
	442,500		520,200
（30）	19,425	利潤總額	77,700
（31）	58,275	淨利潤	58,275
本期發生額		本期發生額	
	520,200		520,200

利潤分配			
		期初餘額	0
（32）	5,827.50	（31）	58,275
	2,913.75		
（33）	30,000.00		
本期發生額		本期發生額	
	38,741.25		58,275
		期末餘額	19,533.75

利潤分配——未分配利潤			
		期初餘額	0
（34）	5,827.50	（31）	58,275
	2,913.75		
	30,000.00		
本期發生額		本期發生額	
	38,741.25		58,275
		期末餘額	19,533.75

利潤分配——提取法定盈餘公積			
			—
（32）	5,827.50	（34）	5,827.50
本期發生額		本期發生額	
	5,827.50		5,827.50
	—		

本年利潤——提取任意盈餘公積			
（32）	2,913.75	（34）	2,913.75
本期發生額		本期發生額	
	2,913.75		2,913.75
	—		—

利潤分配——應付股利				盈餘公積	
(33) 30,000	(34) 30,000			期初餘額	0
本期發生額 30,000	本期發生額 30,000			(32)	5,827.50
					2,913.75
—	—			本期發生額 0	本期發生額 8,741.25
					期末餘額 8,741.25

應付股利	
期初餘額	0
(33)	30,000
本期發生額	本期發生額
0	30,000
	期末餘額 30,000

圖 15-25 「T」型帳戶

15.8 模擬實驗題八解答：編制會計報表

15.8.1 編制試算平衡表

進行試算平衡，編制試算平衡表，如表 15-4 所示。

表 15-4　　　總分類帳戶本期發生額及餘額表（試算平衡表）

帳戶名稱	期初餘額		本期發生額		期末餘額	
	借方	貸方	借方	貸方	借方	貸方
庫存現金	50,000		50,700	54,000	46,700	
銀行存款	860,000		711,000	588,000	983,000	
固定資產	1,100,000		117,000	0	1,217,000	
累計折舊		100,000		70,000		170,000
原材料	200,000		370,000	490,000	80,000	
生產成本	150,000		596,000	400,000	346,000	
庫存商品	100,000		400,000	350,000	150,000	
應收帳款	120,000		257,400	60,000	317,400	
其他應收款	0		3,000	3,000	0	
應交稅費		30,000	62,900	107,825		74,925
應付帳款		200,000	150,000	198,900		248,900

306

表15-4(續)

帳戶名稱	期初餘額 借方	期初餘額 貸方	本期發生額 借方	本期發生額 貸方	期末餘額 借方	期末餘額 貸方
短期借款		500,000		100,000		600,000
應付職工薪酬		50,000	50,000	88,000		88,000
長期借款		200,000				200,000
實收資本		1,000,000		500,000		1,500,000
資本公積		500,000	300,000			200,000
盈餘公積				8,741.25		8,741.25
應付股利				30,000		30,000
主營業務收入			520,000	520,000		
管理費用			67,500	67,500		
銷售費用			15,000	15,000		
製造費用			91,000	91,000		
主營業務成本			350,000	350,000		
所得稅費用			19,425	19,425		
營業外收入			200	200		
營業外支出			10,000	10,000		
本年利潤			520,200	520,200		
利潤分配			38,741.25	58,275		19,533.75
合　計	2,580,000	2,580,000	4,700,066.25	4,700,066.25	3,140,100	3,140,100

15.8.2　編制資產負債表

編制資產負債表，如表15-5所示。

表15-5　　　　　　　　　　資　產　負　債　表　　　　　　　　　企會01表
編製單位：大華公司　　　　　　2015年1月31日　　　　　　　　　　單位：元

資　產	金　額	負債及所有者權益	金　額
流動資產：		流動負債：	
貨幣資金	1,029,700	短期借款	600,000
交易性金融資產	0	應付帳款	248,900
應收帳款	317,400	應付職工薪酬	88,000
		應交稅費	74,925
其他應收款	0	應付股利	30,000
存貨	576,000	其他應付款	0
流動資產合計	1,923,100	一年內到期的長期負債	0
非流動資產：	0	流動負債合計	1,041,825
可供出售金融資產	0	非流動負債：	

表15-5(續)

資　產	金　額	負債及所有者權益	金　額
持有至到期投資	0	長期借款	200,000
長期股權投資	0	非流動負債合計	200,000
固定資產	1,047,000	負債合計	1,191,825
無形資產	0	所有者權益：	
長期待攤費用	10,000	實收資本	1,500,000
遞延所得稅資產	0	資本公積	200,000
其他非流動資產	0	盈餘公積	8,741.25
		未分配利潤	19,533.75
非流動資產合計	1,047,000	所有者權益合計	1,728,275
資產總計	2,970,100	負債及所有者權益總計	2,970,100

15.8.3　編制利潤表

編制利潤表，如表15-6所示。

表15-6　　　　　利 潤 表　　　　　會企02表
編製單位：大致公司　　　2015年1月　　　　單位：元

項　目	本期金額	上期金額
一、營業收入	520,000	（略）
減：營業成本	350,000	（略）
稅金及附加	0	（略）
銷售費用	15,000	（略）
管理費用	67,500	（略）
財務費用	0	（略）
資產減值損失	0	（略）
加：公允價值變動收益（損失以「-」填列）	0	（略）
投資收益（損失以「-」填列）	0	（略）
其中：對聯營企業和合營企業的投資收益		（略）
二、營業利潤（損失以「-」填列）	87,500	（略）
加：營業外收入	200	（略）
減：營業外支出	10,000	（略）
其中：非流動資產處置損失	0	（略）
三、利潤總額（損失以「-」填列）	77,700	（略）
減：所得稅費用	19,425	（略）
四、淨利潤（損失以「-」填列）	58,275	（略）
五、每股收益	0	（略）
（一）基本每股收益	0	（略）
（二）稀釋每股收益	0	（略）

15.9　模擬實驗題九解答：總帳與明細帳平行登記

15.9.1　原材料總帳與明細帳平行登記

1. 登記原材料總帳（圖 15-26）

总账

2015年度　　分第 3 頁總第 7 頁
会计科目编号 **1403**
会计科目名称 **原材料**

16年		汇总凭证		摘　要	借方金額	√	貸方金額	√	借或貸	余　額	√
月	日	种类	号数	（外汇收支应说明原币及汇率）	亿千百十万千百十元角分		亿千百十万千百十元角分			亿千百十万千百十元角分	
3	1			期初余额						4 1 5 0 0 0 0 0	
	1	记	1	购进A、B材料	1 0 5 0 0 0 0 0						
	2	记	2	车间领用A、C材料			2 1 0 0 0 0 0 0				
	8	记	4	购进C材料	9 0 0 0 0 0 0						
	12	记	6	购进D材料	5 0 0 0 0 0 0						
	12	记	7	领用B、D材料			6 7 5 0 0 0 0				
	20	记	8	领用A、C材料			1 7 0 0 0 0 0 0				
	21	记	9	购入A材料	1 0 0 0 0 0 0 0						
	22	记	10	购入C材料	1 5 0 0 0 0 0 0						
				本月合计	4 9 5 0 0 0 0 0		4 4 7 5 0 0 0 0			4 6 2 5 0 0 0 0	

圖 15-26　登記原材料總帳

2. 登記原材料明細帳

（1）以原材料 A 為例，採用真實帳簿（數量金額式明細帳）進行登記，如圖 15-27 所示。

A材料 明细账

第 10 页

		类别		储备定额		编号		规格	
最高储备量									
最低储备量		存放地点 V仓库		计划单价 20.00		计量单位 件		名称 A材料	

16年		凭证		摘要	借方			贷方			借或贷	余额		
月	日	种类	号数		数量	单价	金额	数量	单价	金额		数量	单价	金额
3	1			期初余额								10000	20	200000 00
	1	记	1	购进材料	5000	20	100000 00							
	2	记	2	M产品领用				6000		120000 00				
	20	记	8	M产品领用						80000 00				
	21	记	9	购进	5000	20	100000 00							
				本月合计			200000 00			200000 00				200000 00

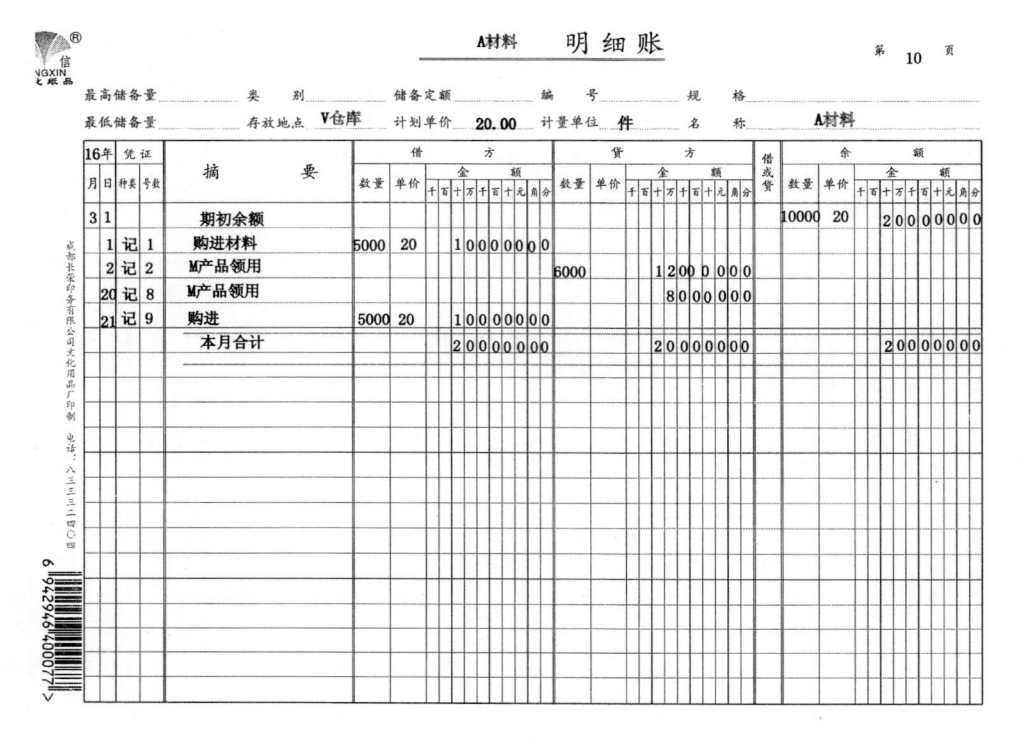

图 15-27 原材料明细帐

（2）其餘原材料明細帳採用「T」型帳戶進行登記，如圖 15-28 所示。

原材料——B

期初餘額	5,000		
（1）	5,000	（7）	7,500
本期發生額	5,000	本期發生額	7,500
期末餘額	2,500		

原材料——C

期初餘額	180,000		
（4）	90,000	（2）	90,000
（10）	150,000	（8）	90,000
本期發生額	240,000	本期發生額	180,000
期末餘額	240,000		

	原材料——D		
期初餘額	30,000		
（6）	50,000	（7）	60,000
本期發生額	50,000	本期發生額	60,000
期末餘額	20,000		

圖 15-28 「T」型帳戶

15.9.2 應付帳款總帳與明細帳平行登記

1. 登記應付帳款總帳（圖 15-29）

总账

分第 10 頁總第 28 頁
会计科目编号 2202
会计科目名称 应付账款

16年 月 日	汇总凭证 种类 号数	摘要（外汇收支应说明原币及汇率）	借方金额	√	贷方金额	√	借或贷	余额	√
3 1		期初余额						1 000 000 00	
1	记 1	从甲公司购进材料			1 228 500 00				
5	记 3	偿还甲、乙公司款项	700 000 00						
8	记 4	从乙公司购进材料			1 053 000 00				
10	记 5	偿还丙公司款项	300 000 00						
12	记 6	从丙公司购进材料			585 000 00				
21	记 9	从甲公司购进材料			1 170 000 00				
24	记 11	偿还甲、乙公司款项	2 281 500 00						
		本月合计	3 281 500 00		5 791 500 00			3 510 000 00	

圖 15-29 應付帳款總帳

2. 登記應付帳款明細帳

（1）以應付帳款甲為例，採用真實帳簿（三欄式明細帳）進行登記，如圖 15-30 所示。

应付账款明细账

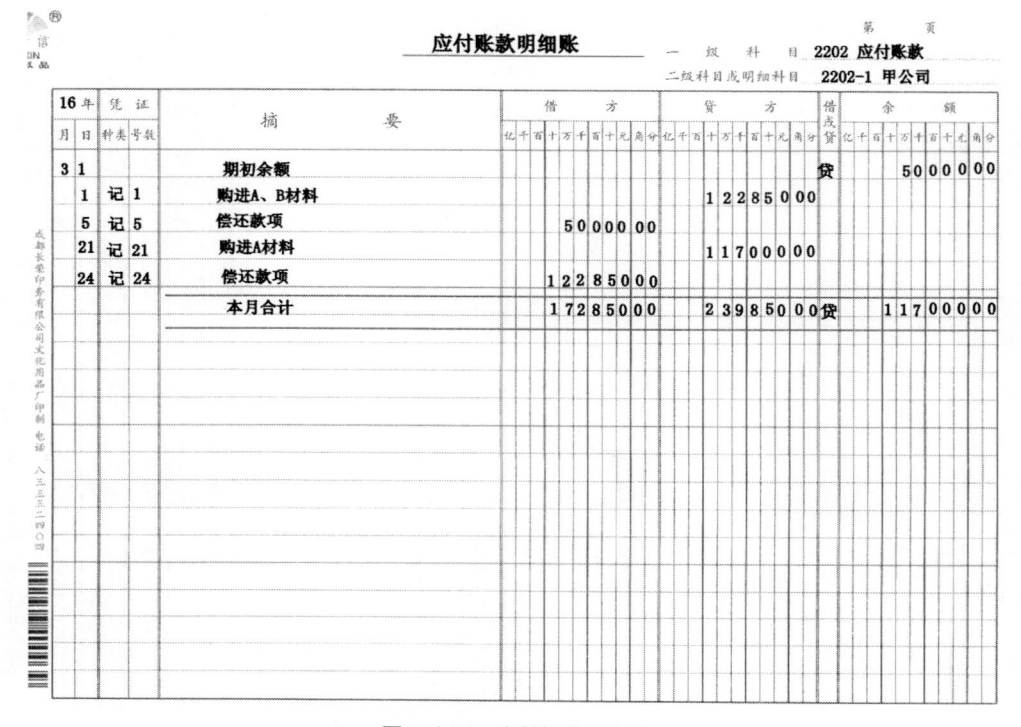

一级科目　2202 应付账款
二级科目或明细科目　2202-1 甲公司

16年		凭证		摘要	借方	贷方	借或贷	余额
月	日	种类	号数					
3	1			期初余额			贷	500 000 00
	1	记	1	购进A、B材料		122 885 00		
	5	记	5	偿还款项	500 000 00			
	21	记	21	购进A材料		117 000 00		
	24	记	24	偿还款项	122 885 00			
				本月合计	172 885 00	239 850 00	贷	117 000 00

圖 15－30　應付帳款明細帳

（2）其餘應付帳款明細帳採用「T」型帳戶進行登記，如圖 15－31 所示。

應付帳款——乙

		期初餘額	2,000
(3)	20,000	(4)	105,300
(11)	105,300	(10)	175,500
本期發生額	125,300	本期發生額	280,800
		期末餘額	175,500

應付帳款——丙

		期初餘額	350,000
(5)	30,000	(6)	58,500
本期發生額	30,000	本期發生額	58,500
		期末餘額	58,500

圖 15－31　「T」型帳戶

15.10　模擬實驗題十解答：錯帳更正

15.10.1　判斷錯誤性質

（1）金額錯誤且所填金額大於應記帳金額，採用紅字更正法予以更正。
（2）帳戶使用錯誤，採用紅字更正法予以更正。
（3）帳戶使用錯誤，採用紅字更正法予以更正。
（4）金額錯誤且所填金額小於應記帳金額，採用補充登記法予以更正。
（5）金額錯誤且所填金額小於應記帳金額，採用補充登記法予以更正。

15.10.2　錯帳更正

（1）首先，編制一張紅字記帳憑證（用會計分錄代替）：

借：生產成本　　　　　　　　　　　　　　　9,520
　　貸：原材料　　　　　　　　　　　　　　　　　9,520

然后，編制一張正確的記帳憑證（用會計分錄代替）：

借：生產成本　　　　　　　　　　　　　　　9,250
　　貸：原材料　　　　　　　　　　　　　　　　　9,250

根據以上記帳憑證登記相關帳簿。

（2）首先，編制一張紅字記帳憑證（用會計分錄代替）：

借：應收帳款　　　　　　　　　　　　　　　6,500
　　貸：銀行存款　　　　　　　　　　　　　　　　6,500

然后，編制一張正確的記帳憑證（用會計分錄代替）：

借：應付帳款　　　　　　　　　　　　　　　6,500
　　貸：銀行存款　　　　　　　　　　　　　　　　6,500

根據以上記帳憑證登記相關帳簿。

（3）首先，編制一張紅字記帳憑證（用會計分錄代替）：

借：製造費用　　　　　　　　　　　　　　　600
　　貸：庫存現金　　　　　　　　　　　　　　　　600

然后，編制一張正確的記帳憑證（用會計分錄代替）：

借：管理費用　　　　　　　　　　　　　　　600
　　貸：庫存現金　　　　　　　　　　　　　　　　600

根據以上記帳憑證登記相關帳簿。

（4）按少記金額編制一張記帳憑證（用會計分錄代替）：

借：管理費用　　　　　　　　　　　　　　　300

```
        貸：銀行存款                                            300
根據以上記帳憑證登記相關帳簿。
（5）按少記金額編制一張記帳憑證（用會計分錄代替）：
    借：銀行存款                                        180,000
        貸：應收帳款                                        180,000
根據以上記帳憑證登記相關帳簿。
```

15.11 模擬實驗題十一解答：編制銀行存款餘額調節表

編制銀行存款餘額調節表，如表 15-7 所示。

表 15-7　　　　　　　　銀行存款餘額調節表
2015 年 3 月 31 日　　　　　　　　　　　　　　單位：元

項目	金額	項目	金額
企業銀行存款日記帳帳面餘額	350,000	銀行對帳單的存款餘額	450,000
加：銀行已記增加，企業尚未記增加的款項	150,000	加：企業已記增加，銀行尚未記增加的款項	100,000
減：銀行已記減少，企業尚未記減少的款項	20,000	減：企業已記減少，銀行尚未記減少的款項	70,000
調整后的存款餘額	480,000	調整后的存款餘額	480,000

15.12 模擬實驗題十二解答：財產清查結果的帳務處理

15.12.1 財產清查結果批准前的帳務處理

```
（1）借：原材料——甲材料                              10,000
        貸：待處理財產損溢——待處理流動資產損溢          10,000
（2）借：固定資產                                       5,000
        貸：累計折舊                                       3,000
            待處理財產損溢——待處理固定資產損溢           2,000
（3）借：待處理財產損溢——待處理流動資產損溢          60,840
        貸：原材料——乙材料                              52,000
            應交稅費——應交增值稅（進項稅額轉出）         8,840
（4）借：待處理財產損溢——待處理固定資產損溢           8,000
        累計折舊                                      12,000
        貸：固定資產                                      20,000
```

（5）暫不進行帳務處理。
（6）暫不進行帳務處理。
（7）借：待處理財產損溢——待處理流動資產損溢　　　　40
　　　　貸：庫存現金　　　　　　　　　　　　　　　　　　　　40

15.12.2　財產清查結果批准后的帳務處理

（1）借：待處理財產損溢——待處理流動資產損溢　　10,000
　　　　貸：管理費用　　　　　　　　　　　　　　　　　　　10,000
（2）借：待處理財產損溢——待處理固定資產損溢　　 2,000
　　　　貸：營業外收入　　　　　　　　　　　　　　　　　　 2,000
（3）借：管理費用　　　　　　　　　　　　　　　　　　60,840
　　　　貸：待處理財產損溢——待處理流動資產損溢　　　60,840
（4）借：營業外支出　　　　　　　　　　　　　　　　　 8,000
　　　　貸：待處理財產損溢——待處理固定資產損溢　　　 8,000
（5）借：壞帳準備　　　　　　　　　　　　　　　　　　 4,000
　　　　貸：應收帳款　　　　　　　　　　　　　　　　　　　 4,000
（6）借：應付帳款　　　　　　　　　　　　　　　　　　 2,000
　　　　貸：營業外收入　　　　　　　　　　　　　　　　　　 2,000
（7）借：其他應收款　　　　　　　　　　　　　　　　　　　40
　　　　貸：待處理財產損溢——待處理流動資產損溢　　　　　40

國家圖書館出版品預行編目(CIP)資料

新編會計學原理 / 胡世強，楊明娜 主編. -- 第三版.
-- 臺北市：財經錢線文化出版：崧博發行，2018.12
　面；　公分
ISBN 978-957-680-321-5(平裝)
1. 會計學
495.1　107020008

書　名：新編會計學原理
作　者：胡世強，楊明娜 主編
發行人：黃振庭
出版者：財經錢線文化事業有限公司
發行者：崧博出版事業有限公司
E-mail：sonbookservice@gmail.com
粉絲頁　　　　　網　址：
地　址：台北市中正區延平南路六十一號五樓一室
8F.-815, No.61, Sec. 1, Chongqing S. Rd., Zhongzheng Dist., Taipei City 100, Taiwan (R.O.C.)
電　話：(02)2370-3310　傳　真：(02) 2370-3210
總經銷：紅螞蟻圖書有限公司
地　址：台北市內湖區舊宗路二段 121 巷 19 號
電　話:02-2795-3656　傳真:02-2795-4100　網址：
印　刷：京峯彩色印刷有限公司（京峰數位）
　　本書版權為西南財經大學出版社所有授權崧博出版事業有限公司獨家發行電子書及繁體書繁體版。若有其他相關權利及授權需求請與本公司聯繫。
定價：600元
發行日期：2018 年 12 月第三版
◎ 本書以POD印製發行